"十四五"测绘导航领域职业技能鉴定规划教材

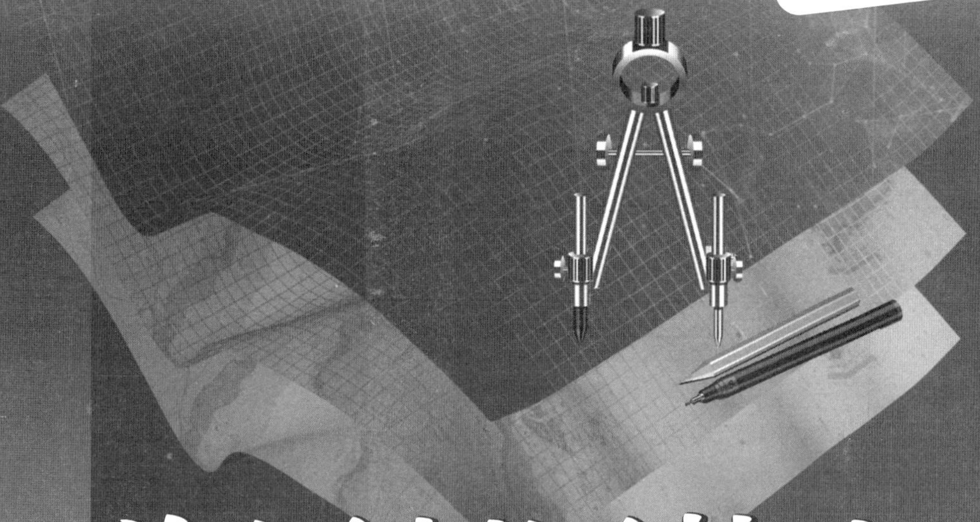

海图制图技术

于彩霞 董箭 贾帅东 编著

国防工业出版社

·北京·

内容简介

本书介绍了海洋及航海图书相关知识等基础内容，阐述了数字海图制图、海图编辑设计、海图制图综合以及海图制印等与海图编制相关的理论与方法，简要介绍了数字海图的数据组织及现行的制图系统，最后从海图校改方面出发，在介绍海图校改工具的基础上，阐述了海图校改的方法与过程，以及航海图书管理与发行等内容。

本书可供我国从事海图制图生产人员，特别是参加测绘导航时频专业职业技能鉴定、海图制图专业军士升级培训等相关人员使用，也可供有关院校师生及其他测绘技术人员参考。

图书在版编目（CIP）数据

海图制图技术 / 于彩霞，董箭，贾帅东编著.
北京：国防工业出版社，2025. 7. -- ISBN 978-7-118-13872-6

Ⅰ. U675. 81

中国国家版本馆 CIP 数据核字第 20254LW038 号

※

国防工業出版社出版发行
（北京市海淀区紫竹院南路 23 号　邮政编码 100048）
三河市天利华印刷装订有限公司印刷
新华书店经售

*

开本 710×1000　1/16　插页 2　印张 19　字数 336 千字
2025 年 7 月第 1 版第 1 次印刷　印数 1—1500 册　定价 109.00 元

（本书如有印装错误，我社负责调换）

国防书店：（010）88540777　书店传真：（010）88540776
发行业务：（010）88540717　发行传真：（010）88540762

前言

海图制图员是使用数据采集、数据编辑的设备或工具，编制海图或依据航海通告对航海资料进行校改的人员。从事工作主要包括：①进行海图要素的矢量化采集或蜡纸刻绘和海图小改正油印；②进行海图数据编辑或备考图改正样纸制作；③进行普通海图要素关系处理、数字海图数据输出和纸质海图制作或海图要素的大改正更新；④进行海图（集）设计、制作或航海通告编辑和改图样纸生产；⑤进行国际标准电子海图数据制作或航海通告编制；⑥维护保养数字化海图制图设备或海图校改工具。海图制图员职业技能共设五个等级标准：初级海图制图员（五级）、中级海图制图员（四级）、高级海图制图员（三级）、海图制图技师（二级）和海图制图高级技师（一级）。

本书依据《军队测绘导航时频专业航海制图员工种（海图制图方向）》编写，为测绘导航专业士兵职业技能鉴定培训辅导书籍，适合海图制图职业五个等级的培训辅导使用，也可供有关院校师生及其他测绘技术人员参考。

本书分为三大篇，共 11 章。第一篇为基础篇，第 1、2 章分别介绍海洋基础及航海图书基础知识。第二篇为海图编制篇，第 3 章主要介绍数字海图编制基础，第 4 章介绍海图编辑设计，第 5 章介绍海图制图综合，第 6 章介绍数字海图制图系统，第 7 章介绍海图制印的相关内容。第三篇为海图校改篇，第 8 章介绍海图校改工具及其使用，第 9 章至第 11 章介绍海图校改的方法及过程和航海图书管理与发行。

本书由于彩霞主持编写。其中，第 1 章至第 4 章以及第 8 章由于彩霞执笔，第 5 章至第 7 章由贾帅东执笔，第 9 章至第 11 章由董箭执笔，于彩霞对全书有关内容进行校对、修改。

本书在编写过程中，得到了海图信息中心等单位的大力支持，参阅了有关教材和资料，听取了部分专家和有关同行的意见，特别是充分接受和采纳了审稿专家的意见和建议。在此，对提出意见的专家、同行、审稿人及参考文献作者表示诚挚的感谢。

由于编写人员的作业范围、技术视野和学术水平有限，而且海图制图技术发展迅速，本书内容难免存在疏漏、过时甚至错误之处，敬请读者批评指正。

编者

2025 年 5 月

目录

第一篇　基础篇

第二篇　海图编制篇

第三篇 海图校改篇

第一篇

基 础 篇

第 1 章

海洋基本知识

海洋面积约占地球表面积的 70.8%，是海图描绘的主要对象，因此，海图制图人员需要熟悉海洋的相关知识，本章主要介绍地球上的陆地及其地貌、海洋及海底地形、中国海区等内容。

1.1 陆地及陆地地貌

海洋是地球表面上广大连续水域的总称，蕴藏着丰富的资源。随着科学技术的发展，海洋在人类生存中的地位越来越突出，被称为人类生存的第二空间。因此，作为海图制图工作人员，不仅要熟悉海图，也要了解海图的主要描绘对象——海洋。

我们所生存的地球表面高低不平，分为陆地和海洋两大部分。充满海水的部分称为海洋，而露出海面的部分则称为陆地。

1.1.1 陆地

地球陆地的总面积为 1.49 亿 km^2，占地球总面积 29.2%。陆地的平均高度为 875m。陆地主要分布在北半球，北半球的陆地面积占北半球总面积的 39%；南半球的陆地面积只占南半球总面积的 19%。

陆地被海洋分割，大块的称为大陆，小块的称为岛屿。二者之间并无明显的自然界限，习惯上人们把澳大利亚视为最小的大陆，把小于它的陆地称为岛屿。因此，格陵兰岛就成了世界上最大的岛屿。

习惯上，全球分为七块大陆，按其面积大小依次为亚洲大陆、非洲大陆、北美大陆、南美大陆、南极大陆、欧洲大陆、澳洲大陆。亚洲、非洲、欧洲三个大陆相连，有时也合称为亚欧大陆或亚非欧大陆。同样，南美洲和北美洲也合称为美洲大陆。大陆和其附近的岛屿合称为洲。全球分为七大洲，即亚洲、非洲、北美洲、南美洲、南极洲、欧洲和大洋洲。

岛屿散处在海洋、河流或湖泊中，彼此相距较近的一群岛屿泛称为群岛。

全球岛屿的总面积约为 997 万 km^2，约占全球陆地总面积的 6.7%。按成因可分为大陆岛、火山岛、珊瑚岛和冲积岛。大陆岛多分布在大陆边缘海的外围；火山岛主要分布在太平洋西南部、印度洋西部和大西洋东中部；珊瑚岛主要分布在南北纬 20°之间热带区域的浅海区，以太平洋热带浅海区最为集中。

1.1.2 陆地地貌

陆地按高度和起伏形态，可分为平原、高原、丘陵、山地和盆地。

平原：宽广平坦或略有起伏而边缘并无崖壁的地区称为平原。世界上最大的平原为南美洲的亚马孙平原，面积约 560 万 km^2。

高原：高度较大、起伏较小、边缘通常以崖壁为界的地区称为高原。世界上最高的高原为我国的青藏高原，海拔在 4000m 以上，面积约 250 万 km^2。最大的高原是南美洲的巴西高原，面积超过 500 万 km^2。

丘陵：高低不平、连绵不断的低矮山丘称为丘陵。

山地：地表起伏显著、群山连绵交错、高差一般在 200m 以上的地区称为山地。山地起伏大、坡度陡峻，相对高度大，线状延伸的山体称为山脉。成因上相联系的若干相邻的山脉称为山系。世界上的高大山脉大多位于地壳活动特别强烈的地带，一是位于环绕太平洋两岸的南北向地带，主要有北美洲至南美洲的科迪勒拉山系，亚洲和大洋洲沿岸及边缘海外围岛屿上的山脉；二是略成东西向横贯亚洲、欧洲南部和非洲北部的地带，著名的山脉有亚洲南部的爪哇岛和苏门答腊岛上的山脉、非洲北部的阿特拉斯山脉等。世界上超过海拔 8000m 的山峰有 14 座，分布在亚洲的有喀喇昆仑山脉、喜马拉雅山脉地带，其中最高峰珠穆朗玛峰海拔 8848.86m，为世界最高峰。

盆地：四周高中间低的地区称为盆地。如我国的四川盆地、非洲的刚果盆地等。

1.2 海洋及海底地形

1.2.1 海洋

海洋的面积大于陆地，约为 3.62 亿 km^2，占地球表面积 5.1 亿 km^2 的 70.8%。我国古代有“三山六水一分田”的说法，这和海陆分布的情况大体一致。海洋的平均深度为 3795m。根据海洋的形态和水文特征，可将其分为洋、海、海湾和海峡。

1. 洋

海洋的中心部分称为洋。它远离大陆，具有深渊和浩瀚的水域，深度一般在二三千米以上，面积约占海洋总面积的88.4%。大洋中盐度较高，表面平均值约35‰；水色深，透明度大；因受大陆影响小，水文要素比较稳定；在海水运动方面，具有强大的海流系统和独立的潮汐系统；沉积物多为钙质软泥、硅质软泥和红黏土等。

地球上有四大洋，即太平洋、大西洋、印度洋和北冰洋。

1）太平洋

太平洋是世界上最大、最古老的海洋。面积约1.8亿km^2，约占世界海洋总面积的$\frac{1}{2}$，地球总面积的$\frac{1}{3}$，大于大西洋和印度洋面积之和，也大于世界陆地总面积。它被亚洲、北美洲、南美洲、大洋洲和南极洲所环绕。

北从白令海峡处的北极圈（或楚科奇半岛的迭日涅夫角与苏厄德半岛的威尔士角的连线）开始，与北冰洋相连。东以南美洲大陆为岸，在南美合恩角西经67°处与大西洋分界。西从亚洲东部南下至塔斯马尼亚的南端，东经147°处，直至南极洲，为太平洋与印度洋的分界处。南至南极洲北岸。

通常以南北回归线为界，将太平洋分为北、中、南太平洋，又有以赤道为界分为南、北太平洋。

太平洋也是世界上最深的海洋，平均深度达4028m，最深的地方达11034m。

太平洋洋底地貌的主要特点是有一系列巨大的山脉隆起，将海底分成一些大的盆地，分别位于东北部、西北部和中央等区域。许多山脉位于大陆坡上，使一些边缘海与主要的海域相隔离，如白令海、鄂霍次克海、日本海、中国海等。

太平洋边缘带地形的最大特征是岛弧，以及与其相伴而生的弧内方的深海盆与弧外方的深海沟。太平洋是世界上岛屿最多的海洋。除许多大的岛屿之外，还有多如繁星的火山岛和珊瑚礁。伊里安岛（或称新几内亚岛）是太平洋中最大的岛屿，它是仅次于格陵兰岛的世界第二大岛。太平洋底有许多海沟，占世界海洋内海沟总数的一半以上。

太平洋表面平均温度约为19.1℃，是最温暖的洋。平均盐度较大西洋低，最高为36‰，最低为31‰~32‰。海流包括赤道逆流、台湾暖流、黑潮暖流、西风漂流、加利福尼亚寒流和千岛寒流（亲潮）等。

2）大西洋

大西洋是世界第二大洋，呈狭长的“S”形。它位于南、北美洲东部海岸与欧洲、亚洲和非洲大陆之间，东从非洲南端的好望角起，经克罗泽群岛、克尔格伦岛，沿克尔格伦海岭到南极洲北岸的英格里德－克里斯坦森海岸，这一线的海底高地是与印度洋的分界线。西从南美洲南端的合恩角起，到南极半岛的北端，以及位于这一海岭上的南乔治亚岛、南桑德韦奇群岛、南奥克尼群岛、南设得兰群岛一线的海底高地，是与太平洋的分界线。北部在北美和格陵兰岛之间与北冰洋的界线为：从布西亚半岛，通过萨默西特岛、威尔士王子岛、巴瑟斯特岛、孔沃利斯岛、德文岛、肯特岛、埃尔斯米尔岛之间的各个海峡，沿史密斯海峡、罗伯逊海峡直到格陵兰岛西海岸北纬82°附近。在格陵兰岛和西欧之间与北冰洋的界线为：从格陵兰岛东海岸的昂马克沙利克，经冰岛、法罗群岛、设得兰群岛，至挪威南端的斯塔万格。

大西洋海岭，又称“大西洋中脊”，是大西洋地形上最大的特色。它北起冰岛附近，延伸至非洲－南极高原，除在赤道附近略有间断外，纵贯大西洋南北，绵延15000km左右，把大西洋划分成两部分，海岭的平均深度为3000m。个别山脊突出洋面形成岛屿；大西洋海岭东西两侧是一连串的深海盆地。最深处位于波多黎各海沟，深达9218m。

大西洋中常出现冰山。在纽芬兰以南的欧美航线上，每年有冰山自纽芬兰南下，平均约400个。洋面平均温度为16.9℃。平均盐度达35‰。在北美洲沿岸，由于湾流的通过，海水较温暖，藻类生长茂盛，故这一带有马尾藻海之称。大西洋有一支著名的暖流，称为墨西哥湾流。在北大西洋高纬度地区还有拉布拉多海流，是典型的寒流。此外，在北大西洋南美洲东岸有巴西海流。

3）印度洋

印度洋面积仅次于太平洋和大西洋，为第三大洋。印度洋是一个热带洋，范围在赤道南北附近偏南。北以印度半岛和阿拉伯半岛的陆地为界。东面以马来半岛、苏门答腊、爪哇及澳大利亚海岸为界，南面延伸到南极洲，西以阿拉伯半岛及非洲东岸为界。南非的好望角为印度洋与大西洋的分界。

印度洋的洋底地形结构简单。洋底向东倾斜，爪哇以南最深，其次在南极洲边缘也较深。南极洲向北，海底逐渐上升。洋底中央有一条和大西洋相似的弧形海岭，自印度半岛南端向南伸展，直达南极洲，把印度洋洋底分成东西两个海湾，东海湾为孟加拉湾，水深较深，并有几条相当深的海沟，如巽他海沟和瓦尔海沟；西海湾为阿拉伯海，水深较浅。

印度洋的周围有30多个国家和地区。印度洋中分布着一些重要岛屿：如马达加斯加岛、斯里兰卡岛；马尔代夫群岛以及查戈斯群岛；位于亚丁湾口的索科特拉岛，靠近非洲的塞舌尔群岛等。

印度洋平均温度为17℃。在印度洋的极南面，全年有冰块和冰山从南极漂流而来。

印度洋为季风带，在赤道以北部分，冬季盛行东北风，夏季盛行西南风，因此这个海区的海流有季节性的变化，随风向的转变而转变，称为季风流。

4）北冰洋

北冰洋面积约1475万km^2，约占世界海洋总面积的4.1%，为世界四大洋中最小、最浅的洋。四周几乎为陆地所包围，这是北冰洋与其他大洋的不同之处。它以北极为中心，被亚、欧、北美三大洲和格陵兰岛所环抱。北冰洋及其他边缘海域与原苏联海岸相邻。

北冰洋的洋底地形复杂而特殊，海岭和海盆交互分布。沿椭圆短轴方向相间排列着三条主要海岭和两大海盆。三条海岭是：罗蒙诺索夫海岭、门捷列夫海岭和南森海底山脉。罗蒙诺索夫海岭横卧于北冰洋底的中央部分；门捷列夫海岭又名阿尔法海底山脉，与罗蒙诺索夫海岭近于平行；南森海底山脉又称南森海岭或加克利海岭，是北冰洋的大洋中脊。上述三条海岭分别将北欧海域分隔成挪威海盆、格陵兰海盆和罗弗敦海盆；将北极海域分隔为南森海盆、欧亚海盆（又名阿蒙森海盆或弗拉姆海盆）、马卡罗夫海盆和加拿大海盆。加拿大海盆是北冰洋中面积最大的海盆，宽约1100km，其深度达3850m；南森海盆是北冰洋中最深的海盆，北部大多超过4000m。北冰洋平均水深约1200m，最大水深位于南森海盆，达5527m。北冰洋中岛屿众多，总面积约400万km^2。主要有格陵兰岛、加拿大伊丽莎白女王群岛、新地岛、新西伯利亚群岛等。北冰洋的周围环绕着宽度极宽的大陆架，是世界海洋中大陆架最大的地方。

北冰洋上层水温全年约$-1.7\sim-1$℃，大部分水域表层覆盖着冰雪。洋流系统由北大西洋暖流的分支挪威暖流、斯匹次卑尔根暖流和北角暖流，以及东格陵兰寒流组成。

北冰洋有8个附属海：挪威海、格陵兰海、巴伦支海、喀拉海、拉普捷夫海、东西伯利亚海、楚科奇海和波弗特海。

5）南大洋

世界有四大洋，这是多年来人类对海洋的传统划分。自20世纪60年代以来，随着海洋学的发展和人类对南极洲考察的不断深入，越来越多的科学家认为南极洲周围水域具有独特的自然特征，已具备构成一个独立大洋的条件，因此应增设第五个大洋，即南大洋。尽管仍有些学者不同意这一观点，认为南极洲附近海域与其他大洋的界限难以划定。但随着时间的推移和认识的深入，争论逐渐平息，海洋学家认为应该命名另一个新大洋，即第五大洋。

南大洋，亦称南极海或南冰洋，由南纬50°以南的印度洋、大西洋和南纬55°~62°以南的太平洋等三大洋的南部水域组成。其水域面积约3800万km^2。

南大洋中的主要岛屿包括南设得兰群岛、南奥克尼群岛、南乔治亚岛、罗斯福岛、亚历山大岛等，总面积约为 7.6 万 km^2。

南大洋的大陆架面积极小。一般深度在 500m 左右。在太平洋一侧，南纬 60°~70°之间，有一长约 4000km、最浅处不足 1000m 的南太平洋海岭。表层水温自北向南降低，大陆沿岸终年结冰，海上漂浮着约 22 万座冰山。盐度 34‰~34.5‰。大洋环流自西向东绕南极大陆运行。

2. 海

海洋的边缘部分称为海。大陆、岛屿和群岛等在不同程度上将其与大洋分开。和大洋相比，海的面积小，深度浅，一般多在二三千米以内。因受大陆影响，它的盐度也比大洋盐度低，水色较淡，水文要素随季节变化大。在海水运动方面，潮波系从大洋传来，潮汐涨落比大洋大得多。同时，每个海都有自己的环流形式，季节变化十分明显，有时它是大洋海流的直接延续。世界上最大的海是澳大利亚东北面的珊瑚海，面积达 479.1 万 km^2。

根据海的位置和形态的不同，可将其分为边缘海、陆间海和内陆海 3 种。

边缘海位于大陆的边缘，但不深入大陆，由半岛、岛屿或群岛将其与大洋分开。它与大洋自由相通，海流能直接延伸进来，潮波也可以直接传播进来。其水文状况在外侧主要受大洋影响，内侧主要受陆地影响。例如我国的黄海、东海、南海等。

陆间海位于相邻的两个或三个大陆块之间，水深较大，海盆不仅分割着大陆的上部，而且分割着大陆的基部，通过海峡与毗邻的海洋相通。例如亚、非、欧之间的地中海，南、北美洲之间的加勒比海和墨西哥湾，以及亚、澳之间的一些陆间海等。

内陆海深入大陆某一部分，以狭窄的海峡与大洋或其他海相通。其水文要素受大陆影响很大，尽管也与大洋有不同程度的联系，但总体而言，受大洋的影响较小。如渤海、波罗的海、黑海等。

3. 海湾

洋或海的一部分深入陆地，且深度和宽度逐渐减小的水域称为海湾。它一般三面为陆地所环绕，一面向海洋敞开。海湾的大小差异悬殊，大的如孟加拉湾，小的如北部湾、大连湾、胶州湾等。由于它和邻近的洋或海可以自由相通，所以水文特征一般与之相近。

由于历史原因，有些海湾的名称尽管与上述定义不符，但一直沿用至今。

例如阿拉伯海和孟加拉湾，实际上都是海湾，但一个被称为海，一个被称为湾。再如墨西哥湾和加勒比海、波斯湾和红海等都属于上述情况。

4. 海峡

两端连接海洋的狭窄水道称为海峡。有的海峡沟通两个洋，如马六甲海峡连接太平洋和印度洋；有的则沟通洋和海，如直布罗陀海峡连接地中海与大西洋。海峡中一般水流较急，多涡流，底质多为岩石或砂砾，细小的沉积物很少。海水的运动多沿着海峡的方向进行，有的由左、右流入或流出，有的由上下层流入或流出，也有的固定向一个方向运动。因此，海峡的水文要素和垂直方向上的变化往往较大。

海峡两侧的海岸有的属于一国，有的属于几个国家。若海峡全部位于一国领海基线以内，则为该国的内海。海峡在军事和交通上占有重要地位。

1.2.2 海底地形

随着海底探测技术的发展，人类对海洋底地形的了解越来越深入。从宏观上看，大洋底部同样有高山、高原、平原和深谷等。习惯上地理学者们按照深度和洋底的起伏特点，将海底地形分为海岸带、大陆架、大陆坡和大洋底4个部分。

海岸带是海陆相交的一个狭长地带。此地带海洋和陆地相互作用最为明显，其范围从海水的最高高潮面或大潮高潮面与陆地的交线（即海岸线）向海延伸至1/2波长的水深处。海岸带的宽度各地不一，呈带状围绕着海洋和陆地。

大陆架也称大陆棚，也有的称大陆浅滩、大陆台，一般把从海岸带外缘至200m水深的海底区域称为大陆架。它是各洲大陆在海水下的延续部分，和海岸带一起占海洋面积的8%。特点是倾斜十分平缓，平均坡度约0°07′。大陆架的宽度与附近陆地地形有密切联系：在陡峭的山地岸线较窄，在平原或河口处较宽。平均宽度约68km，最大宽度达七八百千米。

另外，也有把水深超过200m，最深达700m或更大深度的近岸倾斜平缓海底地带称为深水大陆架的，即把大陆架外缘定在坡度明显加大的转折点处。

大陆坡是从大陆架外缘至水深2500m的海底区域。其面积约占海洋总面积的11%。它比大陆架倾斜度大，一般在4°~7°。火山岛和珊瑚岛边的大陆坡坡度更大，可达数十度。

大洋底也称大洋盆地，深度在2500m以上，是海洋的主体部分，面积占海洋总面积的81%。

洋底地形起伏不平，有海岭、海盆、海沟和海渊等。世界上最深的海沟位于太平洋西部的马里亚纳海沟，最深的海渊达11034m。

海洋底部矿物资源丰富。到目前为止，人类能在海底勘探和开发的矿产资源有天然气、石油、煤、铜、铁、硫、锰等。据估计，海底石油的储量达1000亿吨，占陆地石油储量的三分之一。

1.3 中国海区

1.3.1 中国海区概述

中国海由于临近我国而得名，并非全部都是中国的领海。中国海区西部和北部紧临我国大陆，东北以朝鲜海峡与日本海分界，东部被一弧形列岛（琉球群岛）所环绕，与太平洋相通，南至大巽他群岛，西南则以马来半岛和马六甲海峡为界，与印度洋分隔。海区边界南抵南纬3°，北达北纬41°，西起东经99°，东至东经130°。我国大陆岸线北起鸭绿江口，南到北仑河口，总长度超过18000km。由于大陆江河的流入，海岸线曲折，形成了许多优良的港湾。

广阔的海面上散布着大大小小6500多个岛屿，它们构成了弧形的海上防线，环绕在我国大陆外侧。中国海位于亚洲大陆的边缘，为大陆棚性质的浅海，绝大部分海区都在200m等深线以内，海底呈现出从沿岸向东南逐渐倾斜的趋势。作为大陆架以内的浅海，海滩面积广阔，著名盐场分布于整个沿海地区。沿海海底多平坦，又有寒暖流交汇，形成许多优良的渔场。

1.3.2 中国四大海区

中国海域分为四大海区，即渤海、黄海、东海和南海。

1. 渤海

渤海，古称北海，是我国的一个内海。北以辽宁为界，西以河北、天津为界，南以山东海岸为界，东以辽东半岛的老铁山西角经庙岛列岛与山东半岛的登州头连线，亦即黄海与渤海的分界线为界。渤海南北长约550km，东西宽约346km，面积约8万km^2，海岸线长约3800km。渤海的东北部为辽东湾，西部为渤海湾，南部为莱州湾，东部为渤海海峡，是扼守渤海和黄海的通道，为渤海的咽喉。渤海沿岸除辽东半岛东侧为丘陵地，西侧为狭长的辽西走廊外，其余均临华北大平原和松辽平原，地势平坦，海岸平直，缺少良好港湾和岛屿海角屏障。渤海水深一般 12 ~ 40m，渤海湾和辽东湾北部为最浅，老铁山水道及其附近较深，最大深度位于渤海海峡北部的老铁山水道，深达 86m。渤海海底平坦，底质主要为泥沙。

2. 黄海

黄海是一个半封闭的内陆浅海。其西部、北部与我国大陆相邻，东邻朝鲜半岛，南以长江口北角至韩国济州岛一线为界，与东海分隔。在这分界线上，长江自西而来，入海后直指济州岛，这支强大的江流，把黄海与东海分隔开，形成一条明显的水文标志。此外又有台湾暖流流至长江口后，因受长江江流的顶撞转向东北，与长江江流一起从长江口流向济州岛，划开黄海与东海，成为中国海区分界线上一个特殊的自然条件。黄海的北、西侧临我国辽东半岛、山东半岛及苏北沿岸，东面以朝鲜半岛为东滨。黄海南北最长约 870km，东西最宽约 556km，总面积约 38 万 km^2，海岸线长约 3800km。濒临黄海的国家有中国、朝鲜和韩国。习惯上人们以山东半岛的成山角与朝鲜龙渊半岛的长山串连线为界，将黄海划分为南、北黄海两部分，其中，南黄海面积约 40 万 km^2，北黄海面积约 8 万 km^2。沿我国海岸线分属两大类型：一类是辽东半岛东南岸和山东半岛沿岸的无堆积沙洲存在的小型海湾状海蚀海岸，沿岸为丘陵起伏地，岸线较曲折，小型船舶停泊、避风的港湾、锚地较多。另一类是苏北沿海的平坦三角洲状堆积海岸，内陆为平原，沿海多浅滩、沙洲，缺乏良好港湾、锚地。黄海水深一般 40 ~ 80m，略向东南倾斜，而以济州岛附近为最深，最大深度超过 100m。黄海底质由于受中国大陆和朝鲜半岛诸江河的影响，主要为泥沙。

3. 东海

东海西临我国大陆，北以长江口北角至朝鲜济州岛一线为界，与黄海分隔，东北经朝鲜海峡通日本海，东部及东南部隔日本九州、琉球群岛与太平洋相邻，西南以台湾海峡南口（诏安湾附近闽粤交界处与台湾省南端的鹅銮鼻连线）为界，与南海分隔。濒临东海的国家有中国、日本和韩国。海区的东北－西南向长约 1296km，东西宽约 740km，面积约 77 万 km^2，是我国第二大边缘海。东海海岸线长、海岸曲折，形成了沿岸许多优良的港湾和星罗棋布的岛屿。东海大陆沿岸 20m 等深线以内的地貌非常复杂，由于受地质构造影响，形成了大量湾澳与岛礁，海底地貌深浅巨变，等深线弯曲、紊乱。20m 等深线以外则岛礁极少，地势平坦，海底大致由西北向东南倾斜，等深线一般都与我国大陆平行。100m 与 200m 等深线间为台湾暖流分支与对马暖流相联的通道，它把东海分为东西两半，西边为 100m 以内的大陆浅海，东边为 200m 以上的大洋性深海。东海深度较黄海稍大，一般为 50～200m。整个地势倾斜坡度西部较小，东部较大，到东南边缘急剧下降，形成东海的低洼中心，最深达 2719m。东海的海底地形是一个独立的海盆地，它和太平洋海底有明显的界限。东海底质为长江江流与东海暖流运动过程的产物，分布比较有规律。沿岸在杭州湾以北以沙为主，以南以泥为主；近岸以黏土质软泥为主；远海为沙质地带，其间夹杂着泥、贝、岩、砾、珊瑚等。

4. 南海

南海北靠华南大陆，东北与东海为邻，西濒中南半岛和马来半岛，并经马六甲海峡与印度洋相通，东界北起我国台湾省，中经菲律宾的吕宋岛和巴拉望岛到加里曼丹岛，南抵印度尼西亚的勿里洞岛并经卡里马塔海峡与爪哇海相连。南海南北长超过 3000km，东西宽约 1700km，面积约 350 万 km^2。濒临南海的国家有中国、越南、柬埔寨、泰国、马来西亚、新加坡、印度尼西亚、文莱和菲律宾。南海的我国沿岸多为丘陵地形，局部地区有平原，海岸多为岩岸，岸线曲折，多天然良港。

南海是中国海中最深的海。南海 200m 以上和 200m 以内水深的海域约各占一半，海底平坦，仅群岛之间较为复杂。海区的东北部和中央部较深，水深多在 1000～4000m，最深达 5559m。底质一般为泥沙，其中以沙质软泥为主，中央为珊瑚礁环，还有小贝壳等，南海海底的岸礁和珊瑚较其他海区更为丰富。

复习思考题

1. 简要说明地球上大陆和海洋的分类。
2. 简要说明陆地地貌的分类。
3. 简要说明洋与海的区别，并说明海的分类。
4. 说明海底地形的分类。
5. 说明中国海区的构成。

第2章
航海图书基础知识

熟悉航海图书的相关内容是海图制图人员的一项基础性工作。本章主要介绍海图的概念、数学基础和内容等基本知识，以及海洋部分（海部）主要要素、部分陆地（陆部）要素、整饰及注记、海图符号、海图编号等知识。

2.1 海图基本知识

2.1.1 海图基本概念

1. 定义

船舶在大海中航行时，海图被誉为船舶的“眼睛”。海图是地图的一个重要分支，海图起源于地图，后来慢慢从地图中脱胎分离出来，但它还留有地图的烙印，因此它与地图一样仍然具有三个基本特性：

1）具有特定的数学基础

地球表面近似于椭球面，这个曲面在数学上被称为不可展曲面。地球表面是个不规则曲面，而海图是一个平面，怎样将地球上的要素描写到平面上来呢？必须借助于数学方法来解决，即地图投影。通常以经纬线为控制，将制图要素缩绘到平面上。

海图投影就是建立地球椭球体面上点的经纬度和其在平面上的直角坐标之间的对应数学关系，投影的结果使曲面上的点变成了平面上的点，虽不能做到制图区域内的所有点都无任何误差，但能精确计算并控制投影后的误差大小。这样就大大提高了海图的科学性。

2）具有科学的制图综合理论

地表物体繁多庞杂，一张标准的海图图积约为98cm×68cm。这样，我们就无法把制图区域内的所有物体都表示到一张海图上。要解决制图区域内地表物体繁多与纸张尺寸有限而无法表示全部要素之间的矛盾，只有通过制图综合的方法来解决。制图综合的核心就是取舍、概括和化简。根据海图用途（选取相关的内容）、比例尺（大小决定要素取舍多少）和制图区域特点（疏密程度）进行综合取舍，即舍去次要的、无用的物体，保留重要的、有用的物体在海图上。对于保留在图上的要素，有时根据其尺寸大小也要进行图形形状上的化简和概括。

3）采用科学的符号系统

人们在阅读各种资料时，必须要熟悉资料中所运用的语言；同理，要认识海图，必须要借助海图语言。我们把海图语言称为海图符号。这种符号可以是图解的，也可以是文字的。海图符号不同于一般的照片、图画等，它具有构图简单、表现力强等优点。

通常采用航海通告改正的方法，来保持海图的现势性。

根据海图的特性，我们将海图定义为：根据一定的数学法则，将地球表面的海洋及其连接的陆地部分以符号和文字相配合，经过制图综合缩绘于平面上，并反映出各种自然现象和社会经济现象的地理分布与相互关系的一种科学作品。

2. 用途

21 世纪是海洋的世纪，人类对海洋的开发利用越来越频繁，各行各业对海图的需求量也越来越大。海图广泛应用于军事、经济、科研和政治等领域，具体体现在以下几个方面：

1）在国防事业上

海图是各级指挥机关研究海区特点、制定训练计划、作战计划和组织指挥多军兵种协同登陆与抗登陆作战的重要依据，是船舶航行、训练、作战的重要资料。海军的一切训练、作战任务和各种海上活动都离不开海图，领导机关制定作战计划、船舶部队在海上执行任务、海上军事工程和设施施工、构建数字海洋和海战场环境都离不开海图。因此，海图在国防中的地位越来越重要。过去海图对于作战的保障是间接的和被动的，而现在则是主动的和直接的。

2）在国民经济建设上

在国民经济建设中，发展海上交通、开展国际贸易、开采海洋资源、实施海洋工程施工、进行海上捕捞与养殖等都离不开海图，海图已经成为促进各国政治、经济、文化交流不可缺少的工具。

3）在科学研究上

在科学研究中，科学工作者探索海洋奥秘、研究海洋情况，也都需要海图。具体来说，海图是研究海洋地理和海洋地质等自然现象变化规律的重要资料，如利用海洋重力图的数据可以确定海底地壳各种岩层质量分布的不均匀性；海图是历史研究，尤其是航海史和地名演变研究的重要资料；海图是海洋及相关学科研究的海图制图的科学作品，也是精神文明教育的材料。

4）在其他方面

在政治斗争中，进行海洋划界、执行海洋法、解决海事纠纷等也离不开海图；在国际事务交往中，需要相应比例尺的精确海图为依据；在国际政治、文化、科技交流中，海图可以发挥媒介作用。

3. 普通航海图分类

普通航海图主要是为普通航海服务的。它广泛应用于各个领域，根据比例尺的大小，可分为大、中、小比例尺海图，反映了海图内容的详简以及海图的使用范围和使用特点。

（1）大比例尺海图：1：10 万及更大比例尺海图。

（2）中比例尺海图：1：10 万至 1：100 万比例尺之间的各种比例尺海图。

（3）小比例尺海图：小于 1：100 万比例尺的海图，又称总图。

上述按比例尺分类不是一成不变的，但一般按上述指标来划分。也有的分类中将 1：100 万比例尺海图划归小比例尺海图。各种专题海图按比例尺的分类，各专业部门有其特殊的规定，如工程部门将 1：5 万、1：10 万比例尺地形图列为小比例尺地形图。

就其用途而言，普通航海图可供船舶海洋航行、江河水道航行、进出港湾及沿岸航行使用。

按其用途和比例尺，普通航海图可分为港湾图、航行图、海区总图。

1）港湾图

以描绘港湾、锚地为主，供船舶进出港湾、驻泊避风使用。图上显示海岸和海底地形、助航设备、航行障碍物、港湾设施、港区界线、港务机关等要素。比例尺大于 1：10 万，一般以大于 1：5 万为主，个别图小于 1：5 万。其图幅形式不尽统一，一般不成套连续。

2）航行图

供船舶在海上航行使用的海图。它有充分的航行海域或一定的航道。图内表示了满足航行的陆地地貌、助航设备、显著目标、海洋水文及详细海底地形等。根据船舶航行时距离海岸的远近可分为近岸航行图、近海航行图、远海航行图及远洋航行图，比例尺自 1：10 万至 1：300 万。

（1）1：10 万~1：20 万（不含）：沿岸航行图。

(2) 1∶20 万~1∶100 万（不含）：近海航行图。

(3) 1∶100 万~1∶300 万（不含）：远洋航行图。

3）海区总图

描写某一海区总貌的海图。供研究海区形势及拟定航行计划用。图上较详细地提供了港湾、岛屿、海峡、水道、海底地形及重要地名等，也可以作为航行图使用。比例尺一般为 1∶300 万或更小。

2.1.2 海图数学基础

1. 地球基本概念

1）地球的形状

地球的自然表面是一个高低不平、极不规则的曲面。地球的形状像扁球体，扁率为 1∶297.257，体积约 10832 亿 km^3，赤道半径为 6378km，极半径为 6357km。

2）大地水准面与大地球体

把设想的海洋的平均海水面向陆地延伸，待水面静止时，就得到一个闭合的水准面，称为大地水准面。大地水准面所包围的形体，称为大地球体。通常用大地球体表示整个地球形状，它接近于一个旋转椭球体。地面上的高程就是从大地水准面起算的。大地水准面虽然比地球表面规则，但因受地球重力分布不均的影响仍有起伏，还是一个不规则的曲面，也就是说，还是一个不能用数学公式表达的简单曲面，在这个曲面上建立坐标网仍有困难。

3）地球椭球体

由于地球自然表面是一个极不规则的曲面，而一切大地测量都是在地球表面上进行的。因此，为了确定地面上的坐标网，处理整个大地测量成果，必须选择某个合适的旋转椭球体来代替地球，作为统一计算的基准面。这个选择的接近大地球体的旋转椭球体，称为地球椭球体。它是一个长半径为 a，短半径为 b 的椭圆，绕其短轴旋转而成的椭球体，如图 2－1 所示。

4）参考椭球体

确定椭球体与大地球体之间相互位置的过程称为椭球体定位（向）。经过定位的地球椭球体称为参考椭球体。

地球椭球体的定位就是在适当的地区，选择一个天文点（或三角点），精确测定该点的天文经度、天文纬度、该点至另一天文点（或三角点）的天文方位角及该点到大地水准面的垂直距离，并将此假定为该点的大地经度、大地

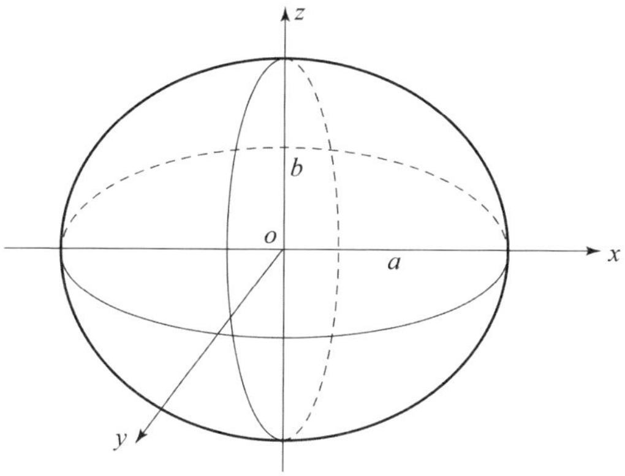

图 2-1　地球椭球体

纬度、大地方位角和高程。该点就作为大地测量的起算点，这些数据称为起始数据。

5）地球上的基本点线面

地球除了绕太阳公转外，同时还绕自己的轴线 PP_1 转旋，如图 2-2 所示。

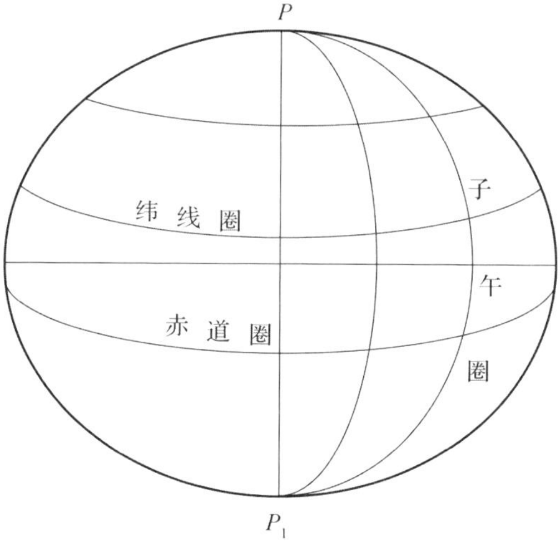

图 2-2　地球上的基本点线面

自转轴线 PP_1 称为地轴，它和地球椭球体的短轴相重合，并和地面相交于 P、P_1 这两点，即地球的两极。在北端的 P 为北极；在南端的 P_1 为南极。

垂直于地轴并通过地心的平面称为赤道面。赤道面与地球表面相交的大圆圈称为赤道。平行于赤道的各个圆圈称为纬线圈或平行圈。其中，赤道是最大的一个平行圈。

通过地轴垂直于赤道面的平面称为子午面（或经线面），子午面和地球的表面交线称为子午圈（或经线圈）。所有子午圈皆相等。

2. 制图投影一般概念

地球椭球体面、地球表面都是不可展的曲面，而海图是一个平面，而且是一种无裂隙与重叠现象的平平整整的平面。要把地球表面这个不可展的曲面描写到平面上，这就必须借助于一种将一个曲面描写到一个平面上的方法，这个方法就是地图投影。

制图投影的种类很多，并有着不同的分类标志。通常有两种主要标志，一种是根据变形性质分类；另一种是根据正投影中经纬线的形状进行分类。

（1）按投影变形性质可分为等角投影、等积投影、任意投影。

（2）按正投影中经纬线的形状可分为圆柱投影、圆锥投影、方位投影。

3. 墨卡托投影

1）一般概念

墨卡托投影是德国（生于今比利时）制图学家墨卡托在 1569 年发明的，并由此而得名。它是一种等角正轴圆柱投影。

该投影假想用一个圆柱面切于（或割于）地球椭球体，使圆柱轴与地球椭球体短轴重合，按等角条件将椭球体上的点、线投影在这个圆柱面上。好似光源在椭球体中心，把椭球体面上的点、线投影到圆柱面上，然后沿圆柱母线切开展平，即为墨卡托投影。

2）投影性质

（1）经线被描写成互相平行的直线，两经线间的间隔与相应的经差成正比；纬线被描写成相互平行的直线，且与经线垂直；两纬线间的间隔随纬度的增高而增大，故有时也称此投影为渐长投影。墨卡托投影经纬线形状如图 2－3 所示。

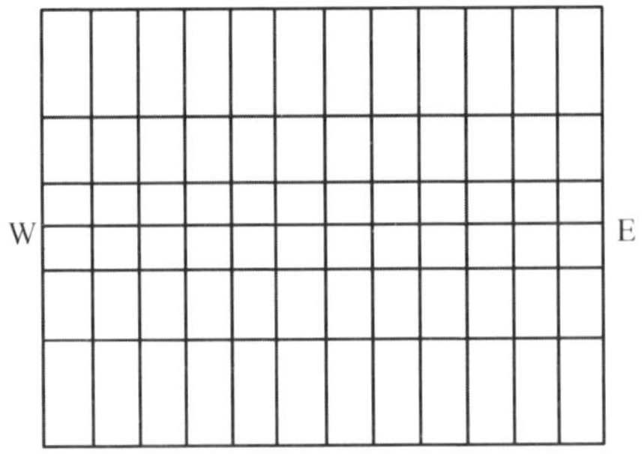

图 2－3　墨卡托投影的经纬线形状

（2）无角度变形，保持小块范围内的图形与实地相似。

（3）等角航线，即椭球体面上始终与经线成同一角度相交的曲线，投影后成直线。

3）变形规律

墨卡托投影中，圆柱面切于（或割于）地球椭球体处的纬线称为基准纬线。基准线上的纬度称为基准纬度。

一般说来，基准纬线上无变形，基准纬线附近变形较小，离基准线越远变形越大。若是割圆柱投影，两基准纬线间为负变形，赤道处变形最大；两基准纬线外为正变形。

由此不难看出，基准纬线选择的好坏，直接影响着投影变形的大小。所以，一般制图区域位于赤道附近，宜用切圆柱投影；离赤道较远的区域，则多采用割圆柱投影。但高纬度地区不宜采用此种投影。因为在高纬度地区这个投影的变形很大，失去了真实性。

为了控制变形，现行制图规范中规定，除1：100万及更小比例尺成套海图采用统一基准线外，其余均采用本图中纬线作为基准纬线。

4）墨卡托投影的使用价值

墨卡托投影的等角航线在海图上被描写成直线，便于在海图上进行航迹绘算；且又是等角投影，能保持实地方位与图上方位一致，图上作业十分方便；加之经纬线都是正交的平行直线，绘制简单，计算也不复杂。故几个世纪以来，世界各国都采用该投影制作海图。

4. 高斯 – 克吕格投影

1）一般概念

高斯 – 克吕格投影为等角横切圆柱投影。它由19世纪德国数学家高斯首创，后于1912年经德国大地测量学家克吕格补充完善并提出分带办法，故名高斯 – 克吕格投影，简称“高斯投影”。

该投影设想用一圆柱面横切于地球椭球体的某一经线上（此经线称中央经线）使圆柱的中心轴在赤道面上，按等角条件将中央经线两侧一定经度范围内的元素描写到圆柱面上，再把它展成平面，即得高斯 – 克吕格投影，如图2 – 4所示。

2）高斯投影的性质

（1）中央经线投影后成直线且无长度变形。

（2）赤道投影后与中央经线为互相正交的直线。

（3）除中央经线和赤道外的经纬线投影后对称于中央经线和赤道的曲线。

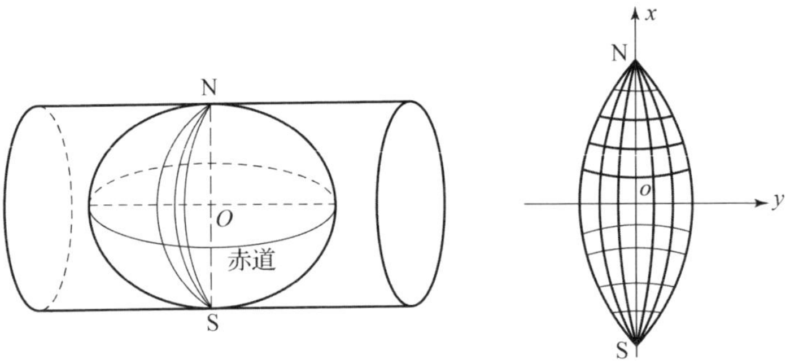

图 2－4　高斯－克吕格投影示意图

（4）投影后无角度变形，在微小范围内保持投影与实地相似。

（5）投影后经线与坐标纵线之间有一夹角，称为子午线收敛角。它随纬度和经差的增大而增大。

（6）长度变形，在同一经线上（非中央经线）随纬度的增高而减小，赤道上为最大。在同一纬线上，随离中央经线的距离增大而增大。

3）高斯投影的分带

为了控制变形并使计算简单，把投影区限制在中央经线两侧一定的范围内，将椭球面分成经差相等的若干小区，这些小区就称为分带。显然，分带越多，精度越好；而分带过多就给统一处理测量成果及图幅拼接和使用带来了不便，为了兼顾两方面的要求，通常按国际惯例采用 6°分带和 3°分带法。

6°分带从零子午线起自西向东，经差每 6°分为一带，全球共分为 60 个带。一般用于 1：25000～1：500000 比例尺地形图。我国地处东经 73°～135°之间，按 6°分带时中央经线的经度和带号如图 2－5 所示。

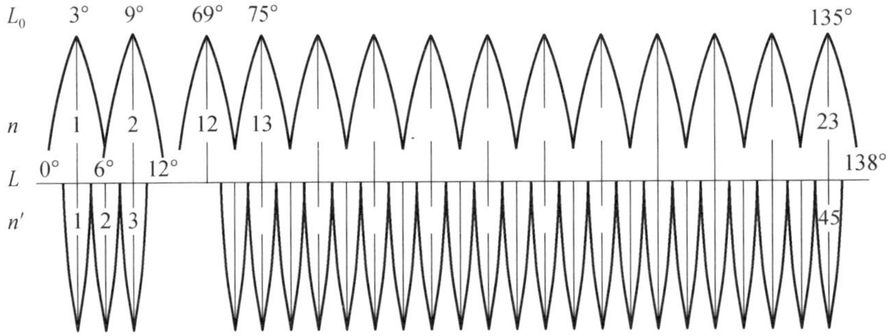

图 2－5　高斯投影分带示意图

当有余数时，把商数加 1 即为带号。

对于比例尺大于和等于 1：10000 的地形图，为避免出现较大的长度变形，则采用 3°分带，并规定 6°带的中央经线和分带子午线皆为 3°带的中央经线。

因此，3°带就不是从零子午线起算，而是从东经1°30′的子午线起算的，每3°划为一带，将全球划分为120个带，如图2-5所示，n'为代号。

4）高斯投影的坐标规定

高斯坐标就是每一带的中央经线投影成x轴，赤道投影为y轴，两者的交点为原点，构成直角坐标系。各点的直角坐标x、y，叫做高斯-克吕格坐标，简称高斯坐标。纵坐标x由赤道起算，向北为正，向南为负。我国领土均在北半球，故纵坐标均为正；横坐标y由中央经线起算，向东为正，向西为负。为实用方便，避免横坐标出现负值，通常将y值加上500km，即把每带的纵坐标轴西移500km，这个坐标称为通用坐标。为识别点位所在何带，常在通用坐标前冠以带号。例如：

$$\begin{cases} x = 4469510.8 \\ y = 21769103.2 \end{cases}$$

式中：点位y值的前面“21”即为该点所在带号。

5）高斯投影的重叠带

高斯投影是分带进行的。每一带均有自己的坐标轴和原点。因此，相邻两带的方里网是互不联系的。这就给跨带三角网的平差及图的使用带来了困难。为解决这一矛盾，规定在相邻两带的交接处要绘制两带的方里网，西带向东延伸30′、东带向西延伸7.5′。共重叠37.5′，重迭部分称为重叠带。相邻两带的联系就是靠重叠带来实现的。

6）高斯投影的使用价值

鉴于高斯投影是等角的，无角度变形，长度变形小，量测精度高，所以在图上量测方位和距离比较方便，且各投影带一致，计算简便，因而被广泛用于大地、地形、海道测量及国家基本比例尺地图的制作上。

7）墨卡托图上加绘高斯-克吕格公里网

在编制海图的过程中，常需采用以高斯投影作为数学基础的水深测量报告图版，为便于资料转绘，有时就需在墨卡托投影图上加绘高斯公里网。高斯公里网加绘到墨卡托投影图上的形状如图2-6所示。

其特征具体如下：

（1）赤道与中央经线是相互垂直的直线，分别与墨卡托投影图上的纬线（赤道）、经线重合。

（2）纵公里线是凸向中央经线的曲线，以中央经线为对称轴左右对称。距中央经线愈远，变形愈大，曲线的曲率也愈大。

（3）横公里线是凹向赤道的曲线，以赤道为对称轴南北对称。距赤道愈远变形愈大，且距赤道愈远，公里线间隔愈宽，并随着纬度的增高，曲线的曲率也不断增大。

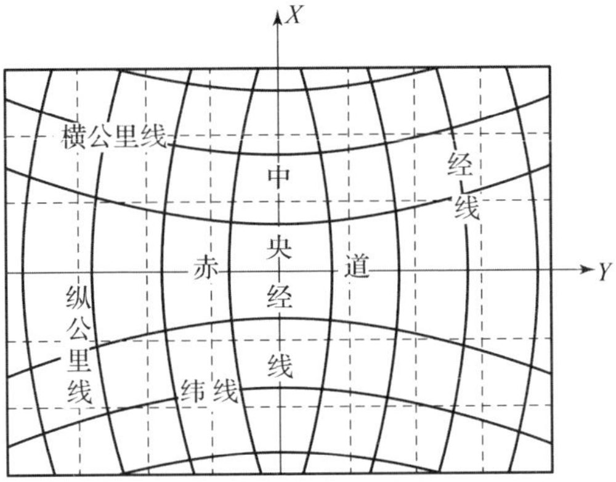

图 2－6　高斯－克吕格投影的经纬线和方里网

5. 平面图

这里介绍的平面图是海图用的平面图，它是墨卡托投影在一定条件下的简化。它与一般平面图的不同点是：一般平面图是把小块地区的地球表面当作平面所绘制的正射投影图，经纬线网呈梯形，不适用于航海；而海图用的平面图是正圆柱投影的一种，经纬线网呈矩形，有利于航海。

平面图上经线为等距离的平行直线，两经线间的间隔与相应的经度差成正比；纬线为与经线垂直的平行直线，因将制图区域视为平面，故纬线间距均相等。等角航线可看作直线，可在图上直接量取航向，设计航线。因此，在国际上被广泛地用来编制大比例尺海图。

一般取本图的中纬作为平面图海图经纬网计算的基础。

2.1.3 海图内容

根据海图的定义，我们可以知道，它不但直接描写了地表的各种自然现象和社会现象，而且间接地、不同程度地反映了地表不可见的一些现象及其关系。因此，一张海图包含了极其丰富的内容，通常我们把这些海图描写的一切内容称为海图要素。不同种类用途的海图表示的要素内容和详细程度是不同的。以航海图为例，通常把它的内容划分为 3 个基本要素，即数学要素、地理要素和整饰要素。

1. 海图数学要素

海图的数学要素包括：制图投影、方位、比例尺、平面和高程控制、深度基准面等。

1）制图投影

制图投影主要解决不可展的地球曲面描绘到海图平面上的矛盾。通过投影，把地球上的经纬网描写到海图上，并满足海图的用途和要求，构成海图的“骨架”。不同的制图投影，投影出不同的经纬线形状和经纬网间的间隔。我国海图采用的主要制图投影有墨卡托投影、高斯－克吕格投影和平面图法。

为了说明每幅海图所采用的投影方式，通常会在海图标题里加以说明，如我国出版的普通航海图标题中，注有“基准纬线30°”的，表示该幅海图采用的是墨卡托投影；注有“中央经线123°”的，则表示其投影是高斯－克吕格投影。制图中具体规定如下：

（1）比例尺小于1∶2万的图一般采用墨卡托投影。其基准纬线除1∶100万及更小比例尺的成套图采用统一基准纬线外，其余均采用本图中纬取至整分；

（2）1∶2万及更大比例尺图一般采用高斯－克吕格投影（三度分带），现在规范规定均采用墨卡托投影。

2）方位

海图的方位用于解决海图的定向问题，通常通过标注方位线来表示。习惯上，人们把地图的上方定为北，下方为南，右方为东，左方为西。这可大致了解图上的方位。对普通航海图，主要用于航海，这就要求海图的方位一定要准确。海图不仅以经纬网作为平面位置控制，而且以经纬线作为方位控制。也就是说，海图经线指示南北、纬线指示东西。严格地讲，通过当地经线（子午线）所指的北方向称为真北。所有和真北方位线（即经线）所构成的角，都是真北方位角。

航海上所指的真航向，是指船舶行驶的方向与真北方向线的夹角。在海图上，还要表示磁北，即当地磁针所指的方向，它不是真正的南北方向，而是与真北方位线存在一个磁偏角。为方便航海人员在海图上量算方位，在海图上绘有方位圈，如图2－7所示。

我国现行出版的航海图的方位圈只表示真北方位圈，以五角星指示的方向为真北方向（0°），采用圆周角法0°～360°细分。

方位圈上注有磁差和年差，英文字母W表示偏西，E表示偏东。图上磁偏差记至分位，年差记至分以下小数一位。

这里我们要特别强调一下海上方位。所谓海上方位，是指观测者从船上观测目标的方位。航海者使用的方位都是海上方位；测绘工作者根据陆上已知点用多方位交会法或方位距离法增补海区个别要素时，使用的不是海上方位，而

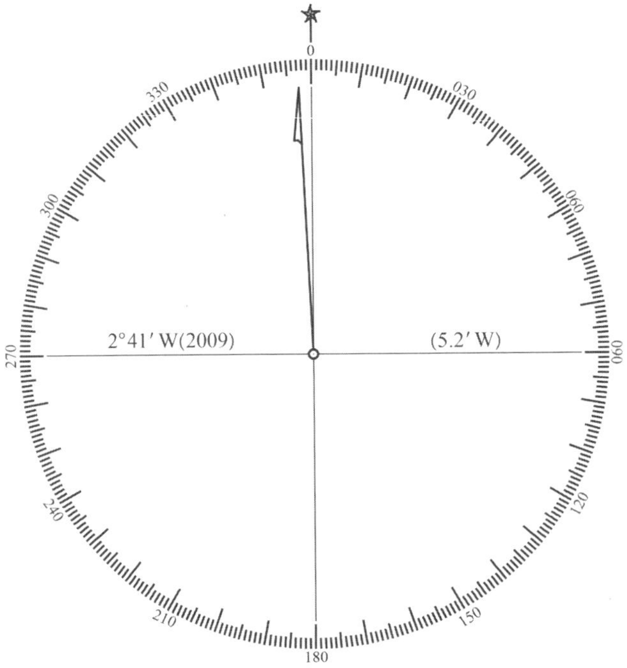

图 2-7　方位圈

是一般的方位。航海图上灯塔或灯桩的光弧度数及方位引示线的方位注记是供航海者使用的，应是海上方位，这在中国海图图式、航标表中都有明确说明，望广大用图人员注意，以免产生差错。

3）比例尺

海图上的比例尺即实地长度缩小的比例数，也就是图上线段为实地相应线段之比。准确地说，海图比例尺是由图上一点已知方向上所取的无穷小长度与地球椭球体上相应长度之比。比例尺的大小随着测量线段的地理位置和方向的不同而不同。

海图上标明的比例尺，只是在某一条经线或纬线，甚至某一点的比例尺，也称为主比例尺，而在其他地方则有一定的长度变形或角度变形，不是图标比例尺，即称局部比例尺。采用高斯-克吕格投影的海图，因在直径 300km 的区域范围内，主比例尺与局部比例尺相差很小，实际应用时可以忽略其差值；而采用墨卡托投影的海图，比例尺会随着纬度的变化而变化，所以离基准纬线越远，其局部比例尺与主比例尺相差越大。

目前我国出版的现行海图，图上表示的比例尺的形式有以下几种：

（1）数字比例尺：以数学表达式表示，如 1：50000 或 1：5000；

（2）直线比例尺：以图解形式表示，有时还加注文字说明，如图 2－8 所示。

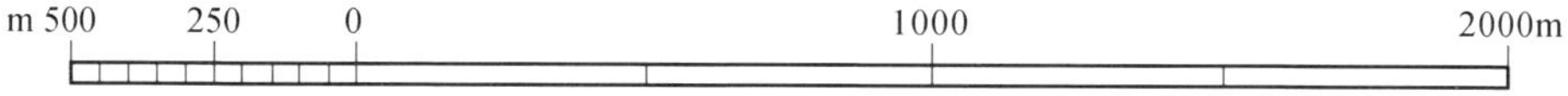

图 2－8　直线比例尺

（3）复比例尺：对于小比例尺墨卡托投影海图，不仅表示主比例尺，而且还通过图表示局部比例尺，如图 2－9 所示。

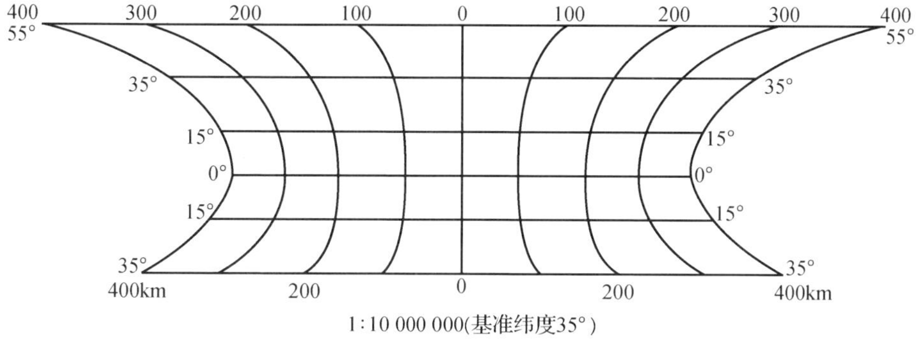

图 2－9　复比例尺

4）海图的平面和高程控制

海图是利用坐标的方法控制平面位置的，如地理坐标、大地坐标等。其高程则是通过不同的高程系统以不同的基准面和大地控制点来控制的。

（1）地理坐标系。如图 2－2 所示，为确定地面上点的位置，须在地面上建立地理坐标系统，它以地球极为极，由两组互相垂直的曲线所构成，一组称为经线，一组称为纬线。

用一组垂直于地轴的平面截地球椭球面（或球面），其交线为一组大小不等的圆，这些圆称之为纬线圈，或叫平行圈。其中通过地球中心的平面截得的最大的纬线叫做赤道。赤道的圆半径等于地球椭球的长半径 a，向两极纬线圈的半径越来越短，在两极点处为两个半径为零的点圆。

用一组通过地轴的平面截地球椭球面（或球面），其交线为一组大小不等的椭圆称之为经线圈，或叫子午圈。其长半径等于地球椭球的长半径 a，其短半径等于地球椭球的短半径 b。若将地球视为球体，则经线圈是半径为 R 的大圆。

由两组互相垂直的经线和纬线在地球表面构成地理坐标网，即可确定地面上任意一点的地理位置，其坐标由经纬度定义。

图 2－10 中，设地面上任意一点 A，过 A 点作一条垂线，使该垂线垂直于

A 点的切平面，此平面称为椭球面上 A 点的法线，法线与赤道面的夹角 B，称为 A 点的地理纬度，也称大地纬度（Latitude），用字母 B 表示。在同一纬线上各点的纬度 B 是相等的，不同纬线上点的纬度值不相同。在赤道上纬度为 0°，从赤道向两极纬度值增加，极点纬度值为 90°。为区别赤道以南、以北规定：赤道以北的纬度叫做北纬，用 0°~90°N 表示；赤道以南的纬度叫做南纬，用 0°~90°S 表示。为便于计算，规定北纬用“+”表示，规定南纬用“-”表示。

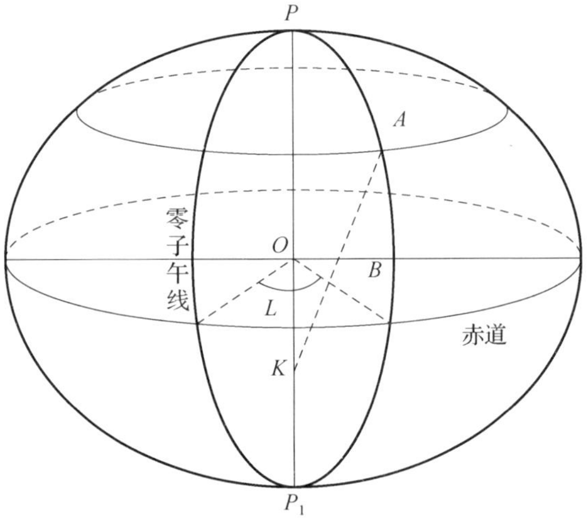

图 2-10　地理经纬度

对于地球球体，地面上 A 点的法线通过球心，因此地理纬度和球心纬度相等。为便于区别，所有地理纬度（椭球体）用 B 表示，球体的球心纬度用 φ 表示。

通过地球椭球面上 A 点的子午面与英国格林尼治天文台之首子午面的二面角，叫做 A 点的地理经度，也称大地经度（Longitude），用字母 L 表示。同一经线上各点的经度 L 是相等的，不同经线上的点的经度值不相同。经度的计算是从首子午线起算的，首子午线的经度为 0°。首子午线以东为正，称为东经，用 0°~180°E 表示；首子午线以西为负，称为西经，用 0°~180°W 表示。

为便于区别，所有地理经度（椭球体）用 L 表示，地球球体的经度用 λ 表示。

椭球面上任意两点的经度之差叫做经差，用小写字母 l 表示；任意两点的纬度之差叫做纬差，用 ΔB 表示。对于球体，则经差用 $\Delta\lambda$ 表示，纬差用 $\Delta\varphi$ 表示。

地球椭球面上的地理坐标建立之后，就建立了地面点与地理坐标一一对应的关系，即地球椭球面上任意一点都有完全确定的纬度和经度；反之如果已知

某点的纬度 B 和经度 L，在地球椭球面上完全可以找到这个点。

（2）大地坐标系。以地球椭球体面和法线，用大地经度、大地纬度及大地方位角确定地面某一点在地球椭球体面上位置的方法。大地坐标系的确定包括所采用的地球椭球体的大小和与大地球体的相关位置。由于各国所采用的地球椭球体大小和其定向不一，因此，也就有不同的大地坐标系。我国海图过去一般采用“1954 年北京坐标系”，现在海图则采用“2000 年国家大地坐标系”。大地坐标网可以用地理坐标表示，也可以采用一种地图投影的方法把它们投影到一个平面上，以平面直角坐标表示。如高斯 – 克吕格投影平面直角坐标网，能精确地描写地面上点的位置。

（3）大地控制点。为了国防和经济建设的需要，必须精确地测定地球表面上一大片点的位置和高程，作为各种比例尺测图的控制基础。这些点称为大地控制点。如果没有这些控制点，就不可能知道所在地区在整个地球上的位置，也不可能知道地球上各要素之间的相对位置与相对高度。没有各种导航、助航等设备在地球面上的位置与高程，也不可能使船舶容易地进行定位，更不可能绘出海图。

大地控制点分为两大类，一类称为平面控制点，另一类称为高程控制点。

平面控制点指参考椭圆体面上各点的相对位置。这些点是用三角网或导线连接起来，从北京的大地基点开始逐个推算出它们的位置。这些位置都是以地理坐标表示的，也可以采用一种地图投影方法把它们统一投影在一个平面上，以平面直角坐标表示。我国的各级平面控制点都是以高斯 – 克吕格投影平面上的直角坐标表示的。平面控制点位置用三角法测定的点称为三角点，用导线法测定的点称为导线点，根据三角形的大小或导线长度和测定精度的高低分为四个等级，即一等点、二等点、三等点和四等点。分等级的主要目的是为了加密控制点的方便，起到逐级控制的作用。具体地说，先在全国布设一等锁或一等导线，然后以这些点为基础加密二等三角网或二等导线，二等点就以一等点作为起算数据。三等、四等以此类推。一、二、三、四等三角点或导线点都是按照国家统一的测量细则测定的，它和一、二、三、四等水准点合称为国家大地控制点。当进行较大比例尺的测图时，国家平面控制点的密度不能满足需要，各测量单位可根据自己的需要在国家平面控制点的基础上再进行加密测量。

高程控制点指解决地球面上各要素之间相对高度的一种控制基础。每一点的高程，统一由大地水准面起算。我国采用的大地水准面，是黄海平均水面，即以青岛的水准原点的高程作为高程的起算数据。高程控制点按测定方法和精度分为两种，一种叫水准点，采用几何水准测量方法测定，为了加密方便，也采用逐级控制，按测定精度分为一、二、三、四等四个等级，依据国家规定的水准测量细则测定，因此，称为国家水准点。另一种叫三角高程点或高程导线点，这是在水准点密度不足时用三角高程测量方法测定的高程点，精度低于四等水准点，以水准点的高程作为三角高程或高程导线的起算数据。三角高程或高程导线不分等级，一般就在平面控制点上同时测定其高程。如还须继续加密，则可在测量地形或岸线时再测定若干低精度的高程注记点，作为控制等高线之用。

5）海图的高程和深度基准面

（1）高程基准面。海图上的山峰、岛屿、明礁的高程起算面称为海图的高程基准面。由于在不同地点验潮所得的平均海水面之间存在差异，如我国青岛、黄河口、吴淞口、坎门等验潮站所得的各平均海水面均不相同，一个国家一般又只能采用一个平均海水面作为统一的高程起算面，所以我国规定青岛验潮站求得的 1956 年黄海平均海水面作为全国统一高程基准面。其他不同的高程基准面推算的高程，均应归化到这个统一高程基准面上。凡由该基准面起算的高程，在工程和地形测量中统称“1956 年黄海高程系”。我国过去出版的海图基本上采用的是 1956 年黄海平均海面作为高程起算面，现在则采用 1985 年国家高程基准。

（2）海图的深度基准面。海图上水深的起算面，也是海图上干出高度的起算面。因潮汐的影响，海水升降不固定。因此，要确定一个固定的基准面作为水深的起算面。确定深度基准面有两个原则：一是保证船舶航行的安全；二是考虑航道的利用率。

（3）海图基准面的关系。海图的高程基准面和深度基准面，总称海图基准面。包括山高、岛高、明礁高、干出高、水深等起算面。海图上的灯高以大潮高潮面为起算。对于不同的礁石，往往采用不同的起算面，如明礁的高程是和山头的高程采用同一基准面；暗礁则一般是指深度基准面以下的礁石；干出礁（或干出滩）的高度是以深度基准面起算的。因此，海图的基准面不仅决定了海图上的安全水深，有时还要决定礁石的性质。由于海图上的几个常用的潮面相差较大，对于海图某些内容要素的性质有直接关系。因此，我们应了解海图上几个主要基准面的图解关系，如图 2－11 所示。

2. 海图地理要素

地理要素是指海图上表示的具有地理位置、分布特点的自然现象和社会现象及其相互联系，它是海图的核心内容。它包含有自然地理要素和社会经济要素，例如水文、地貌、土质、植被、居民地、交通线、行政境界及其他文化经济物体。

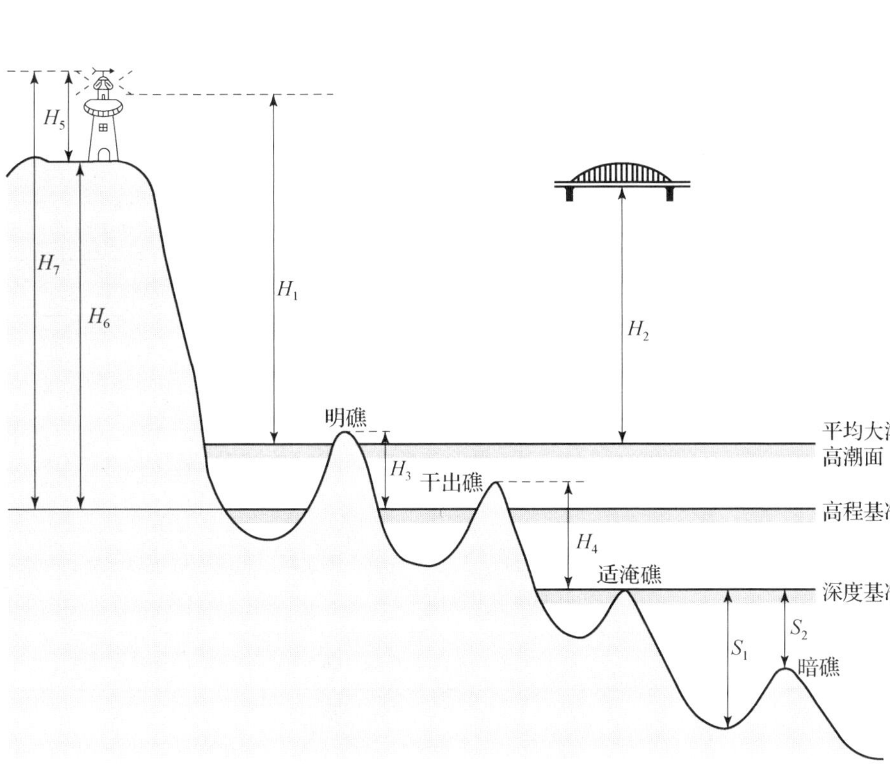

图2－11　海图基准面的关系

海图上表示的地理要素很多，对于不同种类的海图，由于用途的不同和表示的可能性限制，表示的地理要素差异也很大。航海图主要为航海服务，它主要表示与航海有关的地理要素，诸如海底地形、毗邻陆地的地貌、与航海活动有关的海洋水文、助航要素等。

习惯上，把海图表示的地理要素划分为海部地理要素和陆地地理要素，详见表2－1。具体将在2.2节和2.3节进行详细介绍。

表2－1　海图地理要素

要素	要素名称	内容
海部地理要素	海岸要素	海岸线、海岸性质、港区建筑物（码头、阻浪堤、船坞）、干出滩等
	海底地形要素	水深、等深线、海底表层底质
	碍航要素	各种礁石、沉船、捕鱼设备、海中碍航生物及其他障碍物
	各种区界线和管线要素	扫海区、疏浚区、水雷区、禁区、领海界、港界、一般区界、海底电缆、海中管道等

续表

要素	要素名称	内容
海部地理要素	海洋水文要素	各种潮汐、潮流、海流、急流、漩涡等
	助航要素	航道、锚地、灯塔（桩）、浮标、灯船及水中立标等
陆地地理要素	居民地要素	各种居民地的轮廓形状、人口数和行政等级
	道路要素	铁路、公路等及其道路的附属设备
	水系要素	河流、湖泊、人工水渠、水井、泉等
	陆地地貌及土质要素	陆地的起伏形态、沙地、盐碱地、陡石山、干河床、岩峰等
	陆地助航要素	灯塔、灯桩、导标、测速标、无线电指向标、有航海意义的地物、目标
	界线要素	国界线、地区界线、临时军事分界线、各种管线等

3. 海图整饰要素

海图质量的高低，不仅要求表示内容的科学性强，还要求表示形式的完美。主要通过海图的整饰要素来解决表现艺术问题。

海图整饰要素主要为有利于读图、用图的某些内容，它主要包括海图符号的设计、注记采用的字体和排列形式、印刷色彩的设计和图廓的绘制等。

1）符号要素的设计

主要设计表示海图的自然地理要素和社会经济要素的位置、性质和各种数量指标的符号，使其符号形象美观、构图简单、易记易绘、自明性强、易与实地联想，如独立房、非工厂烟囱、河流、独立树、岩石陡岸与水深的符号设计，如图 2－12 所示。

海图符号设计可分为：依比例尺符号、不依比例尺符号、半依比例尺符号；独立地物符号、地貌符号、线状符号、面积符号、透视符号、象形符号及抽象符号等。

2）注记要素的整饰

海图上的符号和注记组成制图区域的空间概念。注记是海图的重要组成部分，它用来说明图上所有物体的名称、数量、质量或其他特征。没有注记的海

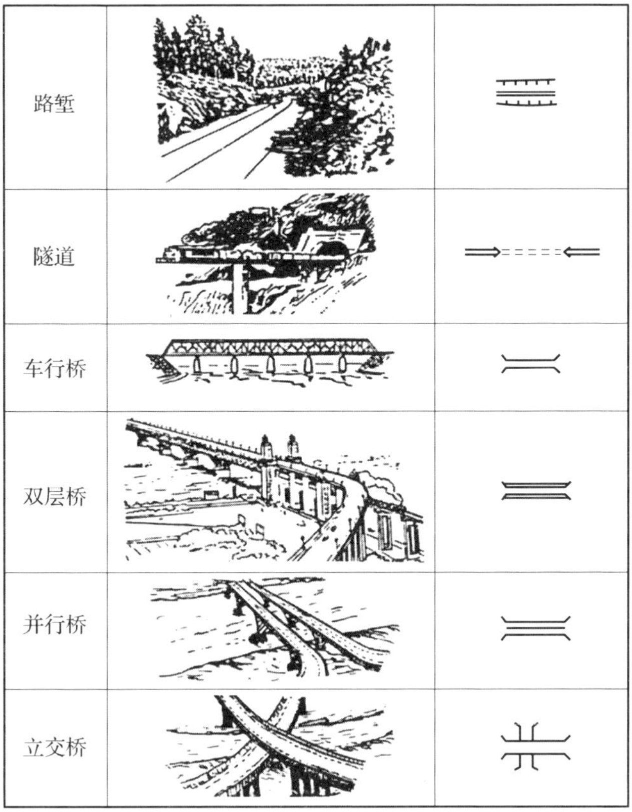

图2－12　部分要素的符号设计

图是不完整的海图，也是没有使用价值的海图。因此，海图上注记要求达到正确无误、指示明确、容量适中和清晰易读。海图上的注记通常分为名称注记、说明注记、数字注记和整饰注记。

3）色彩表示

为了增强海图的感染力，海图一般为多色图。通常海图为四色：黑、蓝、紫、黄（棕）。

4）图廓整饰

一般地讲，海图的整饰包括海图的图廓、海图标题、图号、出版机关、出版时间和海图的改正、图徽等。

我国出版的海图均采用统一的图廓整饰样式，如图廓的细分均采用“黑白花线”相间，图廓设置公里尺、对数尺，标题的内容及其文字说明均用统一的字体、字级。

2.2 海部主要要素

2.2.1 海岸及港区建筑物

1. 海岸

海岸有广义和狭义两个方面的含义。从广义上来讲，泛指海洋与陆地分界处的狭长地带。从横断面来看，海岸带由海岸、干出滩与海岸阶坡三部分组成（图 2－13）。从狭义即从制图角度来讲，海岸只表示海岸阶坡部分，其后滨纳入陆地地貌，前滨划为海底地貌，海滩（潮间带）称为干出滩。

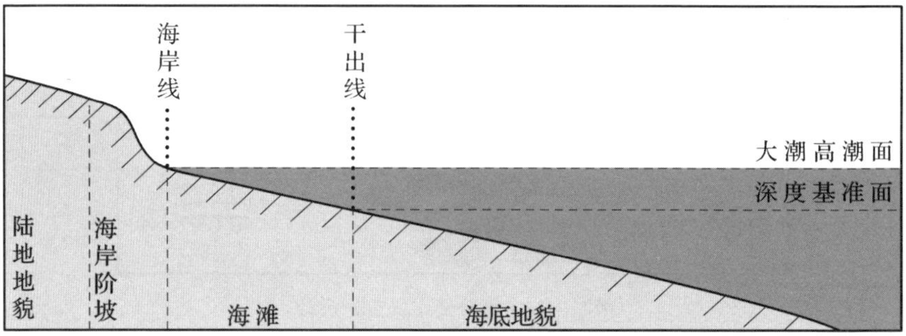

图 2－13　海岸横断面示意图

我国是一个濒海大国，拥有辽阔的海洋，海岸线长达 18000 多千米。海岸在国防和经济建设上，都有着十分重要的意义。

在海图上，海岸是通过岸线和海岸性质两部分来表示的，如图 2－14 所示。

岸线即水涯线，是指水面与陆地的交界线。由于江、海的水面经常变化，在有潮海的地方，岸线指大潮高潮面或最高高潮面时的水陆分界线，实地上常留有明显的痕迹。在无潮海处，岸线指平均水面时所形成的水陆分界线。江河、湖泊的岸线通常指平均高水位或高水期平均水位的水陆分界线。有时，在地势过于低平地区，虽然在最高高潮面时被淹没，但大部分时间是陆地，为了表示这种海岸特征，常将小潮高潮面时的水陆分界线作为低岸线表示。

海岸的性质是指海岸阶坡的组成物质及其高度、坡度和宽度等。

序号	海岸		Coastline
1	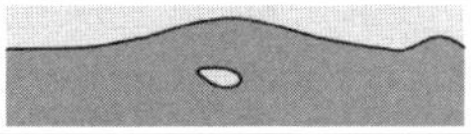	海岸线	Coastline
2	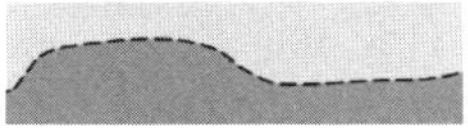	草绘岸线	Unsurveyed coastline
3	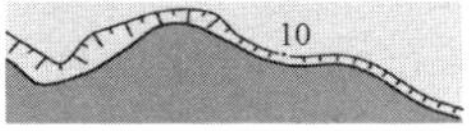	陡岸(土质或性质不明，数字表示比高)	Steep coast
4	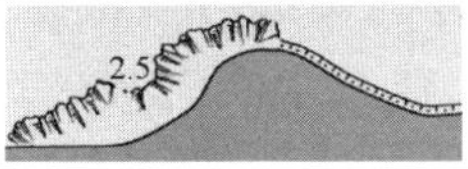	岩石陡岸(数字表示比高)	Steep coast with rock cliffs
5	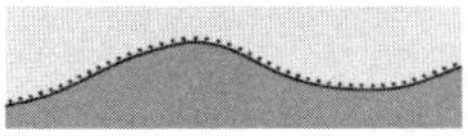	沙质岸	Sandy shore
6	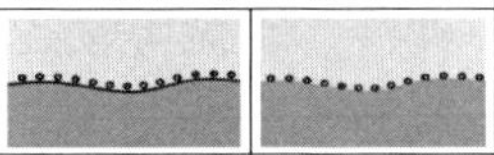	砾质岸	Gravelly shore
7	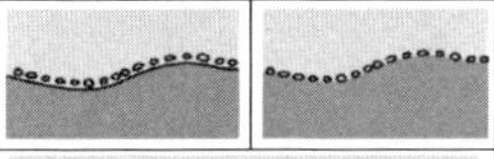	磊石岸	Stony shore
8	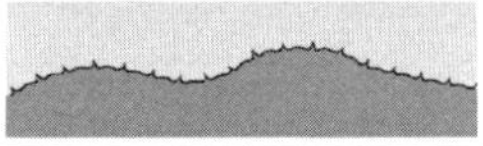	岩石岸	Rocky shore
9	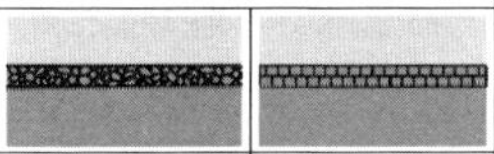	加固岸	Artificial coast
10	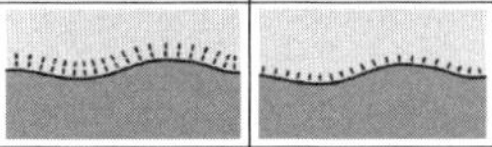	岸垄	Swollen coast
11	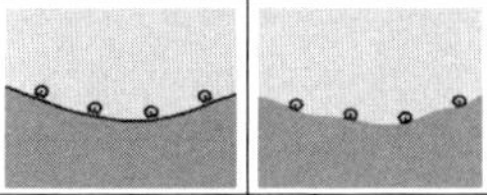	树木岸	Grovy shore
12	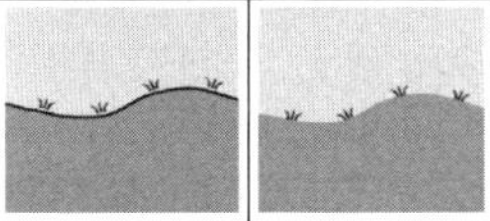	芦苇岸	Reedy shore
13		丛草岸	Grassy shore

图 2－14　海图上海岸的分类

2. 港区建筑物

港湾的设施是海岸的组成部分，它起着保护海岸、碇泊船舶、修造船只等作用。通常包括下列内容：码头、防波堤、系船设备和修造船设备。

1）码头

供停靠船只、装卸货物、补给物品和上下人员的建筑物。码头上均有系缆柱和照明设备，一般码头还有仓库及起重、装卸、供水、供油、供电、供煤等设备，有些还有铁路延伸至码头边。码头种类繁多，按其平面轮廓分，有顺岸码头、墩式码头、突堤码头等；按其断面轮廓分，有直立式码头、斜坡式码头等；按其结构又可分为固定码头、浮码头和道头 3 种；按用途分，有一般杂货码头、专用码头（如渔码头、油码头、煤码头、矿石码头、集装箱码头）、客运码头等。在港湾图上除绘有码头符号外，还注有码头编号及泊位编号。其中，固定码头又可分为岸壁式、栈桥式和突堤式。建筑中和已被破坏的码头，应加注“建筑中”和“已坏”。

2）防波堤

防波堤又称阻浪堤或导水堤，是为防御波浪、泥沙、水流等浸袭港口水域的堤坝。按其与水面的关系，可分为水上的、适淹的和水中的 3 种。

3）系船设备

系船设备主要包括系船柱和系船浮筒。

4）修造船设备

修造船设备包括船台和船坞，供修造船舶或供船舶临时避风之用。其中船坞有干船坞和浮船坞之分。

2.2.2 干出滩

海岸线至干出线（0m 等深线）之间的海滩地段称干出滩。此地段高潮淹投，低潮时露出，故又称潮浸地带。

干出滩各地宽度不完全相同，主要受原始地形和风力、潮汐作用影响，缓坡处海蚀作用较弱，堆积作用较强，干出滩就宽；高陡的断层海岸处，干出滩就窄，甚至没有。

干出滩按组成物质性质分为三类：①软性干出滩，包括泥滩、沙滩、砾滩、沙泥混合滩、沙砾混合滩；②硬性滩，包括磊石滩、岩石滩、珊瑚滩等；③植物滩，包括树木滩、丛草滩、芦苇滩。如图 2－15 所示。

泥滩：由泥（颗粒直径小于 0.1mm）组成，又有硬泥、软泥、淤泥之分，其通行程度差别很大。

沙滩：表面覆盖沙粒，沙粒直径 0.1～1.0mm。

砾滩：表面覆盖砾石，砾石直径 1～10mm，有时夹有泥沙。

沙泥混合滩：表面覆盖着沙泥。

沙砾混合滩：表面覆盖着沙砾。

序号	干出滩		Intertidal areas
1	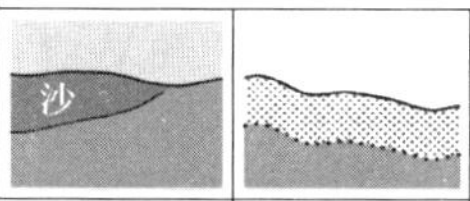	沙滩	Area with sand
2	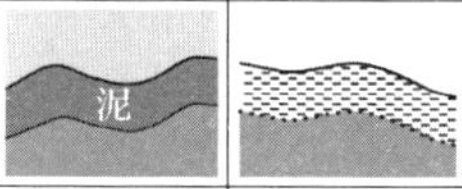	泥滩	Area with mud
3	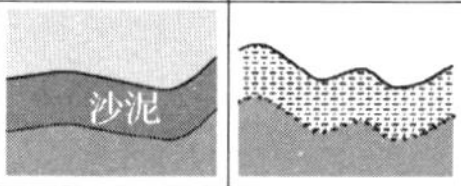	沙泥混合滩	Area with sand and mud
4	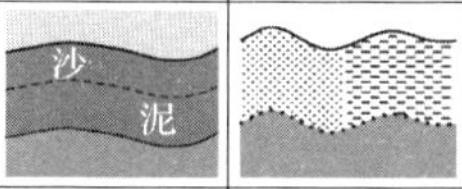	沙滩和泥滩	Area with sand or mud
5	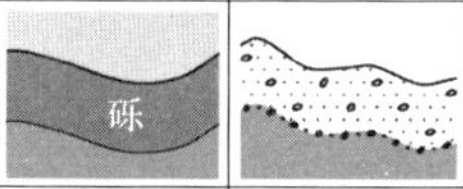	砾滩	Area with gravel
6	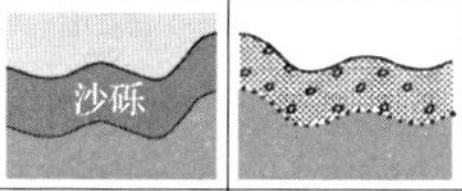	沙砾混合滩	Area with sand and gravel
7	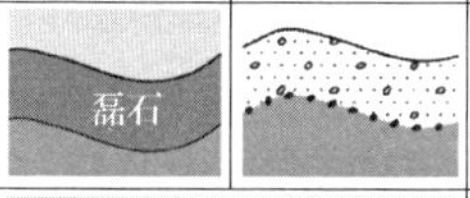	磊石滩	Area with stones
8	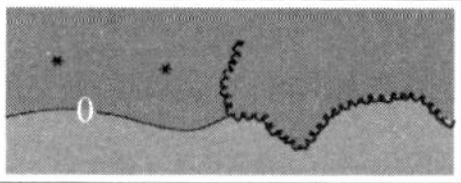	岩石滩	Rocky area
9	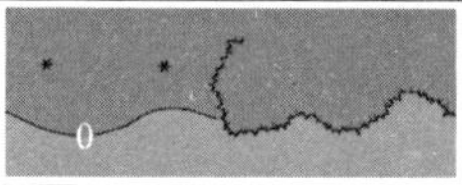	珊瑚滩	Coral reef
10	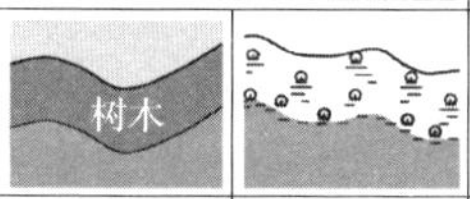	树木滩	Mangrove
11	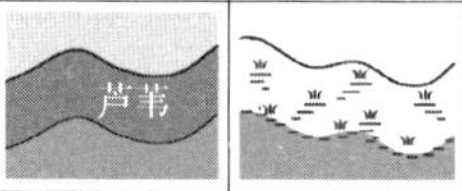	芦苇滩	Reedy area
12	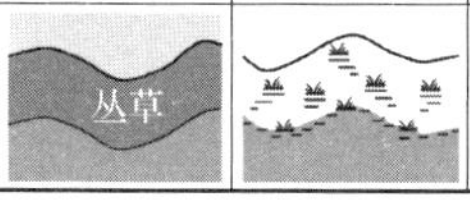	丛草滩	Grassy area

图 2－15　海图上干出滩的分类

磊石滩：表面覆盖着大小不等的石块或卵石（直径一般大于 10mm），有时还夹带着砾石和泥沙。

岩石滩：亦称石陂，由基岩组成，常分布于陡岸或石质岸外。实际上它是陆地岩层向海中的延伸部分。当它孤立于海中时即为干出礁。

珊瑚滩：由珊瑚虫遗体及分泌出的石灰质堆积而成。大多分布在热带、亚热带及一些受暖流影响的温带海区，其质地坚硬。当它孤立于海中时，即为珊瑚礁。

树木滩、芦苇滩、丛草滩：干出滩上生长着树木、芦苇和丛草，其覆盖物一般为泥。

航海图上除以相应符号表示各种干出滩外，还注记其干出高度。干出高度是指干出滩上某一点高出深度基准面的距离。用水深注记整数下加一横线表示，以区别于水深注记。

2.2.3 海底地形

地球表面被海水覆盖的海底部分的起伏形态称为海底地形。一般分为三类，即大陆架、大陆坡、大洋底。其中海底地貌的类型包括山脉（称海肩、海脊）、高原（称海原）、丘陵（称海山、海丘、礁石、浅滩）、盆地（称海盆）、凹地（称海沟、海渊、海凹）、谷地（称海底峡谷）等。它们有大有小，一般海原、海肩海盆、海沟等较大，海山、海丘、礁石、浅滩、海凹等较小。海底的土质是指这些起伏形态上的露岩及其他覆盖物。

海底地形在航海上有重要的意义。例如船舶可以根据海底起伏特征，选择安全的航道；船舶利用海底底质可以选择锚地等。

在普通海图上，海底地形主要是通过水深注记、等深线和底质注记三个方面来表示的。

1. 水深注记

水深注记简称水深，水面到水底的垂直距离，由于海水面受潮汐及其他原因的影响不断上下变动，所以实测到水深只是瞬时水深。海图上所表示的水深，是深度基准面到海底的垂直距离；一般江河图所载水深则为最低水位或设计水位到江河底的垂直距离。

1）水深的种类

海图上水深是用阿拉伯数字表示的，其小数采用阿拉伯数字拖尾形式（有些国家用分数形式）表示。我国海图上用三种水深表示各种不同潮面、不同精度的水深，即斜体水深、直体水深、未测到底水深。斜体水深中，礁石上的水深以及用等深线显示地形的最浅水深，可将其水深注记移至附近表示；狭水道内最浅水深在实测位置注记困难时，可移至陆部加括号表示。

斜体水深：一般用于精度较好，或新测资料和 1：50 万及更小比例尺图上。

直体水深：用于精度较低，或采用旧版、外版和小比例尺海图放大而来的水深。

未测到底水深：说明该处深度大于该水深数。

2）水深的单位

我国海图上的水深均以米（m）为单位，小数用拖尾数字表示，小数比整数字级小一级。不同水深的表示方法如图 2－16 所示。

1	14_3　　5_2	实际位置的水深	Sounding in true positions
2	+(13)　　124	移位的水深	Soundings out of positions
3	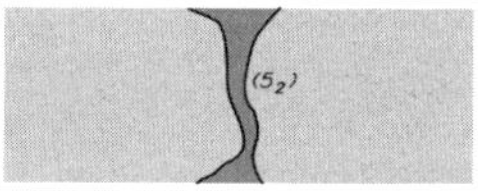	狭水道内最浅水深	Least depth in narrow channel
4	198	未测到底的水深	No bottom found at depth shown
5	14_3　　5_2	直体注记水深	Soundings which are unreliable or taken from a smaller scale source
6	(2)　　(21)	特殊水深	Isolated soundings
7	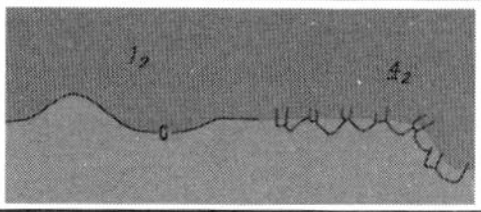	干出高度	Drying heights above chart datum

图 2－16　各种水深的表示符号

水深的位置点均在整数水深的中心处。水深水深注记的精度，浅于 31m 表示保留小数，第二位舍去，原资料只保留一位小数的，小数按原资料表示。深于 31m 的水深，注至整米，小数舍去。

世界各国的海图，水深单位主要用 m 表示。

米（m）、英尺（ft）的关系如下：

1m＝3.2808ft

1ft＝0.3048m

2. 等深线

等深线是从深度基准面起算海底深度相等各点联成的曲线，以配合水深注记来显示海底地形。虽然等深线仅仅是显示海底地貌的辅助手段，但由于具有直观性和形象等优点，对反映海底地貌特征、保证航行安全仍有直接作用。

1）等深线的种类

我国海图上有下列两种等深线：

（1）基本等深线：深度相等的各点连成的曲线，用以显示海底表面的起伏；

（2）不精确等深线：根据稀少水深勾绘的等深线，位置不准确。

当基本等深线不能完善地显示特殊的海底地貌时，可采用任意深度的等深线。

2）等深线的间距

一般在航海图上主要表示与船舶吃水深度有关的 2m、5m、10m、20m 等几条等深线；在大比例尺海图上描绘等深线，应尽可能保持位置准确；特别是海底地貌变化剧烈地区，不能随意位移。

为反映海底地形，保证航行安全，等深线应尽量保持连续完整。

根据海底地形的特点及船舶对航海的要求，各种比例尺海图上表示的基本等深线规定如表 2－2 所列。

表 2－2　不同比例尺海图上表示的基本等深线

比例尺	基本等深线/m
大于 1∶10 万	0、2、5、10、20、30、50、100、200、500、1000、2000
1∶10 万~1∶50 万（不含）	0、5、10、20、30、50、100、200、500、1000、2000
1∶50 万~1∶100 万	0、10、20、30、50、100、200、500、1000、2000、4000、6000
小于 1∶100 万	0、30、50、200、500、1000、2000、4000、6000

3）等深线表示形式

等深线以细实线和细虚线加注记两种表示方法，细实线等深线为精确等深线，细虚线等深线为不精确等深线，并适当加注等深线的深度注记。

3. 底质注记

海图上的底质是指海底表面的组成物质，一般由海底沉积物或无沉积物地区的暴露基岩组成。

底质的分布有一定的规律。大陆架沉积物以陆源物质（砾石、沙子、淤泥等）为主，局部地区并有火山沉积及珊瑚、贝壳等生物成因的沉积物。大陆坡沉积物主要是火山泥、火山沙及各种陆源泥（包括青泥、红泥、绿泥、冰川泥等），局部区域还有珊瑚泥等。大洋底沉积物均由十分细小的物质组成，其中以生物成分为主者称软泥，以无机物成分为主者称黏土。

底质对航海、科学研究和军事活动都有重要意义。如泥底有利于船舶抛锚，淤泥底容易走锚，并有可能吸住潜艇而不宜坐底，沙底或硬泥底则有利于潜艇坐底。

一般海图上以缩写注记的方法表示底质，如“岩”“沙”“贝”等。

底质注记的位置有两种，一种是注记在水深下面，表示该水深点及附近为某种底质。当水深舍去后，应将底质移到水深点的位置上。另一种是孤立的底质，说明该底质的中心就是该底质代表的实地位置。

当两种或两种以上的底质混在一起时，先注含量多的，后注含量少的。

单个底质应按表面特征，坚硬程度的顺序注记，即先注形容词，后注名称；对双层底质，先注上层，后注下层。如泥/石，表示上层为泥，下层为石。

2.2.4 航行障碍物

水中一切有碍船舶航行安全的物体，统称航行障碍物，简称碍航物。航行障碍物是船舶在海上活动的主要障碍，航海人员需要详细掌握所航行区域的障碍情况，以选择安全航线。在各种比例尺的海图上均要优先选取，尤其是孤立于外海的障碍物，一般不得遗漏。

航行障碍物可分天然的和人工的两大类。

天然的碍航物主要是各种礁石、浅滩、险恶地等。它们实际上是海底地形的组成部分，只因面积较小，但对航行威胁较大，故将它们划入碍航物之列。

礁石按其高度与水面的关系可分为明礁、干出礁、适淹礁和暗礁，其中各类还可具体划分，如图 2－17 所示。

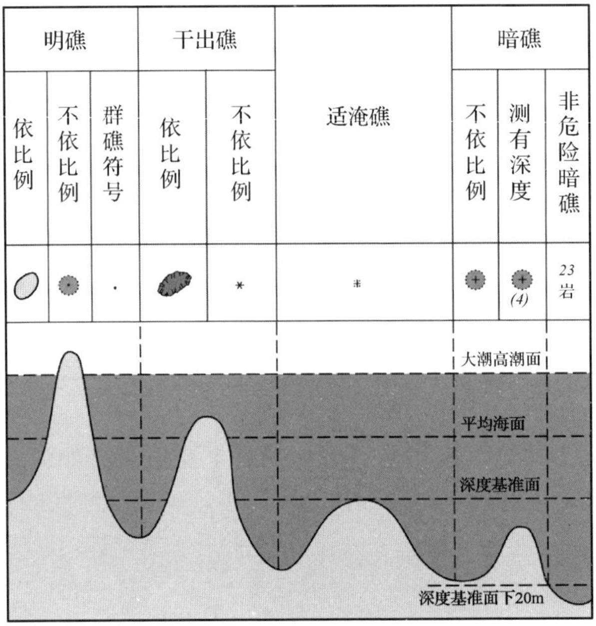

图 2－17　各种礁石与水面的关系

明礁：大潮高潮面时露出的礁石。它的高度是由平均海面起算的。海中岩峰也可认为是明礁，只不过它比一般明礁高大，有方位意义罢了。

干出礁：大潮高潮面下，深度基准面上的礁石。对孤立的干出礁常加绘危险线，并加注干出高度。

适淹礁：深度基准面处，正好被海水淹没的礁石。对其他潮面适淹的礁石均用干出礁符号表示。

暗礁：深度基准面以下的礁石，其注记指的是深度基准面以下的深度。

险恶地：许多礁石和其他碍航物混在一起的地方称险恶地。

海底火山：由地壳内的岩浆活动喷出海底而形成的火山。其中有的露出水面，变成岛屿或明礁，有的不露出水面，变成暗礁或浅滩，造成航行障碍。

海草、海藻：从生海底而广布于海面或海中的植物，有碍船舶航行。

图 2－18 为《中国海图图式》中对礁石的分类、表示及其与各基准面的关系说明。

人工碍航物主要有沉船、捕鱼设备、各种雷区、海带养殖物、爆炸物倾倒区等。

沉船：沉没于海底的船只，是航行的重要障碍。根据沉船和深度基准面的关系，可将沉船分为部分露出深度基准面的、深度不足 20m 的沉船、深于 20m 的沉船、测得深度的沉船和未精测的沉船，如图 2－19 所示。

1	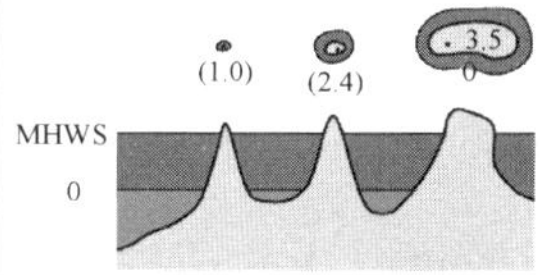	明礁(屿) (露出平均大潮高潮面,数字系明礁高程,高程基准面以上)	Rock (islet) which does not cover
2	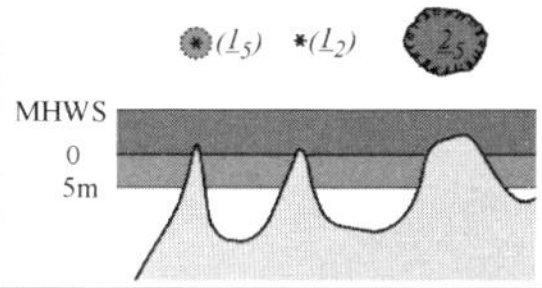	干出礁 (平均大潮高潮面以下,深度基准面以上,数字系干出高度)	Rock which covers and uncovers
3	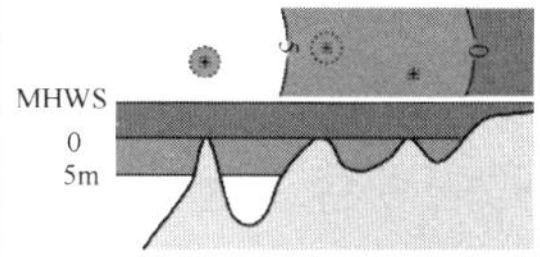	适淹礁(深度基准面适淹)	Rock awash at the level of chart datum
4	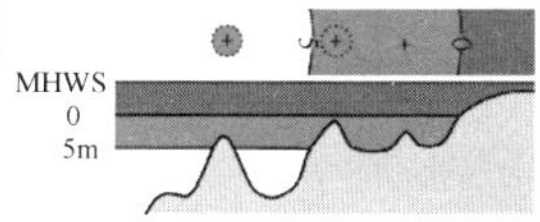	深度不明的暗礁 (深度基准面以下)	Dangerous underwater rock of uncertain depth
5		已知深度的暗礁	Dangerous underwater rock of known depth
	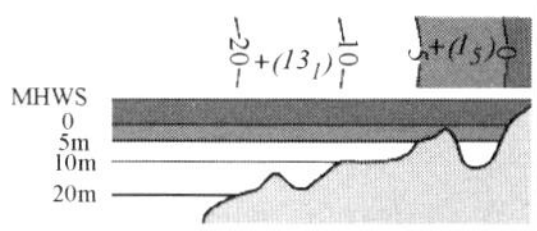	在相应水深范围内	Inside the corresponding depth area
	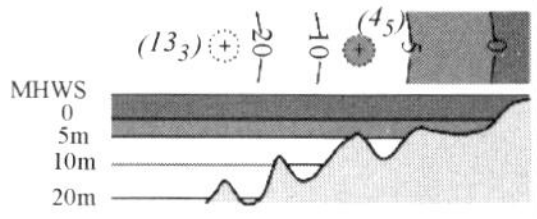	在相应水深范围外	Outside the corresponding depth area
6	2_5 岩	非危险暗礁(深度大于20m)	Nondangerous rock

图2－18 《中国海图图式》中礁石与各基准面的关系表示（见彩图）

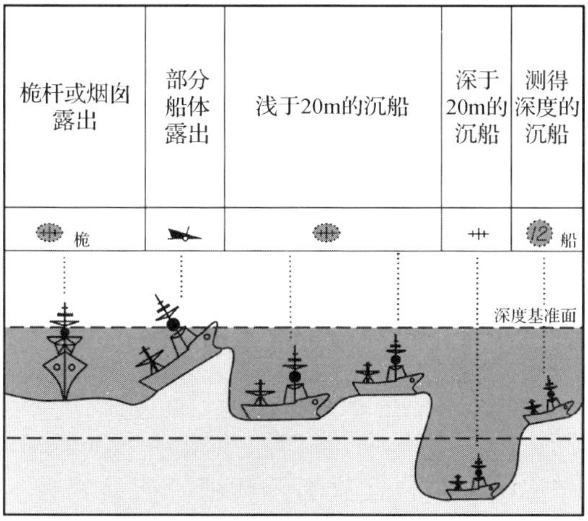

图2－19 部分沉船与水面的关系及表示符号

捕鱼设备：包括渔网、渔栅、渔堰等。

海带养殖场、各种雷区、爆炸物倾倒区、垃圾区及训练区等：在图上均用范围线加注记表示。

海图上的一些碍航物还加注了说明，其中“据报”表示由据报得来，“概位”表示位置未精测，“疑位”表示对位置有疑问，“疑存”表示对是否存在有疑问。

2.2.5 助航设备

助航设备是供船舶在海上活动，进行识别、定位、引导、避让碍航物或测定各种航行要素之用的专门设备，主要包括各种信号台、信号站、灯标、浮标、立标、信号杆、雷达站及无线电导航设备、雾警信号等。许多山头、独立石、突出树、岛屿等是天然的助航标志，如陆地上的古塔、教堂、房屋、无线电杆等。下面将主要介绍专用助航标志。

1. 助航设备分类

助航设备按其原理可分为普通助航设备和雷达与无线电助航设备两大类。

1）普通助航设备

普通助航设备是指普通地文航海用的助航设备。设置于陆地的主要包括灯塔、灯桩、立标、信号台、信号杆等；设置于水上的主要包括灯船、灯浮标、浮标、雾警信号等。

灯塔：一种大型的发光助航标志，供来往船舶测定船位，确定航向或标示危险区域、航行障碍物用。塔身由金属、钢筋混凝土或砖石等建成。灯塔灯光射程较远，一般大于 15n mile，有专人管理。常设沿海重要岬角，较大港口外方及主要航道附近的岛屿、礁石上。我国最早的灯塔是 1760 年建于台湾海峡澎湖列岛渔翁岛西端的灯塔，塔身以石块砌成，高 9m，上置油灯一盏，用蚌壳制成灯壳，灯光射程 1n mile。1978 年开始使用的天津新港大沽灯塔，是我国第一座从海底建起的灯塔。塔高 35.6m，灯光射程 17n mile，并有雾笛、雷达、海洋科学测验等设备。

灯桩：一种比灯塔小，结构简单，灯光射程较近的助航设备，一般无人看守。常设沿海岛屿、港口或内港、航道附近的礁石、浅滩上。有发光设备，其作用与灯塔大致相同。结构有木质、金属、砖、石或混凝土等不同类型。

立标：一种设于岸边、港口或礁石、浅滩等碍航物处的不发光助航标志。它结构简单，只能供白天助航之用。有的装有不同形状顶标，标身涂有不同颜色，以资显著。立标现主要用作导标、测速标和罗经校正标等，如图 2－20 所示。

图2－20　灯塔、灯桩和立标

信号台（站）：具有完好通信设备的专门建筑物。主要供港务部门或港口附近的船只进行联络使用。常设在港口附近，引导船舶进出港口用。

信号杆：可分风讯信号杆、通行信号杆和水深信号杆 3 种。一般设在港内岸边附近，通告当时的风讯和水位情况。

灯船：一种作为航标使用的专用船只。钢质船体，用铁锚固定在海中。通常设置在离岸较远，水深浪大，岸上航标作用达不到，而又不便建造灯塔的港口或重要航道上，如我国长江口灯船、营口港灯船等。船身、灯架都涂刷红色，甲板上其他建筑物涂白色。并在船舷两侧注有灯船名称，以便同其他船只相区别。发光灯器安装在甲板中央的钢架上，有的还附设有雾警设备和雷应答器等。航海图上以相应符号表示，并用英文字母缩写出它的名称、灯质及附属设备等。

灯浮标：简称灯浮，是装有发光设备可供船舶白天或夜间助航用的浮标。按其作用，规定有不同的灯质和标身颜色。常设在港口、航道或内河口，以指示航道及航道附近的碍航物，保证航行安全，是目前广泛使用的助航标志。

浮标：一种不发光的只供白天使用的水上助航标志。通常设在港口、航道或内河处，如图 2－21 所示。

侧面标志：一般设在界限明确的航道两侧。中国海区表示如图 2－22 中的 1。国际浮标统分 A 区和 B 区两区（如图 2－23 中的 1）：侧面标志在 A 区内分别用红色和绿色表示航道的左侧和右侧；而在 B 区内这些颜色正相反，红色在右侧而绿色在左侧。推荐航道标也可能是柱形或杆形，所有推荐航道标均涂横带。航道走向是指船舶自海上或沿海岸进港时的方向，或沿大陆顺时针方向。航道走向不明确处，也用该符号表示。

图 2-21　灯船、灯浮标和浮标

方位标志：用来标示各种障碍物的所在或危险区域的界限，也可设在航道的弯道、分支汇合处或浅滩的终端。方位标志与航海罗经结合使用，设在以危险物或危险区为中心的北、东、南、西四个象限内，并以所在象限命名，分为东方位标、北方位标、南方位标和西方位标四种，标示可航水域在本标同名一侧。东方位标，设在危险区域的东方，标示碍航物在标志西方，船舶应在标志的东方驶过。其他的方位标以此类推。顶标为两个黑色锥形。方位标志如装灯，灯光为白色。我国航标的方位标志与国际上的一致。中国海区如图 2-22 中的 2，国际见图 2-23 中的 3。

孤立危险物标志：设在或系泊在孤立的危险物上，或尽量靠近危险物的地方，标示孤立危险物所在，其周围为可航水域。标志形状任选，但不与侧面标志相抵触；使用柱形或杆形较好，我国就采用装有顶标的柱形或杆形标志形状。颜色为黑色，中间有一条或多条红色宽横带。顶标为上下两个黑球。船舶应参照有关航海资料，避开本标航行。中国海区如图 2-22 中的 3，国际见图 2-23 中的 4。

安全水域标志：设在航道中央或航道的中线上，标示本标周围均为可航水域，船舶可在任何一侧航行。安全水域标也可用于指示接近陆地。标志形状为球形或装有顶标的柱形或杆形。颜色为红白色相间竖条。顶标为单个红色球形。中国海区如图 2-22 中的 4，国际见图 2-23 中的 5。

专用标志：主要不是为助航而设的，而是用于指示某一特定水域或特征，例如检疫锚地、海道测量、分道通航区、电缆、鱼场等。标志形状为柱形或杆形，也可任选，但不得与助航用的标志相抵触。颜色为黄色。顶标（如装顶）为单个黄色“×”形。中国海区如图 2-22 中的 5，国际见图 2-23 中的 6。

水中固定标志：凡设于水中的立标和灯桩，其设标点的高程在平均大潮高潮面以下，标志的基础或标身的一部分被平均大潮高潮淹没，而且作用与浮标相同者称为水中固定标志。它的颜色、顶标和灯质，均须与相应的浮标或灯浮标一致，如图 2－22 中的 6。

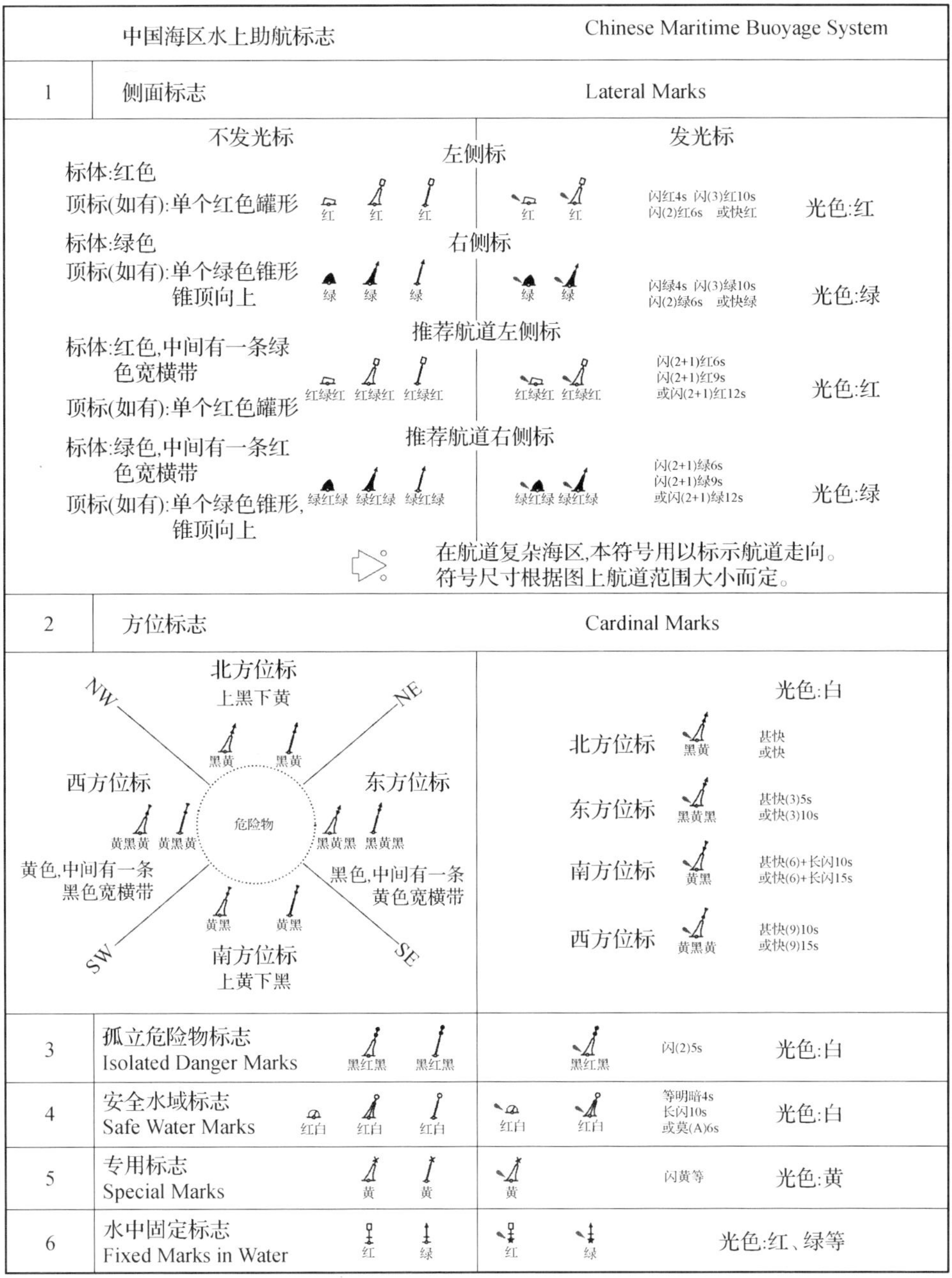

图 2－22　中国海区水上助航标志（见彩图）

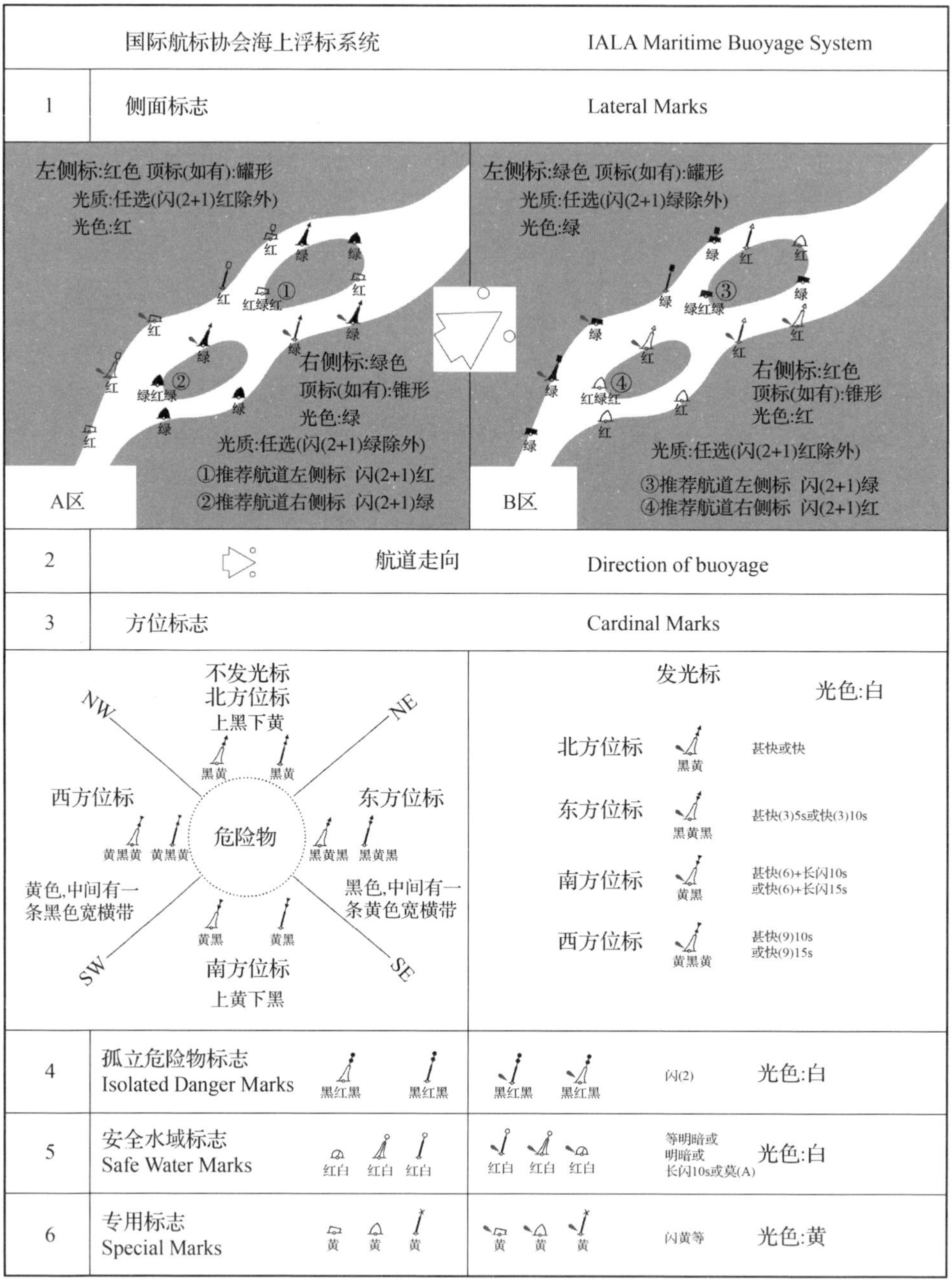

图 2-23 国际航标协会海上浮标系统（见彩图）

各种浮标涂有不同的颜色或条纹，如绿色、黑色、红色、白色、蓝色、黄色以及其他颜色，其中，绿色和黑色的浮标与顶标符号涂黑表示，并加注标身相应颜色；红色和其他颜色的浮标与顶标符号不涂黑表示，并加注标身相应颜色。颜色不明的浮标或顶标也用此符号表示，但不注记颜色。条纹有横带和竖条两种。其中，横带颜色按标身自上而下顺序注记，如“黑黄”为上段黑色，下段黄色标志。“绿红绿”为绿底色，中间有一条或一条以上红色横带。颜色排列不明确的，按深色在前的顺序注记。竖条（斜条）颜色按深色在前的顺序注记，如红白相间的竖条浮标，注记为“红白”，如图2－24所示。

浮标和顶标的颜色			Colours of buoys and topmarks
1		绿色和黑色标	Green and black
2		红色及其他色标	Red and other colours
3		横带	Horizontal bands
4		竖条	Vertical stripes

图2－24　浮标和顶标的颜色

雾警信号：能发出特定的音响信号，以帮助船舶在雾中沿岸航行的设备，包括雾角、雾钟、雾哨、雾锣、雾笛、雾炮、爆音雾号和水下振荡器等。通常作为灯塔、灯桩、灯船、灯浮标上一种附属设备。

2）雷达与无线电助航设备

随着科学技术及航海事业的飞速发展，雷达与无线电导航设备种类越来越多，目前常用的包括：雷达标、无线电标和差分全球定位站等。

（1）雷达标：在海图上，主要用来表示海岸雷达站、雷达指向标、雷达应答器、雷达反射器和雷达显著物标等。

海岸雷达站：能根据航行船舶的要求，实时提供其方位和距离。

雷达指向标：一种连续发射信号的雷达信标，雷达接收机接收这种信号后，在平面位置显示器上显示一条径向的方位线，可供测向，但不能用来测距。

雷达应答器：简称雷康（雷应答），是一种受到船用雷达询问（照射）时，会以最短的延时发回编码应答信号，并显示在该雷达荧光屏上提供该信标的距离、方位和识别信息的装置，海图上一般标注雷康信号种类，如莫尔斯信号（K），一些助航标志，如浮标，灯船等可装上雷达应答器，不仅能增大它的雷达观测距离，而且也能提高从多个回波背景中识别它的能力。

雷达反射器：又称无源反射器，是一种具有很强反射能力并向原发射方向反射雷达波特性的器具，可设置在海岸、浮标或其他航标上，以增加物标的回波强度。

雷达显著物标：指雷达影像显著的物标，一般表示能反射格外强的雷达回波的特殊物标。

（2）无线电标：在海图上，主要表示环射、定向、旋转辐射图型、航空等无线电指向标，康索尔台、无线电测向台、海岸无线电答询指向台、罗兰导航台等。

无线电指向标：供船舶测向用的无线电发射台。

环射无线电指向标：指天线向四周均匀辐射电磁波的无线电发射台，在其覆盖区内的任何船舶均可用无线电测向仪测定其方位。通常由 2 ~ 3 个发射台组成一组，用相同的工作频率，在一个工作周期内轮流发射，可得 2 ~ 3 条船位线。符号旁标注“环射”。如果标注“指向”，则说明无线电指向标性质不明。

定向无线电指向标：指天线向一定方向辐射电磁波的无线电发射台。船舶上只须配备简单的无线电接收机，连续收听信号，就可以使船舶沿着规定的航线航行。

旋转辐射图型无线电指向标：指天线旋转环形辐射电磁波的无线电发射台。

航空无线电指向标：专供航空使用。有的航空无线电指向标对航海也有定位作用。

康索尔台：又称扇形无线电指向标，是一种按等信号强度测定方位线的定向无线电指向标。

无线电测向台：设在海岸上，提供无线电定位业务，它能够测定船舶发出的无线电信号的方位，并能把测下的结果直接或通过海岸电台通知该船。

海岸无线电答询指向台：根据船舶的要求发出供测向用的无线电信号给船舶，利用船上的测向仪测出方位。

（3）差分全球定位站：全球定位系统（Global Positioning System，GPS）是一种在全球的基础上连续以三维形式提供高精度位置和速度信息以及精确的时间和时间间隔的卫星导航系统。差分全球定位系统（Differential Global Positioning System，DGPS）通过在已精确测定的位置上设置 GPS 监控接收机，测定所能跟踪到的每颗 GPS 卫星的距离误差，然后将这些测距误差传送到当地用户，作为用户计算航行结果前的改正值。建有差分全球定位系统的台站海图上都加以表示。

2. 灯标注记

航海图上对有发光装置航标的有关说明注记，称灯标注记，目的是帮助航海者正确识别航标。内容包括：灯质、光弧、雾警信号、雷达反射、灯光反射等。

1）灯光性质

灯光性质简称灯质。一个较为完整的灯质应包括灯光发光方式、闪光次数、灯光周期、灯光颜色、灯高、灯光射程和其他有关说明。如闪（3）10s红、白15m8n mile（渔）。

灯光发光方式包括：定光、闪光、互光、旋转光、联闪光、明暗光、莫尔斯光等。

闪光次数指各种闪光每段亮的次数。

灯光周期指灯光的明暗或颜色的互换，自开始到依同样次序重复时所经过的时间，以秒（s）为单位。

灯光颜色指光源发出的红光、绿光、白光等。当只有白光时，省略不注，否则，应全部注出。

灯高指平均大潮高潮面至灯光中心的距离，以米（m）为单位。

灯光射程指在晴天或黑夜条件下，航海者眼高距海面5m处所能见到航标灯光的距离，以海里（n mile）为单位。

其他有关说明多指航标的工作时间或性质等，如平熄、季节、渔。

2）光弧

光弧是为了给船舶在海上活动时指示航道、避开碍航物而装设的，因每种发出的光都呈扇形，故称为扇形光灯。光弧在海上有两种：一是灯光部分可见、部分遮蔽或半遮蔽。灯光遮蔽指灯光被地形等障碍物遮蔽的扇形区域，天然遮蔽的有时不表示；人为遮蔽的，有时表示出明弧，有时只表示出遮蔽弧。灯光半遮蔽也称为弱光，指灯光由于局部障碍物的影响，强度明显减弱的扇形区域，半遮蔽一般为树木、建筑物等遮挡而形成。二是不同角度为不同颜色的分弧。一般红光表示礁区等航行障碍物，绿光表示沉船，白光表示安全航道。图2-25列出了光弧在扇形光灯中的应用。

其中，扇形光灯的灯光为扇形区域，不同光色扇形各注相应注记，光弧半径不得大于灯光的射程。主灯和辅助灯指在同一个灯标建筑物上设置两个或两个以上的灯，其灯质分开注记，一般主灯为全方位可见灯，辅助灯标示危险物区域，其辅助灯灯质注于主灯灯质下方。当比例尺较小不能注记灯质时，可注记灯数，如“2灯”。

1	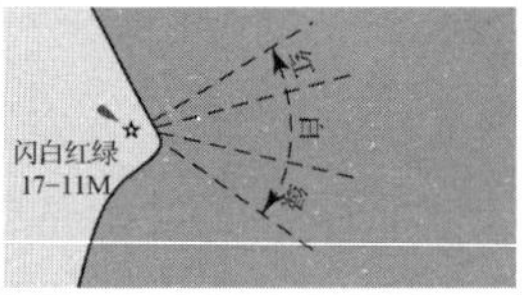	扇形光灯	Sector light
2		主灯和辅助灯	Main light with subsidiary light
3	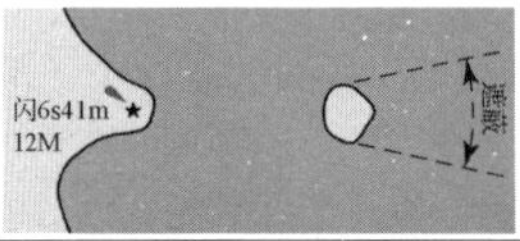	灯光遮蔽	All-round light with obscured sector
4	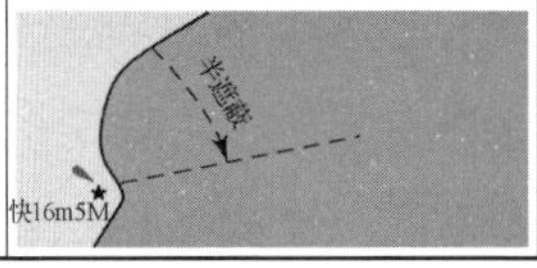	灯光半遮蔽(弱光)	Light with faint sector

图 2－25　光弧在扇形光灯中的应用

海图或各种航标表及航海通告中，所有光弧方位都是从海上看灯标的真方位，在加绘光弧时，应特别注意到这一点，不要搞错。

2.2.6 水文要素

水文要素对船舶航行的影响很大，比如海流、潮流会影响船舶航行的速度和方向；潮汐可以提高航道和港湾的通航能力；急流、旋涡则说明该处海底地形的复杂。

水文要素的内容包括潮汐、潮流、海流、急流、旋涡、冰山、结冰界线等，在海图上的表示如图 2－26 所示。

1. 潮汐

海水受月亮、太阳及其他天体的引力作用连续地周期性的升降现象称潮汐。海面从低潮到高潮的上升过程叫“涨潮”，海面从高潮到低潮的下降过程叫“落潮”。我国古代把白天的海水涨落叫“潮”，夜间海水的涨落叫“汐”，合称“潮汐”。潮汐要素包括潮汐类型、高潮间隙与低潮间隙的时间、高潮和低潮的潮高以及平均海面的高度等，并以潮信表的形式在海图上表示出来。潮汐类型有 3 种：半日潮、全日潮、混合潮。验潮站是潮汐的附属要素，在海图上用水尺符号表示。

3	潮流图 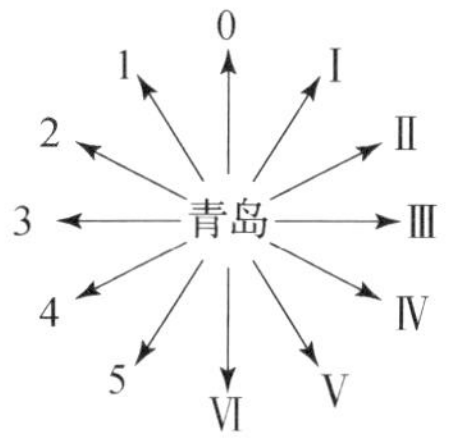		Tidal stream diagram
4	潮流和海流		Tidal streams and currents
4.1	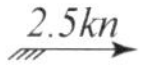	涨潮流	Flood tide stream
4.2	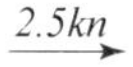	落潮流	Ebb tide stream
4.3		海流	Current
4.4	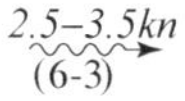	洋流	Oceancurrent
4.5		急流	Overfalls,tide rips,races
4.6		漩涡	Eddies
4.7		列有潮流资料的地点	Position of tabulated tidal stream data

图 2－26 潮流和海流表示

2. 潮流

潮流指在潮汐作用下而产生的海水水平流动。在沿海或港湾、航道、海峡里多呈现往复流，即涨潮流和落潮流。且其流速较大，随着潮汐的变化而变化。在外海则呈现回转流。

3. 海流

海洋中大规模的海水沿一定方向的水平流动称海流。地球上的海流分布主要受盛行风、海水密度不均匀、地球偏转力作用、海底地形、海岸轮廓和岛屿等影响。按成因可分为定密度和风生流、梯度流、倾斜流、补偿流等。按其所经过海区水温的差异，可分为寒流和暖流。海流不仅直接影响船舶航速、航向，而且对布设水雷、水下发射导弹都有直接影响。

4. 急流、旋涡

急流是因地形的约束，由各个方向的潮（海）流汇合而形成的湍急水流。漩涡则是受地形影响，由于内部黏滞力作用、压力不均，或由于不同方向、不同流速的几股水流汇合而成的涡流。

5. 结冰区界、冰山

地球高纬度海区冬季是结冰的，有的海区存在着明显的结冰区界，有的海区则分布着冰山，它们都直接影响着船舶活动和安全。结冰区界是大致的，不是固定不变的；冰山是浮动着的，图上它们的位置只代表该处附近的情况。

2.2.7 海部其他要素

1. 水区界线

水区界线分为一般区界线、禁区界线、碍航物区界线 3 种。

一般区界线：如港界、港内分区界、锚地界、消磁区、捕渔区、大陆架边界线、领海线、国际日期变更线等。

禁区界线：如禁航区界线、军事训练区界线等。

碍航物区界线：如海带养殖区界、垃圾倾倒区界、各种雷区界线等。

2. 扫海

为了保证航行安全，不仅要对海区进行系统的水深测量，有时还对一些海区、航道、水下碍航物进行扫海测量。由于扫海测量的方式不同，扫海又分定深扫海和拖底扫海。一般说，经过扫海的海区是航行的相对安全区。

3. 其他要素

属于海部地理要素的还有海中管线（海底电缆、海底管道、海底隧道）、航道、锚地、对景图、方位引示线、地磁要素等。由于这些要素比较简单，此处不做介绍。

2.3 部分陆部要素

陆地是人类社会活动的重要场所，陆地上的一些要素是构成海图内容的重要组成部分。海图上的陆地要素主要表示控制点、独立地物、居民地、道路、水系、陆地地貌等。

2.3.1 控制点和独立地物

1. 控制点

它是为大地测量和地形测量而建立起来的，是海图上主要数学基础要素之一，是编制海图其他内容要素的墓础。制图过程中，控制点与制图网一起，都是转绘资料的控制依据。同时，它又是重要的军事和航海标志。

控制点一般分为三角点、埋石点（图根点）、水准点、天文点和高程点。它们分别起着平面控制和高程控制作用。

2. 地物

地物即地面上的固定性物体统称地物，如居民地、建筑物、道路、江河、森林等。地物按其面积大小、形状特征可分为：

1）独立地物

地面上长期独立存在，具有方位意义的地物称为独立地物。一般建筑面积较小，如三角点、亭、塔、突出树、独立石等。根据其意义的不同，又可分为：

（1）纪念性标志：如碑及其类似物体。

（2）宗教性标志：如庙、教堂、清真寺等。

（3）工矿标志：如烟囱、发电厂、矿井等。

（4）公用事业标志：如邮电局、医院等。

(5) 军事标志：如碉堡、飞机场等。

(6) 航海标志：如海关、引水站、救生局等。

(7) 天然标志：如独立石、突出树等。

2) 轮廓地物

具有一定面积或特征的区域，如飞机场等。

3) 线状地物

具有方位意义的狭长地物，如河流、道路等。

2.3.2 居民地

居民地即人类集聚居住的地方，指由各种建筑物共同组成的城市、集镇、村庄或其他居住区的总称。

居民地是人类活动的中心，它不仅反映了一个地区经济文化发展情况，还可作为航行目标。

1. 居民地分类

(1) 按居民地的建筑结构形式可以分为城镇式和乡村式两大类，城镇式居民地的特点是建筑集中，有成片的街区，人口密度大，经济文化发达，交通情况良好。乡村式居民地，建筑物比较分散，结构不紧密，排列也不甚规则，无明显街道，交通情况差，此类建筑物多是过去未经规划建成的。

按街区结构可把城镇式居民地分为规则的、不规则的和联合形的。规则的又可分为矩形的、辐射形的。

乡村式居民地可分为集团式的、行列式的、散列式的和分散式的。

(2) 按居民地行政意义，可将居民地划分为首都、省会、地区所在地、县城、集镇、村庄。

2. 居民地结构

(1) 街区：居民地中房屋毗连成片的地区称为街区。

(2) 街道：街区与街区之间或街区一侧的通道、别墅或居民地之间的通道，均称街道。

(3) 突出建筑物：指居民地内外的一些特别高大或显著，且有方位意义的建筑物。

(4) 独立房屋：指在建筑结构上形成一体的各种形式的单幢房屋。

一般制作小比例尺海图时，因居民地不能依比例尺表示，常采用圈形符号来表示居民地。因而，它也就不能显示出居民地的内部结构、轮廓特征和通行情况，只能显示居民地的平面分布特征。

2.3.3 道路网

由铁路、公路、非机动车路、人行小路等构成的道路系统，称道路网。道路是连接居民地的纽带，是国防和国民经济建设的主要动脉，又是连接海、陆运输的重要环节。因此，在海图上必须正确地表示出道路的类型和等级。

我国出版的海图上，表示道路主要包括铁路、公路和其他道路3类，同时表示道路的附属建筑物。

1. 铁路

海图上表示的铁路不分单轨铁路和双轨铁路，一律用0.4mm的粗黑线表示，并加注“铁路”二字。窄于标准轨的铁路也用一条粗黑线表示，并加注“窄轨”二字。轻便铁路表示方法同上，并相应加注“轻便”二字。

2. 公路

市区以外的能通行车辆的道路，称为公路。公路可分为普通公路和简易公路，普通公路的路基较高，路面一般铺有水泥、沥青、砾石等。随着我国国民经济的发展，相继建成不少高速公路。高速公路一般汽车分道高速行驶，全部或部分控制出入。简易公路，路基不太坚固，路面往往只是简单修筑，并铺上沙、砾石等，一年中大部分时间可以通行汽车。

3. 其他道路

其他道路主要指机耕路、乡村路、小路等，一般只在较大比例尺的海图上表示。

铁路和公路的附属建筑物，主要包括车引桥、人行桥、车渡、活动桥及其排水用的涵洞等。

2.3.4 陆地水系

天然的江河、海洋、湖泊、泉水、沼泽以及人工的水库、沟渠、运河、水井、盐田等表面被水覆盖的物体总称为水系。陆地水系则单指陆地上的河流、湖泊等。

水系不仅是船舶航行的交通线，而且是供给人们生活的源泉和生产的动力资源，还是地面和空中的良好方位物。在地理上，它直接影响着地貌和社会经济要素的分布。

1. 河流

地面上天然的水流叫河流。河流发源地称河源，河流注入海洋或湖泊的地方称河口。河流沿地面流动，一路上有许多支流汇入主流，支流本身又有支流，这些主流和支流合称为河系。

河流按水流的活动情况可以分为：

（1）常水河：一年四季均有水的河流。

（2）时令河：流水随季节变化，雨季有水，旱季无水。

（3）干河床：几乎常年无水，只有洪水来时，才有暂时流水。现海图上，一般不表示。

河流按发育情况可以分为：

（1）幼年河：河床形状近于直线，落差大而不均，故多急流、瀑布和石滩，支流少而短，为一般山地河流的特征。

（2）壮年河：河床弯曲，河谷宽敞，水流平缓，支流多而长，河中有堆积岛屿、沙洲等分布，为一般平原河流的特征。

（3）老年河：河床很弯曲，常出现小河床、牛轭湖、河心岛、河漫滩等特征。水的流速很平缓，因而造成河床淤塞，致使河床左右摆动，为一般下游河流的特征。

河流沿地面流动，由大小不同、方向各异河流汇合在一起，构成一个河流系统，简称河系。

河系可分为辐射状、平行状、格状、树枝状（包括树干状和羽毛状）、网状和扇形 6 种。

2. 湖泊

地面上积水的凹地称湖泊。湖泊按其水的来源和流汇特征可分为内流湖和外流湖；按其成因则可分为天然湖和人工湖；按湖水性质可分为淡水湖和咸水湖。

水库，实际上就是人工湖。

湖泊按它与河流的联系还可以分为水源湖、活水湖、进水湖和死水湖。若按湖水储存情况则分为常年湖和时令湖。

3. 其他水系

(1) 运河与沟渠，由人工修筑供航运之用的称运河，供灌溉和排泄之用的称沟渠。沟渠一般为平直、等宽，并分为干渠和支渠。运河大部分平直、等宽，但也有弯曲和宽窄不一的。

(2) 瀑布：指经过陡坎或悬崖倾泻下降的水流。

(3) 水源：一般指水井和泉。水井有淡水井、咸水井、苦水井、自流井、温泉井等。在海图上除淡水井外，须注出水质，如苦、咸等；泉也有普通泉、矿泉、温泉、间歇泉、毒泉之分。

(4) 沼泽与盐田。沼泽是地表过渡湿润，土质泥泞，淤泥充塞，长满植物并伴有积水的地段。盐田是海上筑有堤坝的浅海水地，盐田面积的大小各地不同。它是专门为晒盐而修筑起来的，一年中大部分时间存有海水，盐田与盐田之间有一定的水渠分布，以便引进海水。

(5) 潟湖：指浅水海湾因湾口被泥沙淤积成的沙咀或沙坝所封闭或接近封闭的湖泊。其特征是靠海一面，岸线较平直，而向岸的一面，岸线多呈平滑状弯曲。

2.3.5 陆地地貌

地貌即地球面貌，它是地表面各种起伏形态及其土质的总称。由于地球表面有海陆之分，因此就有陆地地貌和海底地貌之别。为简便起见，常把陆地地貌简称为地貌。而为了避免与陆地地貌混淆，则常把海底地貌称为海底地形。

地貌的起伏形态包括山脉、丘陵、高原、平原、盆地、凹地等较大的形态和岩峰、陡壁等较小的形态，而土质则是指这些起伏形态之上的露岩和各种覆盖物。

1. 地貌基本形态和结构线

1) 地貌的基本形态及其等高线的特点

(1) 山顶和山岭。山顶是每一山体的最高部分，按山顶形态可分尖顶、圆顶和平顶三种。尖山顶的等高线上密下稀；圆山顶的等高线上稀下密；平山顶的等高线，顶部呈较宽的空白，而平顶以下等高线骤然变密。

山岭是山顶至山脚之间的凸起部分。小山岭通常也叫支岭或山脊。依山岭的外表形态，可以分为尖山岭、圆山岭和平缓山岭三种。尖的山岭，等高线依山岭延伸方向成尖角急剧转弯；圆的山岭，等高线依山岭延伸方向成圆弧状转弯；平缓的山岭，等高线依山岭延伸方向呈平缓状转弯。

（2）凹地和谷地。凹地是地面的下陷部分，其等高线特点与山顶相似，但高低相反，即外圈高内圈低。为了与山顶区别开来，凹地均要绘示坡线。

谷地是两山脊或两山岭之间向一定方向倾斜延伸的低凹部分。谷地等高线的特点与山脊相反，它是依谷地方向从下向上延伸。谷地按其断面形状分为尖形（V形）、圆形（U形）和槽形（U形）三种。其等高线分别依谷地延伸方向的转弯处，由不同弯曲来表示。

（3）斜坡和鞍部。斜坡按其垂直剖面可以分为等齐斜坡、凹形斜坡、凸形斜坡和阶形斜坡四种，分别以等高线的稀密显示各种斜坡的特征。

鞍部是相连两个山顶之间的低凹部分，形如鞍状。在图上，鞍部通常由一对表示山脊的等高线和一对表示谷地的等高线所组成。

2）地貌结构线

地面上的地貌起伏是由各种形状和倾斜不同的斜坡组成的，两种不同斜坡相遇时，在地貌上就形成了一条转折的线，这些地貌转折线称为地貌结构线。了解这些地貌结构线，可以帮助我们掌握地貌特点，从而更好地表示地貌。

（1）山脊线：通过山体最突出的部分，并且连结相邻各山头的线称为山脊线。水从山脊线分别向两侧山坡流去，所以山脊线又称分水线。等高线一定要在山脊线处向下拐弯。

（2）棱线：有些山体到了较低部分，无明显的突出，即无明显的山脊线，但都在其两侧有较明显的斜坡转向，这种斜坡转向线称为棱线。棱线也是分水线。等高线也在棱线处向下缓慢地拐弯。

（3）谷底线：两个不同方向的斜坡由上向下合拢的交线称为谷底线，它是谷底最低部位。水从山坡流下来，汇集于谷底线，所以谷底线又称合水线。等高线一定要在谷底线处向上拐弯。

（4）山麓线：即山脚的范围线，是各种地貌形态斜坡脚的边界线。有的山由陡突然变得很平缓，这时山麓线很明显，山麓线以下就没有或很少有等高线存在。有的山由陡变缓是逐渐的，缓慢的，这时山麓线不明显，山麓线以下还有一些等高线，但密度变稀。

（5）坡折线：山坡上坡度由陡变缓，或由缓变陡的变换位置线，称坡折线。在坡折线上，等高线的稀密发生明显的变化。山麓线实际上也是一种坡折线。

2. 特殊地貌及其符号

如前所说，用等高线只能显示那些较大的地貌形态，而对那些较小但在军事上、航海上都有重大作用的地貌形态，就只能用特殊的地貌符号来表示了。

1） 岩峰

指高耸于山岭、山坡和平地上的柱塔状岩石。有的孤立一峰，有的丛峰成群，分别用孤峰和峰丛符号表示，并加注其比高。

2） 陡崖和崩崖

陡崖是指那些坡度在70°以上，难以攀登的陡峭岩壁，常有明显的方位作用。分土质陡崖和石质陡崖两种，在海图上统一用一种符号表示。

崩崖是沙土和石质的山坡受风化作用，其碎屑向山坡下崩落的地段，也有明显的方位作用。分土质崩崖和石质崩崖两种。在海图上用一种符号表示。

3） 陡石山

坡度大于70°的无法用等高线表示的石山称为陡石山，用陡石山符号表示。描绘陡石山时，按照西北来光法则，先用断续的线绘出山脊，再绘出从山脊到山脚的阴暗不规则的垂线，然后在二垂线之间加绘由长到短、由粗变细，约与山脊线相平行的较密集的横短线；而光照部则用细短线自山脊向山脚由下而上略成弧形。光照部的细短线既用来描绘陡石山的轮廓，又用来显示陡石山的立体感。

4） 冲沟

冲沟是在土质疏松，植物稀少的斜坡上，由暂时性水流冲蚀成的大小沟壑。较大的叫冲沟，较小的叫雨裂。当冲沟在图上宽度小于0.4mm时，用单线符号表示。图上宽度大于2mm时，沟壁用陡崖符号描绘。

5） 石灰岩溶斗

在石灰岩地区受水的溶蚀或层崩塌而成的洞穴称为石灰岩溶斗，因为这些溶斗是不能贮存水的，所以也叫石灰岩漏斗。

6） 山隘

道路通过鞍部、山口、隘口成为交通孔道的地方称为山隘，比较著名的山隘应加注名称。

7） 火山口和熔岩流

火山口是圆锥形的活或死火山的喷发口，向里凹下。当火山口较大，能按比例绘时，用断崖符号或等高线描绘，并在中心位置上加绘火山口符号；当火山口较小，不能依比例绘时，则在山顶绘火山口符号。

熔岩流是火山喷发出来的岩浆，逐渐冷却变硬，变成熔岩分布的地段。描绘时在山坡上方的符号要绘得粗些、密些，逐渐向下方绘得细些、稀些。熔岩流地段根据实地地貌绘出等高线。

8）雪山

雪山是常年积雪的粒雪原、冰川等分布区的总称。在图上需用虚线绘出其范围，并且表示出粒雪原和冰川等要素。

粒雪原指雪线以上堆积有大量粒雪的地方。冰川是沿地面倾斜方向移动的巨大可塑性冰体。

3. 土质符号

土质符号指复盖于地表的物质，若地表无复盖物，即以暴露的基岩为土质，它们也是组成陆地地貌的因素之一。主要土质有：

1）露岩地和石块地

岩石露出地面且分布较集中的地段称露岩地，而碎石分布的地段称石块地。在海图上均以三角块符号表示。

2）沙地和沙漠

沙地指由沙复盖的地段，沙漠指大面积的沙地。沙地又有平沙地、多小丘沙地、波状沙丘地、多垄沙地、沙窝等。

3）盐碱地

盐碱地指盐碱积聚的地段，在沿海的盐碱地往往土质松软，有时积水。

复习思考题

1. 说出海图的定义，并指出海图有哪些基本特性。
2. 举例说明海图的用途。
3. 如何对航海图进行分类？
4. 如何描述地球表面形状？如何确立地球上点的位置坐标？
5. 说出地图投影的概念，并说明地图投影的种类。
6. 说明墨卡托投影的概念、性质、投影变形特点。
7. 说明高斯 – 克吕格投影的概念、性质、分带规定及坐标规定。
8. 海图内容有哪些？
9. 海图如何定向？说明海图上方位圈的组成。
10. 海图上有哪些比例尺？

11. 海图的平面及高程如何控制？说出各种基准面及其用途。
12. 海图地理要素有哪些？整饰要素有哪些？
13. 我国海图采用哪几种颜色印刷？
14. 说出海部要素的分类及其内容。
15. 说出陆部要素的分类及其内容。

第二篇

海图编制篇

第3章 数字海图编制基础

数字海图制图是目前海图生产的主要作业方式和手段。本章主要介绍数字海图制图的基本概念与原理、矢量数据的及栅格数据获取与处理等内容。

3.1 数字海图制图基本概念

3.1.1 数字海图与电子海图

数字海图是用数字形式描述海图要素位置、属性和关系信息的数据集合，强调存储方式，如我国习惯将国内生产的 Shape 格式（即 VCF 格式）的矢量海图称为数字海图。电子海图则是以数字海图为基础，并以多种媒介显示海图数据的可视化产品，也称为屏幕海图，强调可视化方式，如按 S－57 标准制作，并按 S－52 标准显示的电子航海图（Electric Navigational Chart，ENC），通常称为电子海图。两者的区别在于是否进行海图的符号化表达。所以，严格意义上讲，数字海图并不是真正的海图，因为它缺少了海图语言这一特定的表现形式。然而，从广义上讲，电子海图和数字海图也可视为同一概念，因为两者的实质都是指在计算机环境下制作与使用的海图，都是基于海图信息的数字表达。

3.1.2 数字海图制图

一般认为数字海图制图（Digital Chart Cartography，DCC）有两种不同的含义，早期所说的数字海图制图主要是指通过计算机辅助的方法制作纸质模拟海图的原理、技术、方法与过程，关注点是如何制作得到传统的纸质海图，数字化的海图数据是一种不具有通用性的特定系统下的内部格式数据，通常不提供给其他用户使用；而目前所说的数字海图制图主要是指通过数字化的方法制作数字海图和纸质模拟海图的原理、技术、方法与过程，其关注点是既要满足传统海图用户对纸质海图的使用要求，又要满足各种电子海图系统及其他海图用户对数字化海图数据的使用要求。

具体地说，数字海图制图是指以海图制图学原理为基础，以计算机系统及相关外围设备为工具，采用数据库技术和数字图形处理方法，研究实现海图数据获取、变换、传输、识别、存储、处理及输出的理论与技术。因此，数字海图制图研究的主要内容包括海图数据的采集与整理，海图数据库的建立、维护与管理，海图数据的编辑与处理，海图自动制图综合，数字海图的制作与生产，纸质海图的制作与生产，海图更新等。

3.1.3 海图数据库

海图数据是海图内容的数字表示，数字海图可以看作海图数据的集合。根据数字海图的特点，海图数据可以分层分类组织，也可以按层按类而不是按图的方式独立提供应用，而常规纸质海图的某类要素不可能单独提取。因此，数字海图和海图数据还有相应的独立性，不能完全等同。海图数据既可以是数字海图的一部分，也可以包括多幅数字海图的内容，而数字海图仅仅是特定的海图数据的某种集合，例如按海图主题、制图区域确定的海图内容就是特定的海图数据集合。

数据库是利用计算机技术组织管理数据的一种有效方式，海图数据库是指按数据库方法来组织、存储和管理海图数据。海图数据库的库体是大量海图数据的集合，目前，由于我国海图数据库中海图数据的存储管理一般多以图幅为单元，所以海图数据库也可以看作数字海图库。按数据库的设计要求生产数字海图，是建立海图数据库的主要任务。

3.1.4 空间数据表示形式

数字海图按空间数据存储形式可以划分为栅格海图和矢量海图。

栅格数据（Raster Data）是按格网单元的行和列排列的、具有不同灰度值或颜色的阵列数据。栅格数据的每个元素可用行和列唯一地标识，而行和列的数目则取决于栅格的分辨率（或大小）和实体的特性。以栅格数据形式存储的数字海图称为栅格海图。

矢量数据（Vector Data）是以 x、y 坐标或坐标串表示的空间点、线、面等图形数据及与其相联系的有关属性数据的总称。以矢量数据形式存储的数字海图，称为矢量海图。

栅格数据与矢量数据可以互相转换。由栅格数据向矢量数据的转换，是海图数字化（Chart digitizing）的过程，也称海图数据矢量化，将海图图形或图像的模拟量转换成离散的数字量的过程；反之，是数字海图数据栅格化的过程。

3.2 数字海图制图原理

3.2.1 数字海图制图实质

数字海图制图的核心问题是如何利用计算机处理海图信息，即实现数字海图制图的可能性及怎样实现的问题。

任何科学领域，如果要应用计算机技术，都必须将该学科的研究对象，由连续的系统（如果它的对象是连续的实体的话）变成离散的系统。在计算机科学和数学中，处理这种连续和离散变换的原理，实际上就是数字海图制图形成和发展的原理。

海图由海图符号和文字注记两部分组成，这些对象基本上都是一些连续的图形或图像。那么要使得海图信息能被计算机识别和处理，就必须把连续的图形转换成离散的海图数据。对于海图，不管它的内容多么丰富多彩，表示方法如何各不相同，图形结构怎样变化万千，按照海图图形的几何特征，都可以分成三种基本类型，即点状图形、线状图形和面状图形。如图 3－1 所示。

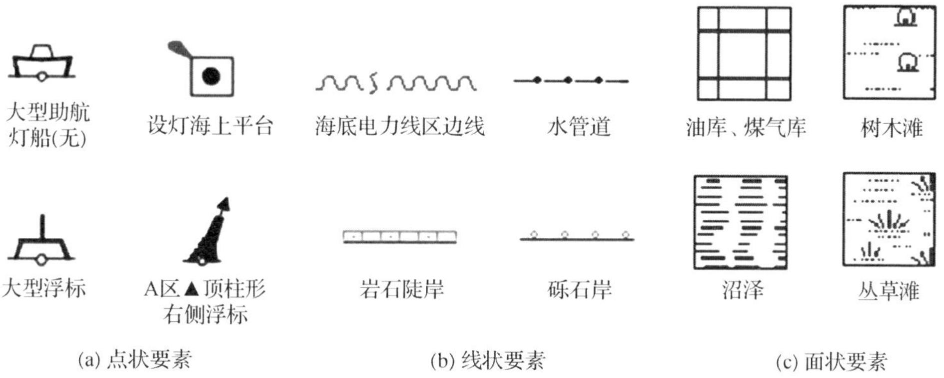

图 3－1　海图图形的三种类型

其中，点状图形可以用平面上的一个点表示它的图上位置，线状图形以其定位线上的有序点串表示线状要素的图上位置和延伸走向，面状图形则以其外围轮廓闭合的有序点串表示面状要素的图上位置和分布范围。其中点是最基本的图形元素，因为线可以由有限个有序离散点组成，而一条闭合曲线或折线则可以围成面。因此，海图上的一切要素都可以看成由点或点的集合组成，而平面上的任一点可以用 X、Y、M 来表示，其中 X、Y 表示其平面位置，即定位信息，M 表示其类别、特征等属性，即属性信息。由这两类信息即可将海图上连续的图形（或图像）转换为离散的数字信息。这种把连续的图形离散化的过程，在数字海图制图中叫作海图数字化，也称为模/数（D/A）转换。

图形的计算机数据表示形式通常可以分为矢量数据形式和栅格数据形式，简称矢量数据和栅格数据，如图 3－2 所示。

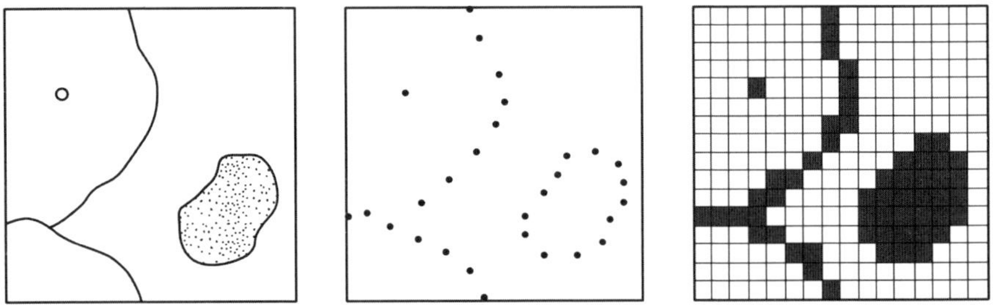

(a) 原图　　(b) 矢量形式数据表示　　(c) 栅格形式数据表示

图 3－2　海图图形的表示形式

矢量数据是指海图图形通过各离散点平面坐标（x，y）表示的有序集合；栅格数据是指海图图形栅格单元（又称像元或像素）按矩阵形式表示的集合。海图图形是用矢量数据表示或是用栅格数据表示，取决于所使用的设备、制图目的、精度要求和处理方法等。矢量数据和栅格数据可以互相转换。

在实际应用中，由于矢量数字海图比栅格数字海图应用得更为广泛，所以除非特别说明，一般将矢量数字海图简称为数字海图。与之对应的栅格数据矢量化的过程，也简称为矢量化或数字化。

离散和集合是对立的统一。离散是为了利用计算机的优势，利用其具备的高速数据处理、海量数据存储和出色的数据管理能力。集合是为了在设计的要求下对研究对象进行恢复和再创造，并构成某种“连续”的图形或图像。科学地集合已离散化的对象，要用到多种数学理论分支，这也是计算机研究的主要课题之一。按一定的数学模式处理后的数据，通过数－模转换设备（如绘图机、显示器等），变换成人可以阅读的图形输出。

概括起来数字海图制图需要解决三个主要问题：一是对连续的海图信息数字化，即进行离散化处理，使计算机能读取和识别；二是由计算机按照一定的数学模式对数字形式的海图信息进行一系列数据处理，形成一定形式的数字海图；三是将数字海图作可视化处理，使之变换成可阅读的海图图形。这种由图形到数字，再由数字变为图形的变换过程就是数字海图制图的实质。

3.2.2 数字海图制图一般过程

在数字海图制图过程中，由于每一项任务的目的、要求不同，海图信息的资料来源和种类不同，而使得数据获取的方式、数据处理的内容、数据的存储管理方式、成果输出形式以及所使用的设备和软件等均有一些差异。但一般都要经过海图的编辑设计、海图数据的输入、海图数据的处理和海图产品的输出等四个阶段，它们的关系和主要内容如图 3－3 所示。

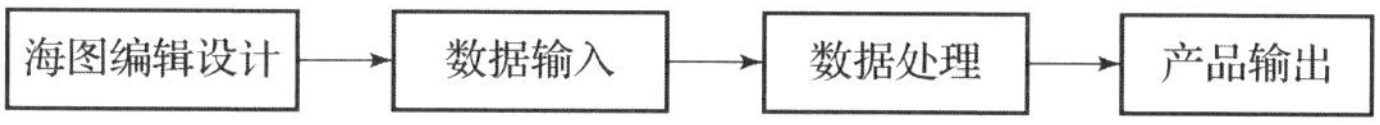

图 3－3　数字海图制图的一般过程

1. 海图编辑设计

在此阶段主要完成海图总体设计、海图内容及表示方法设计、制图资料分析与评价、制图区域研究、编辑的技术组织和技术方案拟定、编辑文件撰写等工作。

1）海图总体设计

根据海图的类型及用途要求，完成海图比例尺确定、海图控制基础确定、海图投影选择、海图图幅设计、海图编号及图名设计、海图标题设计、海图图廓及图面配置设计等工作。

2）海图内容及表示方法设计

此部分要完成海图内容要素的确定、海图内容选题、海图表示方法设计、海底地貌表示方法设计、陆地地貌表示方法设计、海洋水文要素表示方法设计、海图位置线格网表示方法设计、海图的辅助表示方法设计等内容。

3）制图资料分析与评价

包括制图资料总体分析、制图资料选择、形成制图资料分析与采用结论等内容。

4）制图区域研究

包括对制图区域自然地理特点研究、人文地理特点研究等的一般研究，以及从航海角度和其他角度开展对制图区域的专门研究。

5）编辑的技术组织和技术方案拟定

根据海图的类型及用途，完成海图编绘方法选择、海图出版计划拟定、编辑设计试验等内容。

6）编辑文件撰写

此部分完成编辑计划编写和图历表填写等工作。编辑计划的内容主要包括制图任务概述、制图资料分析采用结论、编图方法、编绘依据、图面配置、编绘注意事项和附件等内容。图历表填写内容包括：编图计划，海图编绘过程，海图制图网和控制点的计算成果，各级制图人员编绘作业、校对、审查、验收和修改情况，制图编辑在编绘过程中对技术问题的处理意见，最新补充的资料和航海通告改正的期数及改正内容，磁偏差及年变率、潮信等计算成果数据等内容。

由于计算机自动编辑软件还处于开发阶段，以上海图编辑设计的大部分内容目前仍然依靠制图工作者以计算机辅助或手工方式完成。

2. 海图数据输入

海图数据输入的目的是按照制图任务的要求采集输入各种所需的海图信息，其主要任务是将连续的海图图形或图像信息转换成离散的数字信息，以使计算机能对其进行存储、识别和处理。它是将硬件、软件和工艺方法相结合的一种技术手段，是数字海图制图的重要环节。

海图制图资料主要包括海道测量数据、纸质海图和地图、航空摄影测量图像和卫星遥感图像、其他系统已有的海图数据等。此阶段的目的是要按照海图制图系统对海图数据模型、结构、格式和数据库的要求，解决上述各种多源、异构海图制图资料的数字化输入的问题。海图要素数字化输入的内容包括几何数据和属性数据两大部分。几何数据经拓扑关系处理后还要生成描述各要素相互关系的拓扑关系数据。

1）海道测量数据输入

海道测量数据是海图制图数据最基本的来源渠道。目前，由于现代化海道测量技术与手段的大量运用，已经可以获取能详细、精确描绘海底地形的海量多波束测深数据、海岸带地形测量数据等。这些数据按照特定海图制图系统的要求，经过适当的预处理（如坐标系统变换、投影变换、线面数据压缩、水深点的抽稀等）后，即可完成数据的输入。

2）纸质海图输入

这是早期开展数字海图制图最主要的数据来源。由于经过长期的努力，已经出版的纸质海图的数量是巨大的，可为海图的数字化生产提供大量有用的信息，是组成海图数据库的主要方面。它们可以通过手扶跟踪数字化或扫描矢量化等方法输入到海图制图系统中。如可利用 GEOSCAN 等专门软件快速完成扫描海图图像的配准和矢量化输入。早期的纸质海道测量成果图、蓝图资料等也可采用这种方法输入。

3）图像数据输入

以航空摄影测量图像和卫星遥感图像为主的图像数据，是更新海图数据库的最主要的数据源。但它们是栅格形式的数据，通常不能直接将其输入到海图数据库中。要解决它们的输入问题，还必须首先完成诸如图像降噪、增强、细化、配准等各种普通的图像处理工作，以及要素识别与提取等各种复杂而特殊的矢量化处理工作。

4）其他系统已有数据输入

由于不同单位或部门通常是按照自身的需要建立海图制图系统的，因而存在许多现成的基于各自系统的不同格式的海图制图数据，如基于 Arc/GIS 的 Shape 格式数据，基于 MapInfo 的 MIF/MID 格式数据等。这是一种十分有价值的数据，通常在经过相应的转换和处理后，可方便地对其加以利用。

海图数据的输入是数字海图制图的一项基础工作。目前，为了将历年来制作的海量海道测量成果、海图和其他有关资料作相应的数字化处理，各国花费了巨大的人力、财力。

3. 海图数据处理

海图数据处理是指从数字化获取海图数据（生成数字化的数据文件）到产生作为成果的数字海图数据和海图绘图文件的整个过程，它包括了不同阶段对海图数据所进行的各种处理，是数字海图制图的中心环节。海图数据处理因制图的要求、种类、数据组织形式、设备特性等的不同而有不同的处理内容。其中各种处理功能是由相应软件完成的，可采用人机交互或批处理等方式进行。下面以普通航海图计算机制作过程为例对海图数据的处理内容加以说明。

1）数据预处理

数字化获取的数据，是一种毛坯数据，其中含有错误、误差、非标准化格式等许多问题，不能直接使用或存储。因此，在进行各种处理之前，首先要进行预处理。预处理的内容随系统硬件设备的不同、资料来源的不同、数字化的具体方法的不同及存储条件的不同而互有差别。大致包括图形编辑、误差纠正、坐标变换、投影变换、编码系统转换、数据格式转换、数据裁剪与拼接、数据压缩等预处理内容，其目的在于获得被称为“净化”的数据文件。

2）制图综合处理

目前，海图制图综合处理，只能根据海图编绘规范的要求，对适合于自动处理的部分采取批处理方式进行自动综合处理。由于制图综合过程十分复杂，尚难以完全由计算机作自动批处理，而更多的制图综合工作仍然是通过人机交互为主的方式完成的。经制图综合后即可得到综合后的海图数据文件，用于海图图形的输出处理。

3）图形处理

海图数据通常是以定位数据和属性数据来描述各种海图要素图形的，要将这些海图数据恢复为图形形式，必须将海图数据处理成相应海图符号的图形数据，并将其变换为绘图机或显示器等图形输出设备可以接受的格式，或直接处理成某种格式的数字海图。海图图形的输出可采用 WINDOWS 下的通用图形接口（Common Graphic Interface，CGI）技术，以通用绘图指令形式加以实现。此时，不同的图形输出设备可以看作是一组具有相似功能的输出对象，开发时通过设置相应的属性和执行所需的方法，即可完成图形的输出，因而可大大简化图形输出编程的难度。图形处理是根据海图要素的表示方法和图式符号对海图数据进行加工处理，使海图符号和图形可以通过 CGI 实现数据的可视化输出的过程。

4. 海图产品输出

这个阶段的任务是通过输出设备将处理后的结果以一定的产品形式输出。如将图形数据转换为图形后，以图形形式输出（如以屏幕显示或打印等硬拷贝方式输出）；或者按某种数据交换格式直接输出数字形式的处理结果（如 VCF 格式数字海图等）。按图形形式输出产品时，根据图形质量的不同要求又可具有不同的输出形式。例如，对图形质量要求较低时，可以在普通打印机或喷墨绘图仪上输出；对图形质量要求较高时，可以在激光绘图仪上输出；而要得到用于制版印刷输出的高质量海图，则应直接生成增强型页面描述语言（Enhanced Post Script，EPS）格式数据，并在胶片输出机上实现胶片输出。将来随着技术的进步，甚至可以采用数字式无版印刷方式直接输出高质量纸质航海图。按数字形式输出产品时，则可以直接在磁带或光盘等存储介质上，以某种数据交换格式实现海图数据的输出。

另外，为了能得到符合海图制图规范和标准要求、质量合格的纸质海图和数字海图产品，在此阶段还要按照海图产品质量检查与验收要求，对海图成品进行校对、审查和验收，即所谓的三级验收，对海图产品质量作全面检查和把关。

3.3 矢量数据获取与处理

海图是按一定的数学法则和特有的符号系统及制图综合原则，将地球表面的海洋及其毗邻陆地部分的各种自然和社会经济现象缩小表示在平面上的图形。它反映制图现象的空间分布、组合、联系及在时空方面的变化和发展。因此，海图图形可以看成是空间点集在二维平面上的投影。无论海图图形多么复杂，都可将其分解为点、线、面三种基本图形元素，其中点是最基本的图形元素，因为线和面数据又都可以通过离散的点数据来表示。这三种图形元素都可以用矢量数据表示。

3.3.1 矢量数据概念

矢量是指具有一定方向和长度的量。一个矢量在二维空间里可表示为（dx，dy），其中 dx 表示沿 x 方向移动的距离，dy 表示沿 y 方向移动的距离。

矢量在空间没有固定的位置，它仅仅告诉我们向哪个方向移动多远，并没有告诉这个运动的起点。根据这个思想来定义矢量数据是很有用的，因为它与在纸上用笔画一条直线，电子束在显示器的荧光屏上或绘图仪绘图笔在纸上画一条线段的思路非常接近，即向矢量绘图仪或显示器绘图笔发的命令可以仅仅是要求它在指定的方向上从当前所处的位置开始移动一矢量（dx，dy）达到某一指定点（x，y）。

要利用计算机完成海图的生产，其前提是必须将海图图形用数据的形式表示，在此基础上才它们能被计算机所接受、识别和处理。矢量数据是用来表示海图数据的一种形式。在计算机海图制图中，各种海图图形元素在二维平面上的矢量数据表示为：

点——其定位点（主点）用一对 x、y 坐标表示；

线——其定位线的顶点用一串有序的 x、y 坐标对表示；

面——其轮廓范围线的顶点用一串或多串有序且首尾坐标相同的 x、y 坐标对表示。

因此，矢量数据是指用离散点和/或有序离散点集合的平面坐标或地理坐标来表示海图图形的一种数据形式。

3.3.2 矢量数据获取

海图数据与其他大多数由计算机处理的科学数据极其不同，了解这一点非常重要。海图数据量非常大，这是第一个特点。例如一幅典型的普通航海图，通常需要几百万对坐标，才能使获得的数字海图的几何精度达到一定的要求。第二个特点是海图数据具有定位、定性和时间特性。大部分海图数据都是反映制图现象的地理分布，故具有定位性质，也称这类海图数据为空间数据（或几何数据）。空间数据可以反映点、线和面状物体的定位特性。还有一部分海图数据是用来描述制图现象的质量和数量特征，如河流、航道、障碍物分别在何处以及它们的名称和其他有关的特征描述等，这类数据通常称之为属性数据。任何海图数据都有时间性，要表达出现势性的信息，这是显而易见的。

海图数据的来源是多方面的，来源不同，获取的方法也各异。以下是几何数据和属性数据获取的主要方法。

1. 几何数据获取

几何数据是根据给定各要素相对位置或绝对位置的坐标来描述的。主要获取方法如下：

1）由外业测量获得

传统的外业测量是通过测角量边来确定地物的空间位置的，测量结果要做大量的手工记簿工作。由于电子技术的发展，现在的地形测量越来越多地利用自动记录装置（电子手簿）来记录测量的结果，即已经进入数字式测图时代。尤其是全球定位系统（GPS）技术的出现，彻底改变了原有落后低效的外业测量作业方式。各种高精度动态差分 GPS 测量系统已经成为目前应用得最为普遍的外业测量设备，测量结果可以直接存储在各种计算机外存上，为内业处理和计算机成图提供了极大的便利。

2）由栅格形式的空间数据转换获得

栅格数据是以平行扫描线段或格网形式表示的数据，如卫星测地、扫描数字化仪扫描航测像片或海图图件均可获得此类数据。利用栅格数据矢量化的方法，可以把栅格数据转化为矢量数据。随着栅格数据自动识别技术的不断进步与成熟，它已经成为最常用的、效率较高的一种高精度的矢量数据获取方法。目前，除了专门的海图扫描矢量化软件之外，几乎所有的商品化 GIS 软件都提供了海图扫描矢量化输入模块（如 ArcGIS，MapGIS 等）。

3）通过对海图手扶跟踪数字化获得

这是早期的计算机海图制图过程中采用得最多的一种矢量数据获取方法。它是指采用手扶跟踪数字化仪实现对海图进行矢量数据获取的过程。一般有四种数据记录方式。分别是点方式、时间方式、增量方式和网格方式。目前，随着扫描矢量数字化技术的成熟与应用的普及，这种方法已经被淘汰。

4）由不同格式的矢量数据转换获得

不同的制图系统或地理信息系统往往采用不同的数据模型、数据结构和数据格式存储各种地理空间数据，这是目前可资利用的一种重要的数据来源。通过一定的转换处理可以获得所需的矢量海图数据。但转换这类数据的前提是要首先搞清楚数据格式和关于数据的各种描述与说明（元数据）。最常见的矢量图形数据有 AutoCAD 的 DXF 格式数据、MapInfo 的 MIF/MID 格式数据和 ArcGIS 的 SHP（Shape）格式数据等。

2. 属性数据获取

海图要素是根据各自的位置和属性说明进行编码的，仅有描述空间位置的几何数据是不够的，因为无论是要制作传统的纸质海图还是要得到显示于计算机屏幕的电子海图，仅有要素的点位信息，无法实现满足海图特征的、符合可视化要求的图形效果，得到的只能是无法区分不同要素或不同等级、不同类别的几何意义上的点、线、面图形。因此，还必须得到描述它们的属性说明。

通常，用来描述要素类别、级别等分类特征和其他质量特征的各种数字、字符或数字字符混合的编码称为要素特征码，它组成了要素属性数据的主要部分。其作用是反映海图要素的分类分级系统，同时也便于按特定的内容提取、合并和更新海图数据。因此，特征码表的编制应根据原图内容和新编图的要求设计。要素属性数据的其他部分往往要用关系数据库表来存放。

一般对海图要素进行分类编码时应遵循以下原则：

（1）科学性和系统性，即以适合计算机和数据库技术应用和管理为目标，按要素信息的属性或特征进行严格的科学分类，形成系统的分类体系；

（2）相对稳定性，即分类体系要以各种海图要素最稳定的属性或特征为基础，能在较长时间里不发生重大变更；

（3）不受海图比例尺的限制，即同一海图要素在不同比例尺的海图数据库中应有一致的分类代码，虽然分类不一定与多种比例尺海图一一对应，但分类码要覆盖各种比例尺的海图符号，即每类海图符号都应具有相应的代码；

（4）完整性和可扩充性，即要素的分类既要反映其属性，又要反映其相互联系，具有完整性。另外，代码结构应留有适当的可扩充编码空间，即具有可扩充性；

（5）与国际、国内已颁布的有关规范和标准一致，即要直接引用或参照相关的国家规范和标准；

（6）适用性，即要素特征码（属性编码、要素代码）应尽可能地简短和便于记忆，或编码规律性要强。

通常，要素的特征码可采用数字型、字母型、数字字母混合型三种类型。

3.3.3 矢量数据处理

数据处理是计算机海图制图过程中的一个重要环节，主要包括对制图数据的存储、选取、分析、加工、输出等操作，以完成海图制图过程中的几何纠正、比例尺和投影变换、要素的制图综合、数据的符号化等。这里的数据处理是指从获取矢量数据后到绘图或显示之前的全部数据操作。按数据处理的目的、设备的特点和数据格式的不同构成相对独立的数据处理系统。

1. 矢量数据处理方式

大多数矢量数据处理系统，既能按人机交互方式进行处理，又能按批处理方式进行处理，或者将两种方式结合起来进行。

人机交互方式是指在计算机联机操作方式之下，用户通过键盘、鼠标等输入设备向计算机发出命令或询问，计算机亦可通过显示屏向用户报告信息或询问，从而完成各种处理的方式。它可用于实时数字化编辑、图形编辑、海图制图综合，以及显示或绘图等处理过程。

批处理方式是指利用程序进行数据处理的方式，它把输入的数据或制图作业中相同或类似的项目集中起来，用同一个程序一次运行处理完毕，所以该方式又称程序处理方式。批处理方式通常用于对全部原有数据为某种制图目的进行再加工，如海图投影变换、比例尺变换、坐标变换、显示或绘图输出等。它只需操作人员在程序运行前对计算机给出具体参数，之后就无需对机器进行任何干预，因此可节省工作时间，减小操作人员的劳动强度，提高数据处理的效率。

2. 数据编辑

数据编辑又称数字化编辑和图形编辑，是指对海图资料数字化后的数据进行编辑加工，其主要目的是在改正数据差错的同时，相应地改正数字化资料的图形。

一般地，数据编辑工作分两步进行。第一，显示数据，即在显示屏上显示或校核绘图显示，以便用目视的方法或与数字化原图套合的方法进行检查，找出数字化资料的差错。当然，有些错误（如多边形数据文件中结点不匹配）可用误差探测程序进行检查并显示出其错误位置。第二，数字化定位和编辑修改。数字化定位是指一旦发现图像上的错误，数据库中相应的数字化数据就可以找到，原则上数字检测的方法都是依据坐标、特征码和序列号（标识号）；检测的方法取决于数字化数据的结构和资料本身，如资料中没有特征码时去寻找特征码是不可能的。数据结构的重要性显而易见，在海图数据库中海图数据可能被处理的程度是衡量一个数据结构价值的重要标志。对数字化数据中的错误作修改是通过向计算机发出编辑命令来完成的。编辑命令基本上只有两种指令类型：删除数据和增加数据。常用到的命令，诸如“变更”“移动”“删除”“加入”“截去”“延长”“分割”“合并”等指令，都是这两种基本指令的组合或其中之一。

数据编辑系统，除具有很强的检索功能之外，还应具备以下功能：打开和关闭数据库，打开和关闭新、旧目标，增删特征码，增删坐标或坐标串，增删数量或质量特征，增删名称串，以及丰富的图形编辑功能。当然，数据编辑应得到检索和图形多级（或无级）放大（多次或任意开窗）等底层功能的支持。

3. 数据预处理

指用各种方法对经数字化获得的数据进行变换、加工，以便使它适合于存储、管理及进一步分析和应用。预处理的主要内容包括几何改正、数据压缩、数据规范化和数据匹配。

1）几何改正

数据编辑处理一般只能消除或减少在数字化过程中因操作不当产生的局部误差或明显差错，无法消除因图件变形等原因引起误差，所以必须在对数据作编辑处理之前进行几何改正处理。

2）数据压缩

在计算机科学中，数据压缩是指用资格筛选法、信息量法或其他统计方法，把大量的原始数据转换成简练的信息的过程，又称数据简化或数据综合。数据压缩可根据要求分为有损压缩和无损压缩两种类型。目前计算机系统中提供的通用数据压缩软件多为无损压缩，能通过解压程序将数据无损复原，其目的是减小文件存储空间、提高文件传输效率。有损压缩则无法由压缩后的数据复原原始数据，如我们对线、面要素形状的化简就属于此类压缩，部分图像压缩算法也采用有损压缩。

在计算机海图制图过程中，数据压缩的主要对象是线状要素定位线和面状要素边界的几何（定位）数据。在手扶跟踪数字化，特别是扫描数据矢量化后，线、面边界的采点密度往往过大，存在着大量的冗余数据。实践表明，过密的点位数据有害无益，它会给人造成精度提高的假象。因此，有必要采用数据压缩的方法剔除那些冗余数据。另外，好的数据压缩算法可以为海图制图综合提供基础算法支持，典型的如后面要介绍的道格拉斯－普克（Douglas－Peucker）法。

3）数据匹配

数据匹配是实现误差纠正的又一种方法，也是数据处理的一个重要的方面，主要包括结点（顶点）匹配和数字接边两个问题。

此外，属性数据与几何数据的匹配、几何图形的校正（如矩形图形的四个角不全为直角）和齐边改正（如线端点与图边、水涯线等的正确接合）等的数据处理均属数据匹配。

3.4　栅格数据获取与处理

除了矢量数据之外，另一种形式的数据在表示图形信息和计算机图像处理，尤其是在高质量图文输出等方面，已经发挥着越来越重要的作用，它就是栅格形式的数据。另外，由于栅格地图或栅格海图的制作和更新都比较简单，而且其显示效果与纸质产品非常接近，因此直接以栅格地图或栅格海图的形式提供给用户使用，这种做法也比较普遍。英国海道测量局（UKHO）则直接通过对纸质海图做扫描等处理后得到栅格海图（也称光栅海图），并在全世界范围为各种用户尤其是电子海图系统用户，提供了各种比例尺的栅格海图及相应的自动更新服务。美国国家海洋和大气管理局（NOAA）也生产发行了大量栅格海图。近年来，以美国国家海洋和大气管理局、英国海道测量局为代表的海图生产与服务机构，推出了按需打印（Print On Demand，POD）这样一种得到用户广泛好评的纸质海图服务模式，也是在充分利用了栅格海图产品在制作及自动更新等方面的优势之后才得以实现的。

3.4.1　栅格数据概念

将制图区域的平面表像按一定的分解力作行和列的规则划分，就形成了一个栅格阵列，其中每个栅格也称“像元”或“像素”。根据所表示的表像信息，各个像元可用不同的灰度值或色彩值来表示。但每个像元被认为是内部一致不能再作有意义细分的基本单元。由平面表像对应位置上像元灰度值或色彩值所组成的矩阵形式的数据就是栅格数据。

如果一个图像的灰度值或色彩值只有两种（通常用1表示前景元素，用0表示背景元素），则这个图像就称“二值图像”（或称“二元图像”）。

对于用扫描仪或CCD摄像机/数码相机获取的栅格数据而言，各像元的灰度值或颜色值按某种函数关系对应于原稿或实地上的制图物体在光照下的自然反射（或辐射）强度。

3.4.2 栅格数据获取

在数字海图制图中，栅格数据的来源可以有多种不同的途径，以下对它们分别进行介绍。

1. 由对现实世界遥感而来

通过遥感手段获取的数字图像，实质上就是一种栅格数据。它是遥感传感器在某个特定的时间对某一地区地面景象的辐射和反射能量进行扫描抽样，并按不同的光谱段分光并量化后，以数字形式记录下来的像素亮度或色彩值序列。这些数据按一定的格式，存储在计算机兼容磁带、磁盘或其他大容量存储介质上。

2. 由对图片扫描而来

利用扫描仪可以把光学模拟图像（如像片或底片）或各种实物图件（如各种纸质地图、海图和专题图等），经扫描处理后得到栅格数据。

3. 由矢量数据转换而来

栅格数据可以通过计算机由矢量数据转换得到。这通常是为了便于作某些数据处理（例如在具有相同数学基础、不同专题要素内容的多边形之间进行叠置分析）或为了使数据格式适合于以栅格方式输出的某些外部设备（如栅格绘图仪、胶片输出机和直接制版机等）而进行的转换。

4. 由内插和抽样而来

这通常是指早期的一种手工栅格数据获取方法，即通过在海图上作固定行距和列距的格网，通过人工内插或自动抽样的方法得到每一栅格的海图数据的方法。事实上，此方法也往往被应用于矢量数据到栅格数据的自动转换算法上。特别是在实施矢量式面域数据栅格化时，为了得到面域栅格的属性，要采用一种符合要求的抽样编码法，即栅格单元值确定法。常见的抽样编码法有中心归属法、长度占优法、面积占优法和重要性法等。

3.4.3 栅格数据处理

由于栅格数据在不同专业上有广泛的应用，大大促进了数字图像处理技术的发展，出现了多种多样的数字图像处理方法。为了表明栅格数据的基本运算的应用范围已超出了数字海图制图领域，在本节介绍栅格数据的基本运算时，将使用一般的术语“栅格图像”；而在后一部分介绍栅格数据的宏运算时，由于其与海图制图之间的关系比较明显，故用“栅格海图”作为对应的术语。

1. 栅格数据基本运算

对栅格图像的处理常用到下述基本运算有灰度值变换、平移、算术组合、逻辑组合及其他基本运算等。

2. 栅格数据宏运算

宏运算较上述基本运算复杂，但在海图制图上发挥的作用更显著，下面结合其在海图制图中的应用，常用的宏运算有扩张、侵蚀、加粗、减细、填充等。

复习思考题

1. 简述数字海图和电子海图的区别与联系。
2. 简述数字海图、海图数据库的概念。
3. 简述空间数据的表示形式。
4. 简述数字海图制图的实质和一般过程。
5. 简述矢量数据的概念、获取方法和处理方式。
6. 栅格数据获取的方法分别有哪些？
7. 栅格数据通常有哪些基本运算和宏运算？
8. 试分析栅格数据和矢量数据结构的优缺点。
9. 如何实现矢量数据与栅格数据之间的相互转换？
10. 列举一个书外的例子说明矢量栅格混合数据处理的优势。

第 4 章

海图编辑设计

海图作为海洋空间信息模型，不论是数字形式还是模拟形式，其显示质量很大程度上取决于海图编辑设计的水平，海图编辑设计在海图生产过程中占有非常重要的地位。本章主要介绍海图编辑设计概述、数学基础设计、海图编号及图名设计、符号设计及整饰、注记设计等内容。

4.1 海图编辑设计概述

4.1.1 海图编辑设计概念

海图编辑设计是海图生产的初级阶段，是制作高质量海图的基础。一幅海图的生产大致可划分为编辑设计、编绘作业和印刷复制三个基本阶段。海图编辑设计是海图制图生产的开始和技术准备阶段，通常由海图编辑人员来完成。

海图编辑设计是运用海图科学原理和技术经验，为人们所需要的海图创造一种模式的过程，其成果是编辑设计书，它是海图编绘和数字化作业的依据，最终产品是海图。编辑设计是制图技术准备过程中所有思维活动的统称，是把海图学理论转化为海图成果的重要环节，在海图制图生产过程中起着决定性作用。

设计工作具有广泛的领域，它可以是产品设计、工程设计、工艺设计及程序设计。海图编辑设计也称为海图设计，是一种产品设计，只是把海图作为设计的最终产品而言。按“地图传输论”观点，把地图制图过程作为地理信息的传输过程。那么，海图编辑设计则是海图编辑向人们传输信息的过程。从这种意义上讲，海图编辑设计是一种传输设计。

具体地说，海图编辑设计是指海图编辑所进行的各项技术工作。即根据海图用途要求，确定海图的规格与内容、达到的技术指标、所需的资料，以及为此所进行的各种分析研究和技术准备工作。广义上讲，海图编辑设计既包括对海图的创造性设计，又包括制图生产过程中的组织实施。后者也可泛指相关的业务部门和业务领导部门所从事的属于设计范畴的一些工作内容。如海洋测绘主管部门对海图制图任务的计划、检查和协调工作；制图资料管理部门对海图制图资料的搜集、保管和提供工作；印刷工厂业务部门对海图复制的技术组织实施工作。从这个意义上说，海图编辑设计又是由多方面专业技术人员按其各自岗位分工共同完成的。

制图任务性质不同，海图编辑设计的难易程度也不同。对于“定型”海图（如航海图）的设计，通常具有标准的技术规范。海图编辑可直接以其技术规范为依据，结合制图区域特点和制图资料分析研究成果，循着常规进行具体的设计。对于航海图以外的其他海图，因种类繁多，涉及的学科知识面较广，其设计就很少有或没有现成的模式可循。这样，海图编辑设计的创造性将起决定性作用。制图任务不同，编辑设计的组织分工也不同。单幅图或区域性成套图的设计可由海图编辑独自来完成。大型制图作品或大规模的制图设计任务，则要由多个编辑共同完成，必要时还需邀请有关学科领域的专家或技术人员参加。

4.1.2 海图编辑设计作用与要求

海图编辑设计使制图生产按照预先的设计进行，并且还要不断指导和检查编绘作业和印刷生产。因此，海图编辑设计是制图生产的重要组成部分，它对海图制图生产的特殊作用表现在以下几个方面。

第一，在海图科学和制图生产之间起中介作用。通过海图编辑设计，一方面把制图技术原理及科学研究成果具体化，成为海图制图生产的基础；另一方面海图编辑设计可以用科学的观点和方法，把海图学领域内的制图生产经验集中起来加以总结和提高，进一步指导制图生产实践。编辑设计的成果－编辑文件，是这两个方面的最好体现。海图编辑设计虽然离不开科学原理，但设计工作本身还包括一定的经验因素。因此，忽视经验在设计中的作用，就不能使制图学理论密切结合制图生产实际；相反，如果片面强调实际经验，否认现代科学技术基础上的严密设计的必要性，同样也会有害于制图生产。

第二，对海图的制图生产起创造和预见作用。创造性是海图编辑设计的灵魂。成功的设计要求制图编辑能在头脑中预见海图产品。海图编辑设计开始，要为所编的新海图提出基本轮廓，即构思新海图。马克思说：“蜜蜂建筑蜂房的本领使人间许多建筑师感到惭愧。但是，最蹩脚的建筑师从一开始就比最灵巧的蜜蜂高明的地方是，他在用蜂蜡建筑蜂房以前，已经在自己的头脑中把它建成了。”这就是说，设计是人们特有能动性的表现。从根本上说来，编辑设计就是履行海图学理论和技术原理的预见功能，即根据海图的用途要求和所要达到的技术目标条件，设计出适合用户需要的新海图。一个完善的设计，还要在设计的最后阶段，尽可能把影响海图质量的因素和在制图生产过程中可能遇到的各种技术问题预先考虑到，以避免盲目性和造成不必要的返工。

第三，起系统综合的作用。在海图生产中制约编辑设计的因素较多，主要有海图用途、海图比例尺、海图内容的复杂程度、制图资料的质量、印刷条件，甚至于用图者的素质等。制图编辑要事先对涉及的这些因素进行通盘考虑，系统地综合各个因素，做出最佳选择。要避免只凭经验方法和编辑的直觉力来进行设计工作，以防造成诸多因素面前顾此失彼和出现设计上的漏洞，甚至错误。

第四，起组织制图生产的作用。海图编辑设计成果是制图生产的基本依据。它起着组织制图生产和协调各环节的作用。包括对制图生产各阶段上的成果质量检查和最终产品的验收。海图编辑设计还要积极调动各专业技术人员的积极性，不断提高工作效率，缩短成图周期，降低制图成本。

为充分发挥海图编辑设计在制图生产中的作用，要求设计人员做到以下几点：

（1）必须具备高度的政治素质。制图编辑要保证所出版的海图不出现政治错误，就必须对图上所涉及的政治内容、国家主权要素、国界、海疆界及地名等严格地按照国家的法律、政策执行。任何疏忽大意或不严肃的态度都可能给国家带来政治上的损失。

（2）必须具有严肃的科学态度和扎实的理论基础。现代海图学理论的深入和制图技术的提高，更加要求海图编辑设计人员要努力提高自身理论水平和技术能力，掌握海图学研究动态和先进技术的发展状况，以适应海图自动制图的发展需要。

（3）必须具有丰富的实践经验和较强的实际工作能力。海图编辑设计人员应该了解熟悉测绘法律法规、海图制图规范及各项规定、海图制图方法、仪器设备性能和工艺过程、制图软件等。

4.1.3 海图编辑设计思想与原则

1. 海图编辑设计思想

海图编辑设计是海图制图生产过程中所有思维活动的总称。它不可能从书本中找到现成的设计蓝图，也不可能靠突发的灵感去得出满意的答案，它只能靠海图编辑设计人员的科学设计思想去创新海图，解决海图应向用户提供什么和以什么形式提供及如何提供的问题。所谓设计思想，就是设计的方向和目的，就是整个设计过程的指导思想。一切根据和符合客观事实的思想都是科学思想。它对客观事物的发展起着决定作用。在编辑设计中，科学设计思想来自于用图者对海图信息的需求和进一步的反馈。从用图者角度考虑，海图曾长期以航海图的“一图多用”为设计的指导思想。这种设计思想，随着社会的需求和制图技术的进步，已被海图的“一图专用”的设计思想所代替。实际上，用图者的需求在这里起着非常重要的作用。相反，如果海图编辑不考虑用图人员的需要，那么这幅海图可能是失败之作。从制图者来说，现代海图编制中贯穿着“一图多层”的设计思想，一般来说，各种海图的基础地理要素数据层都是一样的，所不同的是将各种专题要素设计在一个或几个专题数据附加层中。

海图科学设计思想的形成还在于继承基础上的创新。只有继承前人创造和积累起来的成果，并加以不断地创新，才能不断提高海图编辑设计的水平。我国20世纪80年代至90年代对航海图进行了全面改革，体现了创新精神。它是在充分调查海图用户和总结前期制图经验，继承正确思想，克服错误观念，吸收航海图用户建议，参照国际海图制图标准的基础上，形成了现今航海图编辑设计的科学思想。

2. 海图编辑设计原则

海图编辑设计既要有一个正确的设计思想，同时还应遵循一般的设计原则。

1）社会需求和可行性相统一的原则

一般说来，社会需求是海图编辑设计思想的重要来源。它可以为海图编辑设计形成或规定具体的目标。设计的目标可能是由直接的、间接的或潜在的社会需求所决定的，也可能是依据海图制图发展的需要而提出来的。在处理社会需求和可行性的矛盾时，编辑设计人员要立足于尽量创造条件去满足社会需求，而不是回绝。

在具体的海图编辑设计中，编辑设计人员也会遇到如何处理海图用途要求与制图可行性间的矛盾。例如，海图信息载体的有限性和用图者对海洋信息大量需求的问题，实质是海图比例尺与海图内容负载量的关系处理问题。毫无疑问，并非所有可获得的信息都必须在海图上表示出来，而是要根据海图的用途，通过科学的制图综合手段来选择这些信息。

2）海图内容和形式相统一的原则

海图的内容和形式与海图的质量密切相关。海图内容是指海图上诸要素的总和，形式则是其表现手段。一般来说，内容决定形式，形式依赖于内容，并且随着内容的发展而改变。海图编辑设计对内容的选择必须具有满足用途要求的预想效果，同时也不应忽视形式的作用。一种内容可以多种形式出现，但是选用哪一种形式加以表现，则是海图编辑设计人员要充分考虑的问题。海图编辑设计人员应追求海图的形式美，但它不应忽视内容的追求，而是要服从内容表现的形式美。其实质都是服从海图用途的需要，包括经济性、可行性，以及适合于海图作品的审美观点。

3）创新与常规相统一的原则

海图的常规设计是指常规制图方式的编辑设计，通常是利用前人的科学成果和成熟的技术，循着标准的编绘规范来进行的。制图人员往往是习惯于常规技术手段，应用起来得心应手，既经济又可靠。但是，科学技术的进步将不断冲击着常规技术，任何一种新技术或创新都会给制图带来变革。海图编辑设计应积极引入新的技术成果和改革落后的技术手段，不能墨守成规或停滞不前。计算机引入海图制图学以后，改变了几百年来制图靠手工作业的局面。这本身就是一次制图技术革命。海图编辑设计人员不但要继续学习，而且还要不断地创新，解决常规设计中的某些不足，从而进一步提高设计水平，甚至以全新的技术原理代替原有的技术原理来进行设计。当今海图制图正处在蓬勃发展的时期，在编辑设计中一方面要创新，另一方面又要利用常规设计经验，把两者妥善地统一起来。

4）经济性和适用性相统一的原则

经济性是海图编辑设计要注意的重要因素。在市场经济环境下，这一点显得更加突出。从海图的总体设计到产品的经济效益，从工艺方案的制定到人员的合理分工，都要考虑到成本核算。同时，还要考虑设计的适用程度和最终产品的使用价值。一般说来，海图功能增强，则使用价值提高。但增加海图用户的用途要求，可能会使制图的成本提高，甚至大量耗费人力、物力和时间。这样，当经济性和适用性发生矛盾时，海图编辑设计人员要把两者有机统一起来，做出经济适用的科学决策。

4.2 数学基础设计

4.2.1 比例尺确定

1. 海图比例尺确定原则

1）满足海图的基本用途要求

海图的用途要求是多方面的，在比例尺的角度就是要满足其基本用途要求。它可能是制图区域范围上的要求，如保持某海洋区域、海湾、港口在规格的图幅面积内完整；也可能是选择某种海图比例尺，使其图的量测精度能保证在一定的精度范围之内；对于需要详细完备地表示自然要素和社会经济要素时，海图比例尺越大越好；对于需要从宏观上反映海洋概况或海底地势的海图，其比例尺就要小些。

航海图的基本用途是为了船舶定位和导航，根据多年的航海经验，确立了不同类型航海图的比例尺区间。具体如表 4 – 1 所示。

表 4 – 1　不同类型航海图的比例尺区间

航海活动区域	航海图种类	比例尺区间
港湾、狭水道	港湾图	大于 1 : 10 万
沿岸	航行图、部分海区总图	1 : 10 万~1 : 20 万（不含）
近岸		1 : 20 万~1 : 100 万（不含）
远洋		1 : 100 万~1 : 300 万（不含）

航海人员将根据不同航海活动区域，选择不同比例尺的航海图。对于港湾图，由于主要是供船舶进出港口、海湾和驻泊使用，港湾沿岸地形复杂、要素繁多，图上应尽量详细表示，因此海图比例尺越大越好。对于航行图，主要供船舶在不同的海域上（沿岸、近海及远洋）定位、导航和海图作业使用。因此，不同比例尺的海图要适应不同海域的定位手段的要求。所确定的比例尺要保证海图上的完整航线和一定宽度的航道。对于海区总图，主要是在图上制订航海计划、研究海区形势，所以海图比例尺要小，以便在一定的图幅面积内包全某海区或洋区。

2）全面考虑影响比例尺确定因素

如前所述，比例尺对海图设计的制约关系，实质上都是影响海图比例尺确定的因素。当我们从某一因素考虑时，势必要受到其他因素的制约，它可能是一个因素、两个因素，甚至是更多因素的制约。当涉及较多的重要因素时，就要分清主次、权衡利弊、综合考虑，而不能够顾此失彼。

例如，我们确定一幅表示海区测站上的统计图形符号的专题海图的比例尺，根据该图的基本用途要求，首先考虑的是所确定的比例尺底图能够包括所有的测站点，至于其他精度因素、投影因素、制图综合因素，都可以不从比例尺角度去考虑。这里唯一考虑的则是比例尺确定以后，测站点的密度对图形符号的大小的影响。又如，我们确定一幅海区形势图的比例尺，根据其用途要求，我们就要考虑制图区域、图幅面积、制图综合等因素。在这里，保持制图区域的完整性是首要考虑的因素，然后才考虑图幅面积的大小和制图综合的因素。制图区域和图幅面积确定后，比例尺越大，海图的内容要素就会越详细、清晰；反之亦然。

3）不强求比例尺系列化

比例尺系列化是指某种类型海图比例尺从大到小具有固定的系列。如大陆架海底地形图采用陆地地形图系列时，比例尺固定为1：1万、1：2.5万、1：5万、1：10万、1：25万、1：50万和1：100万七种。我国出版的航行图，根据不同的使用对象也出版过两种系列：一种是1：10万、1：20万、1：50万、1：100万系列；另一种是1：15万、1：30万、1：75万系列。海图比例尺系列化有助于用户的方便使用，但也有一定的缺点，即比例尺固定不变，在一定规格图幅面积内制图区域范围的调整就更受到限制，进而使海图的实用性受到影响。20世纪80年代我国航海图改革，不强求航海图比例尺的系列化。实践证明，不同比例尺海图的灵活确定增强了海图的实用性。

事实上，世界各国的航海图都没有形成固定的比例尺系列，而且各国的航海图比例尺也都不统一。这是因为各港口海域大小差异很大，航海图的图幅设计还主要从保证航海用途出发进行分幅，如保持航线完整、航道具有充分的水域等。另外，比例尺不成系列并不影响航海人员在海图上的量算。

对专题海图来说，由于种类繁杂且不成套，所以形成比例尺系列就更困难。

4）比例尺应相对取整

比例尺取整可以方便用图人员在图上量测、计算，也利于同比例尺成套图制图，不同比例尺区间或大中小的3种比例尺其取整程度不同。例如千万分之一以下比例尺图可能取整至百万（1：1200万，1：1500万）；大比例尺图可能取整至百或千（1：1500）。另外，数值取整也是相对某种进位制而言。例如文字比例尺为“图上1cm相当于实地30n mile”，其米（m）制比例尺为1：2188800。这对于米（m）制海图来说，比例尺就没有取整，类似这种比例尺在外版海图中也是比较常见的。

我国的中国航海图编绘规范，对比例尺的取整规定是按照不同比例尺区间的级差凑整，具体见表4－2。

表4－2 不同比例尺区间的级差凑整

航海图	大于1：10万 港湾图	特殊大于1：10万 航行图	1：10万~1：299万 航行图
级差凑整	500	500	10000

例如，当设计的海图比例尺为 1 : 12300，则可取整为 1 : 12500；比例尺为 1 : 225000，可取整为 1 : 230000 或 1 : 220000。

2. 海图比例尺确定方法

在海图设计中，对比例尺的确定通常有 3 种情况：一是根据用途要求直接给定海图比例尺。这种情况主要是用户的特定要求。如根据某种仪器的精度要求限定在一定比例尺海图上使用，需制作特定比例尺海图。在这种情况下，对海图比例尺的确定，主要是调整图幅面积和制图区域范围。二是根据已有标准海图编绘规范所规定的比例尺区间来确定比例尺。这种情况多指航海图制图。如编制一套沿岸航行图，则可根据中国航海图编绘规范规定的 1 : 10 万~1 : 20 万比例尺区间进一步确定其具体的比例尺。三是在制图区域范围一定的情况下确定海图比例尺。它多用于对挂图和图集图幅的编制。通常是在满足用途要求的前提下，首先考虑保持制图区域的完整性，然后根据选定的图幅面积或多幅图拼接后的总面积确定比例尺。也可以先确定好比例尺，再调整图幅面积。无论哪种情况，确定比例尺的基本方法主要有以下几种：

1）利用制图区域范围的纵横长度估算海图比例尺

这种方法适于具有包含制图区域范围的小比例尺海图的情况采用。首先，选择能包含制图区域范围的小比例尺海图做底图，并在底图上量出制图区域范围的纵横长度。然后，根据式（4-1）分别将纵横长度及底图的比例尺分母和规格图幅的纵横长度代入，则可求出纵横两个方向上的比例尺分母值。最后取分母值大的，并进行取整后，作为新编图的比例尺。

$$C_2 = C_1 \frac{l_1}{l_2} \tag{4-1}$$

式中：C_1、C_2 分别为底图和新编图的比例尺分母；l_1、l_2 分别为底图和新编图的图上长度。

2）利用制图区域范围的经差和纬差估算比例尺

这种方法适于当没有包含制图区域范围的小比例尺海图做底图，或根本不需要底图时，则可直接按制图区域的经差和纬差，计算纵、横比例尺分母值，然后估算制图比例尺。其计算公式为

$$\begin{cases} C_{横} = \dfrac{\Delta\lambda \cdot e_2}{a} \\ C_{纵} = \dfrac{\Delta\varphi \cdot e_1}{b} \end{cases} \tag{4-2}$$

式中：$C_{横}$、$C_{纵}$ 分别为新编图横向和纵向比例尺分母；a、b 分别为图幅面积

横向长和纵向长，以厘米（cm）为单位；e_1、e_2 分别为制图区域中纬处纬差 1′的经线长（简称经线 1′长）和经差 1′的纬线长（简称纬线 1′长），单位为厘米（cm）；$\Delta\lambda$，$\Delta\varphi$ 分别为制图区域范围的经差和纬差值，以分为单位。

利用式（4－2）分别计算出横向和纵向比例尺分母值后，选择较大值并取整，即可确定新编图的比例尺。

4.2.2 海图控制基础的确定

通过海图控制基础来确定海图上地理要素的空间位置，包括海图平面基准、垂直基准及大地控制点。

1. 海图平面基准的确定

海图平面基准即坐标系，一般采用地理坐标系和平面坐标系。

1）地理坐标系

以经纬度表示地球表面的位置及地理方位。由于在确定地理坐标时所依据的参考面、参考线以及测算方法的不同，地理坐标系分为天文坐标系和大地坐标系等。

世界各国海图采用的坐标系种类很多，因此坐标系很不一致。中国自建国以来也采用了多种坐标系，如 1954 年北京坐标系、1980 年国家大地坐标系、整体平差值的 1954 年北京坐标系、WGS84 以及 2000 年大地坐标系地心三维坐标系统等。海图由许多来源不同的资料编制而成，这些资料不仅有测量资料，也有不同年代由不同国家或地区出版的陆图和海图。一个国家或同一地区的海图只有在全部经历一个改版周期之后，坐标系才能取得一致。

在海图设计中，对坐标系的采用一般是按相应图种的编绘规范所规定的原则执行。有时，也根据海图用途的特殊需要，采用其他坐标系。对于一幅图内的不同坐标系的制图资料需要改为统一坐标系时，则应搜集其坐标改正数值和确定其坐标改正的方法。

2）平面坐标系

包括平面直角坐标系和平面极坐标系。海图较多采用的是平面直角坐标系，它是通过投影方法把地球表面上的经纬网、控制点的地理坐标转换成平面直角坐标。而直角坐标则便于制图时精确计算和展绘。墨卡托投影的海图上通常只表示经纬网和控制点。对于某些海图也可同时表示平面直角坐标网，也称公里网或方里网。

我国地形图上的平面直角坐标系是采用高斯－克吕格投影平面直角坐标系。在这一系统上的公里网称为高斯－克吕格平面直角坐标网。海图上表示的或使用的地图资料也多数是该平面坐标系。

在海图设计中，当涉及有高斯－克吕格平面直角坐标网的制图资料或者海图需要表示该坐标网时，需要在新编墨卡托海图上加注高斯－克吕格平面直角坐标网。根据新编海图图幅范围，确定该坐标网的东西和南北公里线数值，以供海图投影计算时使用。为便于制图资料的转绘和误差配赋（平差），起止整公里线应超过或接近新编图图幅范围。一般还应绘出平面直角坐标系与地理坐标系的位置关系图解，以供计算人员参考使用。

2. 海图垂直基准确定

海图的高程基准面和深度基准面，总称为海图基准面。海图上各要素的高度一般从高程基准面向上起算，而深度则是从深度基准面向下起算。

1）高程基准面

海图上的山峰、岛屿、明礁的高程都从高程基准面向上算起。

1956 年以前，我国没有统一的高程基准面，而是采用了当地的平均海面，如大连平均海面、大沽平均海面、黄河口零点（平均海面）、青岛平均海面、坎门平均海面、吴淞平均海面、珠江基面等。1957 年确定，根据青岛验潮站 1950—1956 年共 7 年间的验潮资料求得的平均海面作为国家统一的高程基准面，并定名为“1956 年黄海平均海面”，该平均海面在青岛观象山上的水准点下 72. 289m。20 世纪 70 年代，我国提出了新的高程基准面方案，采用青岛验潮 1952—1979 年 27 年中 19 年的潮汐观测资料重新计算确定，定名为“1985 年国家高程基准”。1987 年报请国务院批准，1988 年 1 月 1 日正式启用。1985 年国家高程基准在青岛观象山水准原点下 72. 260m，与 1956 年黄海平均海面相差 0. 029m。

世界各国海图所采用的高程基准面都不一致。英国、美国等过去曾采用平均大潮高程面，而现在大多数国家都以平均海面作为高程起算面。其确立方法都是以某一地点验潮站多年观测资料计算的多年平均海面为基准设立统一的大地原点，以建立统一的高程系统。

我国海图设计中确定高程基准面时，是以编绘规范为依据的，规定高程基准面采用“1985 年国家高程基准”或“当地平均海面”。国外地区采用原资料的高程基准，若需要改正，则用改正公式进行计算和改正。

2）深度基准面

从深度基准面至水底之间的垂直距离称为“图载水深”。水深测量是在随时升降的水面（亦称瞬时水面或即时水面）上进行的，因此，在同一点上不同时刻测得的水深值不同。为此，必须确定一个起算面，把不同时刻测得的某点水深归算到这个面上，这个面就是深度基准面。深度基准面通常在当地平均海面下某一深度值处。求算深度基础面的原则是既要考虑到船舶航行的安全，又要考虑到航道的利用率。一般保证率在90%~95%之间。

世界各国所采用的深度基准面也不相同，一般采用理论最低潮面、平均低潮面、最低低潮面、平均大潮低低潮面、略最低潮面、平均海面、平均大潮低潮面、赤道大潮低潮面等。

我国1956年以前的海图上一般采用略最低低潮面（印度大潮低潮面），从1956年开始采用理论深度基准面，也就是理论最低潮面。理论最低潮面是理论上可能出现的最低潮面，由8个主要分潮的调和常数计算而得。位于平均海面以下高度为L的平面处，随着海区潮差大小不同，L值也不同。

海图设计中，深度基准面的确定分以下几种情况：第一，一般按海图编绘规范规定的深度基准面执行，特殊情况下，也可以根据测量资料情况采用其他深度基准面；第二，当测量资料上的基准面与所采用的基准面相差较大时，应对该基准面加以改正；第三，对没有测深原始资料（验潮、测深手簿、测深图板）情况下，无法改正时，则以测量资料上所用的深度基准面作为新编海图的深度基准面；第四，采用国外资料进行编图时，要搞清楚其所采用的深度基准面，然后再视情改正或应用原来的深度基准面。

3）控制点和高程点的确定

在海图设计中，无论是以原始测量资料编图，还是以成图编图，都应预先选择一定数量的控制点作为制图的控制基础。在具体实施时应按海图编绘规范要求进行。通常是选择具有控制误差配赋作用的各等级控制点。其中，属于国家大地控制点的要优先选择。对于民用航海图，应注意选择具有导航意义的山头和岛顶上的控制点和高程点上，在图上100mm×100mm范围内一般选取控制点1~3个，中国大陆地区控制点不区分等级，一律用高程点符号表示。图上应分级表示控制点和高程点。位于干出滩上的控制点或高程点不表示时，应保留其位置上的相应地物。我国香港、澳门、台湾地区和国外地区，应按制图资料表示各级控制点。对被选择的各等级控制点，应和海图制图网（经纬网和公里网）一同计算和展绘在编绘原图上。当海图全部以原始测量资料编图时（图上往往无经纬网），还要以选定的控制点作为制图资料转绘、配赋误差时的控制基础。

当使用的三角成果资料是局部坐标系统或独立坐标系统时，应充分分析与国家统一坐标系的关系。在确定采用时，应搜集坐标改正数或采用图解法进行坐标改正。

4.2.3 海图投影选择

在确定了海图的用途和主题以后，如何选择所需要的海图投影，是海图总体设计中的一个重要环节。选择一个合适的海图投影，不仅能保证海图的用途要求，而且在编图过程中也有助于简化海图内容转绘的程序，提高转绘的精度和编图的工作效率。海图投影的选择主要包括影响海图投影选择的因素、航海图的投影选择、普通海图与专题海图的投影选择以及投影选择的方法及过程等内容。

1. 影响海图投影选择因素

海图投影的选择受多种因素的影响，这些因素互相制约。影响投影选择的主要因素包括以下几个方面：

（1）海图的性质和用途对投影选择的影响。

（2）制图区域的形状和地理位置对投影选择的影响。

（3）制图区域面积的大小及地图比例尺对投影选择的影响。

（4）使用对象和使用方式对投影选择的影响。

（5）特殊要求对投影选择的影响。

（6）资料转绘技术要求对投影选择的影响。

在海图设计中对海图投影的选择应遵照上述的原则进行，使图上经纬网形状简单、制图区域变形小且分布均匀、易于数据的转绘等，同时应根据海图类型的不同有所侧重。

2. 航海图投影选择

为满足船舶海上航行需要，航海图投影必须具备两个基本条件：一是等角，即图上角度与实地角度相等；二是等角航线在海图上投影为直线。

1）墨卡托投影

保持了实地方位与图上方位的一致性，从而使图上作业十分方便，无需进行角度改正；等角航线投影成直线，有利于海图作业航海图。因此，墨卡托投影已是航海图投影的认定选择。

现行《中国航海图编绘规范》规定：同比例尺成套航行图以制图区域中纬为基准纬线，其余图以本图中纬为基准纬线，基准纬线取至整分或整度。

应指出的是，同比例尺成套航海图由于采用制图区域内统一基准纬线，虽然有利于各单幅图之间的拼接使用，但也有一定的缺点，这就是距离基准纬线较远的图幅，其局部比例尺与主比例尺相差较大，从而造成比例尺失真现象。

2）大比例尺航海图的投影选择

在大比例尺特定条件下，某些投影也可以满足航海上的等角和等角航线在一定范围内表现为直线的要求。我国过去的 1：2 万及更大比例尺航海图采用高斯－克吕格投影和平面图。

（1）高斯－克吕格投影，即等角横切椭圆柱投影，当制图比例尺较大时，经纬线网和等角航线在有限的制图区域内接近于直线，对航海定位和标绘航线无影响。另外，高斯－克吕格投影和我国基本比例尺地形图、水深测量原图所采用的投影一致，方便了大比例尺海图制图。

（2）UTM 投影，又称通用横墨卡托投影。在国外，某些国家为扩大高斯－克吕格投影的使用范围，而对它作了某些改良，变中央经线相切为中央经线相割。这样可在不增大图内最大投影变形的情况下，使投影带加宽，这种投影称为通用横墨卡托（Universal Transverse Mercator，UTM）投影。它适用于较高纬度区域的航海图（或其他海图）的制图。

（3）TM 投影，即横墨卡托投影（Transverse Mercator，TM），是把地球作为球体的等角横切圆柱投影。国外有些国家的大比例尺或中比例尺海图也较多应用 TM 投影。

（4）平面图。当制图区域纬度不超过 45°时，比例尺不小于 1：1 万的横幅海图或比例尺不小于 1：5000 的直幅海图可把平面图看作横墨卡托投影图。《中国航海图编绘规范》规定 1：2 万及更大比例尺海图可制作平面图。

3）日晷投影

日晷投影即视点在球心的透视方位投影，是大圆航线图投影的唯一选择。该种类海图上的大圆航线（大圆弧）表现为直线，和横墨卡托投影海图配合使用，可以大大缩短航程。

3. 普通海图及专题海图投影选择

普通海图和专题海图的特点和用途决定了其投影选择的广泛性和复杂性。从投影性质出发，包括对等角投影、等面积投影和任意投影的选择。

1）等角投影

尽管普通海图和专题海图不直接为航海使用，但这两种海图都与海上活动有关，而且与航海图有着紧密的联系。因此横墨卡托投影仍是主要的选择对象。如各种小比例尺海底地形图、大洋地势图，以及为航海参考使用的专题海图。某些海区形势图也多采用横墨卡托投影。这些图采用横墨卡托投影的优点在于与航海图投影取得一致并便于图上量算和标绘方位，如航线、流向、风向等。

除横墨卡托投影外，在国外出版的一些海底地形图也选择 UTM 投影和 TM 投影。

2）等面积投影和任意投影

在专题海图中，对表示某些海洋水文、海洋生物等要素（数量的或非数量的）面积分布或面积对比关系的海图多选择等面积投影。主要有兰勃脱等面积方位投影、亚尔勃斯投影（即正轴等面积圆锥投影）、兰勃脱等面积圆柱投影等。

对于一些既不要求等角也不要求等面积的、一般用于科学参考使用的海图，如小比例尺洋区图等，可选择任意投影。主要有彭纳投影、等距离方位投影等。

4. 投影选择方法及过程

在海图设计中，制图编辑对新编图投影选择的方法及过程大致如下：

1）充分理解新编图的用途要求

主要指研究上级下达的任务书或搜集用图人员对海图的使用方式和对投影的一些要求。如对经纬线形状要求、对各种位置线的要求、对各种投影变形性质的要求等。

2）研究投影选择的影响因素

决定一种投影效果的好坏的主要标志是看其投影变形大小和变形分布规律是否均匀。选择投影时，要根据用途要求，充分研究影响变形大小和变形分布规律的各种因素。一般情况下，投影性质是首要研究的。如对航海图和某专题图来说，保持等角条件是第一位因素，而面积变形和其他变形则是次要的。

3）在现有投影基础上探求新投影

在现有投影基础上选择投影，主要是投影性质要能满足海图的基本用途要求。其次是考虑经纬线形状简单的投影及其他一些条件。

4）对选择或探求的投影进行变形规律分析

变形规律分析是选择投影的进一步论证工作，包括角度变形、面积变形和长度变形等，进而为设计投影的标准线的位置提供依据。

4.3 海图分幅、编号及图名设计

4.3.1 海图分幅设计

海图的分幅，就是划定海图的图幅范围，即确定海图图幅的4条内图廓线的经纬度值。它以海图的用途作为主要出发点，在基本的规格图积下，考虑制图区域的地理特点等因素进行分幅，和系列比例尺地形图按比例尺固定的经纬差的分幅有很大的不同。

1. 海图分幅基本原则

（1）海图的图幅一定控制在规定的图幅规格以内。海图的规格形式，是根据海图纸在充分考虑印刷条件和外图廓整饰及标题放置而确定的最大图积限度。一般情况下，不应超过规格图积。

（2）制图区域地理单元相对完整独立，航海要素相对完备。这主要是从海图服务于航海的角度来考虑的。为了便于航海人员使用，尽量避免两幅图拼接使用。

（3）海陆面积适当。海图以表示海洋为主，但根据航道等方面的要求，需要适当考虑陆地纵深面积。一般情况下，海陆面积的比例为2∶1。

（4）成套图的邻幅之间要有一定的叠幅部分。叠幅部分的作用是便于航海人员在航行中测定船位，而后换图继续航行。因此，叠幅的处理必须注意到用图者的方便，使其在航行时能迅速换图，保证航行的安全。

（5）考虑用图者使用和保管方便。分幅应尽量采用横幅，少采用直幅和斜幅；成套图的图幅的开数应尽量采用全开，少采用长幅和对开。同时，在保证用图者使用方便的前提下，尽量减少图幅的数量。

2. 海图图幅规格形式

海图图幅的规格，按不同的分类指标，有不同的分法。通常按海图图幅的面积、图幅的方向和图幅的形式三种规格来分类。

1）海图图积形式

海图图积是以内图廓线计算的。根据海图纸的尺寸和印刷机的有效印刷面积，决定海图图积的规格。目前生产的海图尺寸见下表4-3。

表 4-3　海图尺寸

分类	横幅	直幅
全张	980mm×680mm	960mm×680mm
对开	680mm×460mm	660mm×480mm
长幅	1120mm×660mm	1100mm×680mm

2）海图图幅方向形式

海图按其图幅的方向分为横幅、直幅、斜幅，如图 4-1 所示，图中 25010 为横幅，25012 为直幅，太 1022 为斜幅。

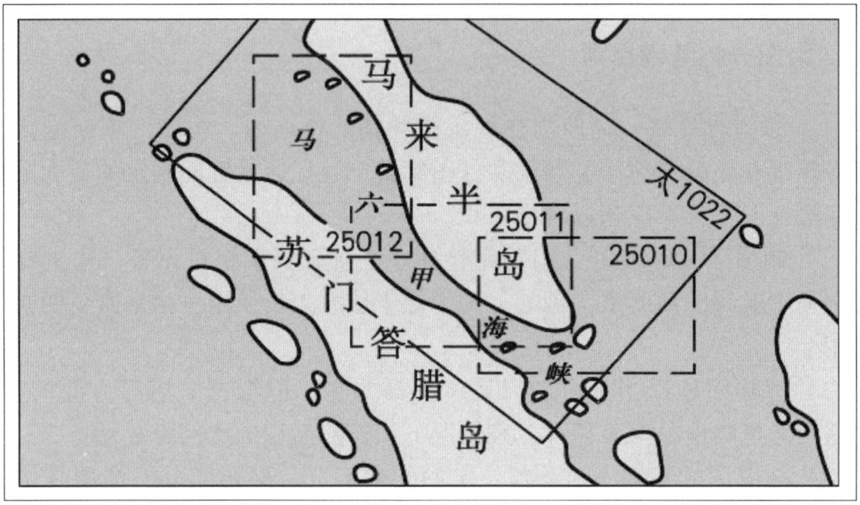

图 4-1　横幅、直幅和斜幅示意图

3）图幅形式

（1）整幅图：一张全开图纸为一幅整海图，图廓线完整，既不拼接也不开口，是海图的一般图幅形式。

（2）主附图：主图内的港湾、锚地、水道、港池等需要放大比例尺，采用加附图表示，式样如图 4-2 所示。有时海图的主图比例尺大，而附图的比例尺小，是为了显示主图表示的地区位置或发挥其他参考作用。

（3）开口图：是内图廓线外附近某一重要要素，如航海要素、海岸线、岛屿等，必须表示在图上，或保持图上某要素的连续时，采取破坏图廓而表示的图幅（图 4-3）。开口图是在分幅中，受图积大小限制，不得已采用的一种分幅方法。开口图，有内图廓开口和外图廓开口两种。

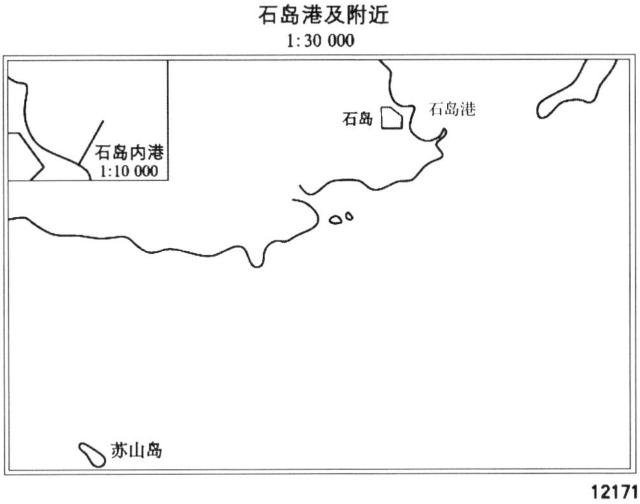

图4－2 主附图

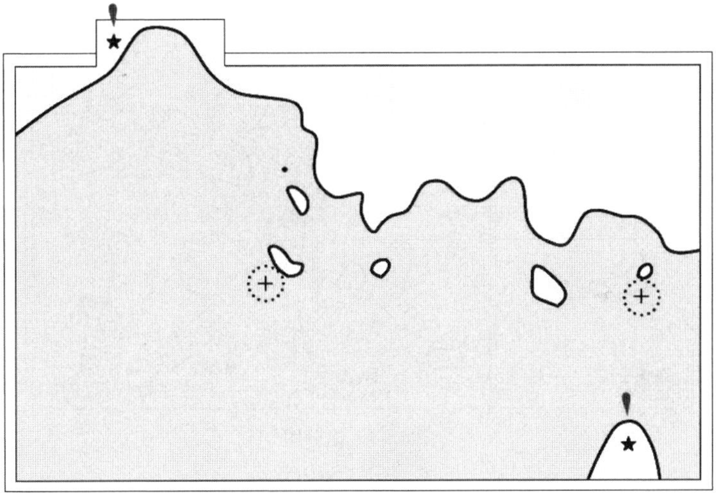

图4－3 开口图

（4）拼合图及诸分图：一幅图由地理区域不连贯的两幅图或两幅以上图组合而成，通常把两个分图拼合而成的图幅称为拼合图；将某一地理区域的多幅小图拼在一幅图上称为诸分图（图4－4、图4－5）。

（5）拼接图：对于狭长江河、海湾、水道等，为提高幅面的利用率，通常将江河、海湾和水道截成几个部分，拼在一幅图上，称为拼接图，又叫移图。拼接图的比例尺相同。为了使用方便，几个部分相接处都有一定的重叠带，各个部分以甲、乙、丙或A、B、C形式编号。因此各部分又可以独立使用，也可连贯使用，如图4－6所示。

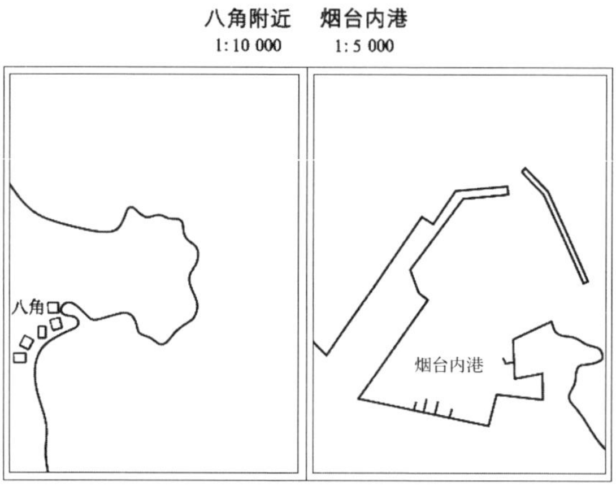

图4－4　拼合图

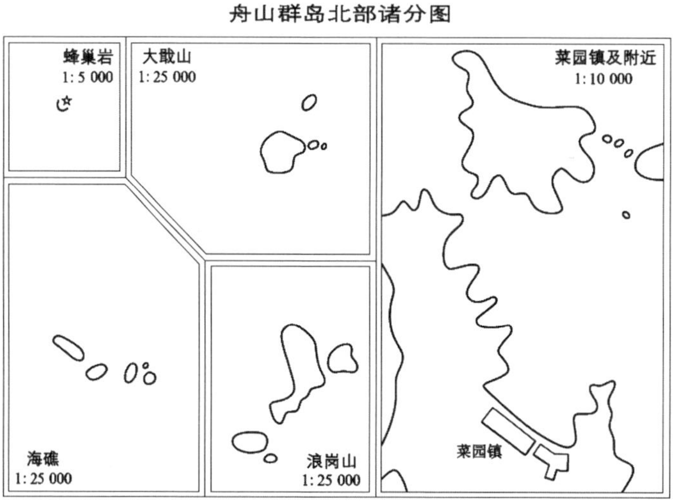

图4－5　诸分图

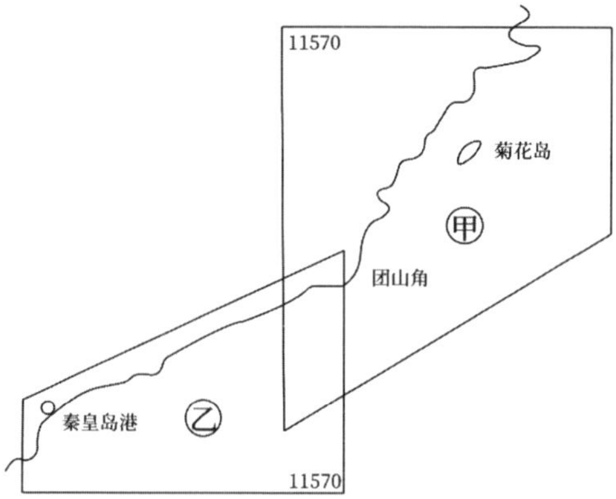

图4－6　拼接图

4.3.2 民用海图编号

对每幅海图按一定的规律顺序统一编号，并注在每幅图的四个图廓角上，这样的编号统称为海图图号。对海图进行编号，不仅是为了给每幅海图一个图号，以区别于其他任何一幅海图，还要通过对海图科学的编号，使之有利于海图的管理、查找和使用。且由海图的编号还可概略地了解某幅图所在的地区和它的比例尺。

1. 对世界海洋分区编号

我国将世界海洋分为9个大区，用阿拉伯数字1~9表示；每个大区视情况又划分为5~9个二级区（亚区），围绕大陆顺时针方向编区号。世界大洋分区如图4-7所示。

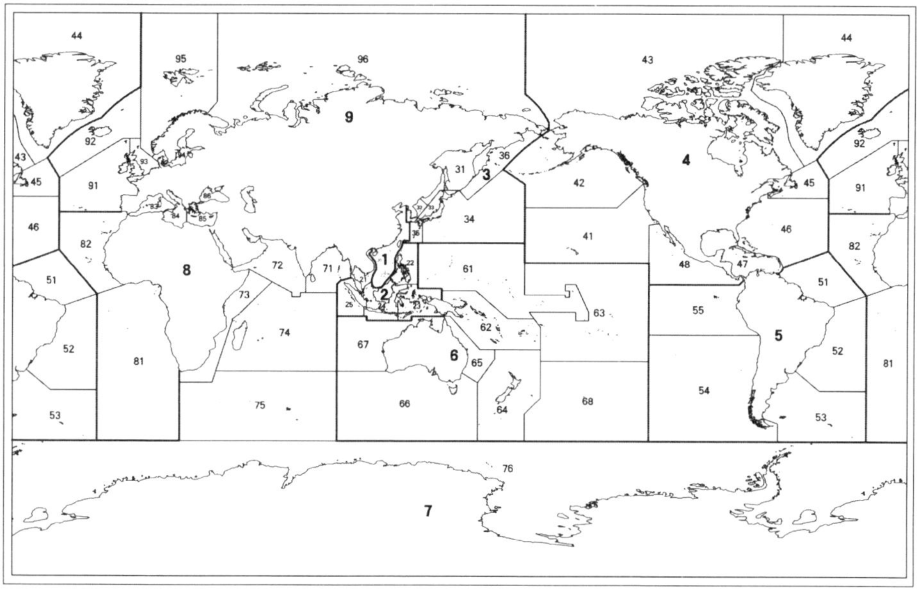

图4-7 世界海洋大区编号示意图

“1”为中国海区，下分8个二级区（图4-8）：1. 渤海及黄海北部；2. 黄海中部及南部；3. 东海北部；4. 东海南部（含台湾海峡及台湾东岸）；5. 南海北部沿岸至琼州海峡西口；6. 海南岛沿岸及北部湾；7. 西沙、中沙群岛海域；8. 南沙群岛海域。

“2”为东南亚海区，下分5个二级区：1. 越南东岸及泰国湾；2. 菲律宾；3. 班达海及阿拉弗拉海附近；4. 爪哇海及望加锡海峡附近；5. 马六甲海峡及苏门答腊南岸。

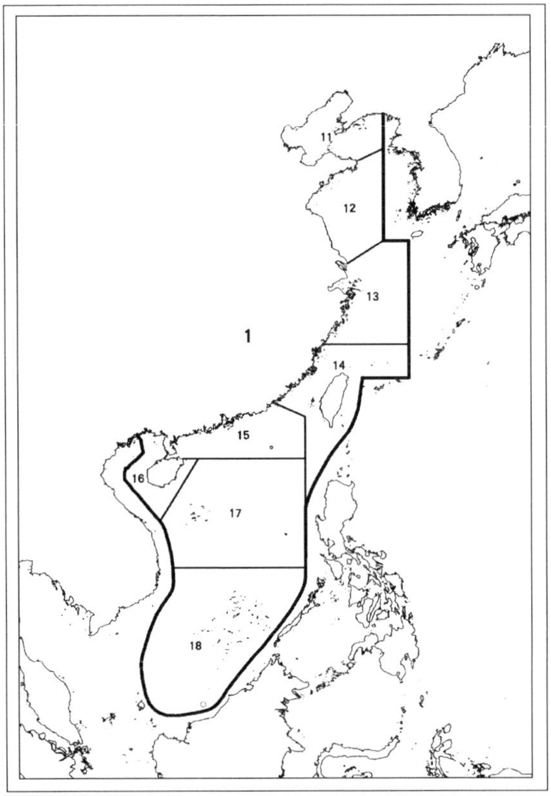

图4－8　中国海区编号示意图

“3”为东北亚海区，下分6个二级区：1. 俄罗斯远东；2. 朝鲜半岛；3. 日本－日本海沿岸；4. 日本－太平洋沿岸；5. 日本－九州南部及琉球群岛；6. 千岛群岛至白令海峡。

“4”为北美洲海区，下分8个二级区：1. 夏威夷群岛和美国太平洋沿岸；2. 加拿大太平洋沿岸、阿拉斯加南岸及阿留申群岛；3. 阿拉斯加北岸和加拿大北冰洋沿岸；4. 格陵兰；5. 大湖区及加拿大大西洋沿岸；6. 美国东海岸；7. 墨西哥湾及加勒比海西海岸；8. 中美洲和墨西哥太平洋沿岸。

“5”为南美洲海区，下分5个二级区：1. 南美洲北部大西洋沿岸；2. 巴西东南沿岸；3. 乌拉圭、阿根廷大西洋沿岸；4. 智利；5. 南美洲北部太平洋沿岸。

“6”为大洋州海区，下分8个二级区：1. 密克罗尼西亚；2. 美拉尼西亚；3. 波利尼西亚；4. 新西兰；5. 澳大利亚东岸；6. 澳大利亚南岸；7. 澳大利亚西、北岸；8. 太平洋南部海域。

“7”为印度洋和南极洲，下分6个二级区：1. 孟加拉湾；2. 阿拉伯海、波斯湾及红海；3. 非洲东岸；4. 印度洋北部岛屿；5. 印度洋南部岛屿；6. 南极洲。

"8"为非洲西岸及地中海，下分6个二级区：1. 非洲西南岸；2. 非洲西北岸；3. 地中海西部；4. 地中海中部；5. 地中海东部；6. 黑海。

"9"为欧洲西部及俄罗斯北部海区，下分6个二级区：1. 欧洲大西洋沿岸；2. 冰岛；3. 英吉利海峡及北海；4. 波罗的海；5. 挪威海；6. 俄罗斯北冰洋沿岸。

2. 普通航海图编号方案

1）世界总图及大洋总图

采用两位数字编号，××，比例尺小于1∶1000万，第一位为大区号，第二位为亚区号。

2）海区总图

采用3位数字编号，×××，比例尺为1∶300万~1∶1000万海区总图，第一位为大区号，第二位为亚区号，第三位为数字0~9。

3）航行图

航行图包括远洋航行图、近海航行图、沿岸航行图三种，采用5位数字进行编号，×××××。

（1）远洋航行图：×0000~×0×××，比例尺1∶100万~1∶300万（不含），第二位数为0。

（2）近海航行图：当比例尺为1∶50万~1∶100万（不含）时，编号为××000~××0××，（第三位为0）；当比例尺为1∶20~1∶50万（不含）时，编号为×××00~×××0×，第四位为0，如12200。

（3）沿岸航行图：当比例尺为1∶10万~1∶20万（不含）时，编号为××××0，第五位是0。

4）港湾图

采用5位数字编码，×××××，比例尺大于1：10万，五位数中都不为0，后三位数字为111~999。如表4-4所列。

表4-4 航海图编号方式

海图种类	图号	比例尺区间
世界总图、大洋总图	××	小于1∶1000万
海区总图	×××	1∶300万~1∶1000万

续表

海图种类	图号	比例尺区间
远洋航行图	×0000~×0×××	1：100万~1：300万（不含）
近海航行图	××000~××0××	1：50万~1：100万（不含）
	×××00~×××0×	1：20万~1：50万（不含）
沿岸航行图	××××0	1：10万~1：20万（不含）
港湾图	×××××	大于1：10万

3. 具体问题处理

1）关于顺号

地理顺号：均围绕大陆或岛屿顺时针方向编排。

比例尺顺号：比例尺大于1：100万的航海图实行比例尺顺号。如：1：75万图11000内的第一幅1：30万图编为11100，11100内的第一幅1：15万图编为11110，11110内的第一幅港湾图编为11111，11111内更大比例尺港湾图编为11112。这样进港航行换图次序为11000、11100、11110、11111、11112。

2）在将来可能要制作新图的地区，应留出足够的空号

由于留空号不足，新编图无号可用时，可用前一幅图的图号加a、b、c等后缀编号，如11032、11032a、11032b等。

3）跨区图的编号

跨我国和邻近海区的图，若包含有我国某一较完整的海域时，不论其所占面积比例如何，均按我国海区编号；跨其他两个大区或二区的图，按图幅所在的较大区域或主要航行区域编号。

4）成套相同（或相近）比例尺航行图中个别超出比例尺规定范围的图幅，纳入成套图系列中进行编号。

4. 专用航海图的编号

专用航海图采用数字加字母前缀，或直接在航海图编号前加字母前缀。

（1）罗兰－A双曲线格网图：LA×××××。

（2）罗兰－C双曲线格网图：LC×××××。

（3）近程导航图：DJ×××××。

（4）救生艇用图：SB×××××。

（5）渔业用图：F×××××。

4.3.3 航海书表编号

航海书表编号按专业分类，有一个大写拉丁字母作前缀，后接三位阿拉伯数字组成。字母代表不同的书表种类，字母后的第一位数字代表各类书表的进一步分类，第二、三位数字代表书表的顺序号。附加说明放在编号后，由括号拉丁字母及阿拉伯数字组成。书表编号分类见表4-5。

表4-5 航海书表编号分类

代码	类别
A	航路指南
B	航海计算用表
C	辅助性航海资料
D	港口资料
E	航海登记表簿
F	无线电导航表
G	航标表
H	海洋水文气象资料
J	海图集和江河图集
K	其他
L	海事公约与规则
M	航海保证专业资料
P	航行指南

4.3.4 海图图名设计

图名即海图的名称，不同种类的海图图名包含的内容也不同。通常用图者要通过图名大致了解海图的地理范围或海图的类型。因此，图名的设计应明确、直观。

1. 航海图图名设计

航海图是根据图幅表示的主要地理区域或航线起讫点定名的。一般以港口、港区、港池、码头、海湾、锚（泊）地、角（头、咀、鼻、岬）、岛屿、礁石、浅滩、海峡、水道、海、洋等地理通名来定名。除特殊情况外，不以居民地名称定名。

1）以地理单元范围名称定名

（1）图幅范围内包括一个完整的地理单元，则以地名或专有名称加地理通名，如“大港区”、“天津新港”等。

（2）图幅范围内包括两个完整的地理单元，以副词“及”连接，如“渤海及黄海”。

（3）图幅范围包括部分地理单元或延伸的地理单元，定名为“ ××× 及附近”或“ ××× 部”，如“青岛港及附近”“太平洋北西部”等。

（4）图幅范围以地理单元附近为主的，定为 ××× 附近，如“台湾海峡附近”。

2）以航线起讫点名称定名

同比例尺（或相近比例尺）成套连续的航海图较多以航线起讫点定名。一般按大陆顺时针方向以“ ××× 至 ××× ”定名，各图幅之间图名有一定连续，如“鸭绿江口至海洋岛”幅，其邻幅为“海洋岛至白翎岛”。

3）同一图名加序号

对同比例尺连续成套图而言，其图名可取某一地理名称加序号区别，如“南三河（二）”。一般在对江河图定名时较多采用。

4）诸分图、拼接图和主附图定名

（1）诸分图包括总图名和各分图名。总图名以各分图幅的地理区域定名并加“诸分图”三字。如“舟山群岛北部诸分图”，每幅分图则根据地理单元或区域范围定名。

（2）拼接图图名根据甲、乙图覆盖区域确定一个图名，甲、乙图不单独定名。

（3）主附图中的附图图名根据其区域范围或地理单元定名。

2. 地理位置说明

航海图图名都加注地理位置说明。主要目的在于进一步指明图名范围或地理单元所在的海区、国家或地区。通常是根据图名范围选择该范围所在的国家、海洋、群岛、半岛、岛屿、江河等地名作为地理位置的说明。由一个地名或一组顺序从大范围到小范围的地名组成。如“舟山群岛北部诸分图”的地理位置说明可由“中国 东海”一组2个地名组成，“大连港及附近”由“中国 黄海 辽东半岛”一组3个地名组成。

4.4 海图符号设计

海图内容通过海图符号表达出来，如果没有符号体系，用图者就难以辨认各种信息，制图信息就无法进行传输。海图符号又称海图语言，作为信息传输工具是一种不可或缺的媒介。海图符号不仅对海图的科学性起重要作用，而且可以增强科学美感，并给读图者以强烈的感染力。因此，海图符号设计是制图可视化的重要基础。

4.4.1 海图符号意义

海图各要素都是通过一定的颜色、点、线、几何图形来表示的，这些点、线、几何图形称为海图符号。海图符号虽然没有写景画那样生动、直观，但它能满足在图上量测距离、面积及角度的要求。同时海图符号还具有以下特点：

（1）它能保证海图内容的位置，具有较高的几何精度，从而提供了海图的可量性，如独立房符号的中心位置代表了实地中心；独立树的直角顶点表示实地树的中心位置。

（2）它可表示出较小的物体，如控制点、水井等，这些小物体，用像片和写景画是难以表达的。

（3）可以表示肉眼看不见的地理现象，如水深、等深线、海底底质、磁力等。

（4）它不仅能表示出物体外形、位置、意义等一般特征，而且还可表示物体的数量、质量等，如海洋的性质、海水的深度等。

（5）海图符号还可以表示制图区域的立体面貌，如等高线、等深线等。

4.4.2 海图符号分类

海图符号是表示海图地理内容的约定关系的基础，可以按照不同的标准进行分类，下面介绍常用的几种分类方法。

1. 按符号表示内容的空间特征分类

按符号表示内容的空间特征，海图符号可分为点状、线状、面状符号三种。

1）点状符号

单个符号，由于制图物体在图上所占面积很小，只能以点的形式而存在。海图上的点状符号很多，如水深、陆地方位物等符号。

2）线状符号

沿线状或带状延伸的符号，称为线状符号，如单线河流，公路，铁路，海岸线等。

3）面状符号

表示范围或区域性的符号，称为面状符号，如干出滩、训练区、居民区、湖泊等。

2. 按照符号的图形特征分类

按照符号的图形特征，海图符号分为正形、侧形和象征符号三种。

1）正形符号

具有与物体平面轮廓相似的符号，如三角点、居民地、道路符号等。

2）侧形符号

具有与物体侧面图相似的符号，如突出树、古塔、烟囱等。

3）象征符号

具有象征性，便于人们联想到实地物体的符号，如飞机场、教堂、灯塔、锚地符号等。

3. 按符号与实地物体的比例关系分类

按符号与实地物体的比例关系，分为依比例尺、半依比例尺和不以比例尺符号。

1）依比例尺符号（轮廓符号）

在实地占有较大面积，按比例缩小后仍能显示其轮廓的符号，如岛屿、湖泊、街区、依比例的干出滩等。这类符号可以同时表示物体的形状、大小、位置及其数量和质量特征。

2）半依比例尺符号（线状符号）

实地上长而狭的物体符号，如河流、街道、道路、海底电缆等。其长度依比例尺表示，而宽度就不依比例尺表示。

3）不依比例尺符号（记号符号）

实地所占面积较小或者虽有一定面积、但比例尺缩得很小时，在图上只能显示一个点的物体符号，如三角点、井、灯塔、不依比例的干出礁等。这些符号只能表示物体的位置和种类，而不能表示物体的形状和大小。

4. 按物体所具有的不同特征分类

按物体所具有的不同特征，分为地物、等值线、分界线、方向线、动态符号等。

1）地物符号

有形可见的制图物体的符号，海图上绝大多数的符号都是地物符号，如独立地物、居民地、助航设备、航行障碍物等。

2）等值线符号

客观存在而肉眼无法看到，但可以借助专门仪器测定出来，这种符号就称为等值线符号，如等高线、等深线、等磁力线等。

3）分界线符号

区分各种界线的符号。有的很明显，肉眼可见；有的不明显，肉眼看不见。如海岸线、境界线、领海基线、区域界线等。

4）方向线符号

表示方向的符号，如导航线、测速线、方位线、光弧线等。

5）动态符号

反映制图物体运动方向与特点的符号，如潮流、海流等。

4.4.3 海图符号定位及方向

1. 海图符号定位

符号定位在海图上有着许多的规定。面状符号是完全按照缩小后的实际图形来定位的。但对于点状符号和线状符号则存在定位的问题。制图中通常把符号与图上所对应位置重合的点或线，称为符号的主点或主线，也就是定位点和定位线，点状和线状符号设计时要考虑符号的主点和主线。

由于海图符号的种类很多，结构形式又各不相同，它们位置点也各不相同。下面仅介绍几种常用符号的位置。

1）独立符号的主点位置

（1）三角形、正方形、圆、五星等正几何图形符号，其主点位置在图形的几何中心。

（2）庙宇、碉堡、宝塔、碑、烟囱、峰丛等底部宽大符号，其主点位置在图形底线中点。

（3）气象站、风车、旗杆、突出树等底部成直角符号，其主点位置在图形直角顶点。

（4）沉船、罐形浮标、锥形浮标、火炬等底部有小圆符号，其主点位置在图形底部小圆中心。

（5）钟楼、亭、牌坊等下部无底线符号，其主点位置在图形下部两端点中心。

（6）塔形建筑物、电视塔清真寺等组合图形符号，其主点位置在下方图形中心，如表 4－6 所列。

表 4－6　点状符号及其主点位置

符号图形类别	符号的图形	主点位置
正几何图形符号		几何中心
底部宽大符号	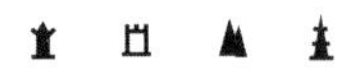	底线中点
底部成直角符号	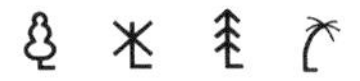	直角顶点
底部有小圆符号		小圆中心
下部无底线符号		下两端点中点
几种图形组合符号		下方图形中心

2）水深注记的主点位置

水深注记的主点位置在整数水深的中心处，如图 4－9 所示。

图 4－9　水深注记的主点位置

值得注意的是，有些符号，只具有说明或指示性质，并不规定主点位置，如锚地、海流、潮流等。在海图上描绘这些要素时，可以适当移动位置，但海流和潮流的方向不能改变。

3）线状符号的主点位置

（1）铁路、公路、堤坝等成轴对称的线状符号，其主线位置位于符号的轴线中心；

（2）城墙、鱼栅等非成轴对称符号，其主线位置位于符号的基线中心；

（3）由石块、混凝土等人工建成的加固岸符号，其主线在符号的粗线中心，如图4－10所示。

符号图形类别	符号图形	主线位置
成轴对称符号		轴线中心
非轴对称符号		基线中心
人工岸符号		粗线中心

图4－10　线状符号的主线位置

2. 海图符号方向

海图上的海图符号方向不一致，有的朝向任意方向，而有的则为南北方向。符号在海图上的方向有两种，一是物体的真方向或实际方向，另一种是垂直南北图廓方向。这主要根据符号的图形和人们的视觉习惯来定，一般来说，不依比例尺符号总是按垂直于南北图廓的方向描绘。

据统计，海图上按真方向描绘的符号主要有：①用平面图形表示的符号，如独立房屋、城墙、盐田、桥梁、闸、坝、船坞等；②与地貌或流水有关的符号，如山洞、采掘场、泉水、海流和潮流等，如图4－11所示。

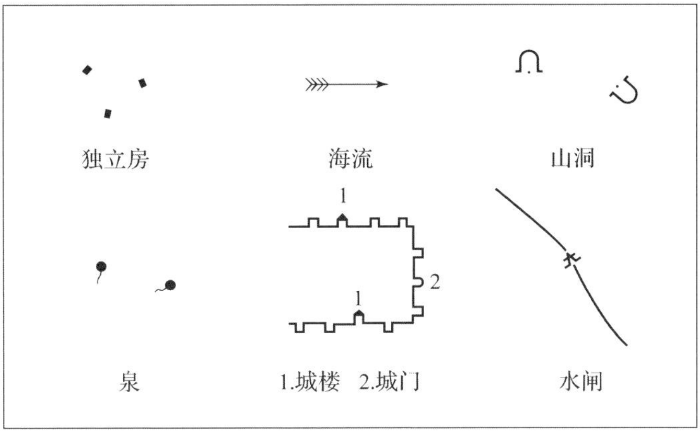

图4－11　按真方向描绘的符号

图4－11中，独立房屋、山洞等根据真实方向排列；泉水符号的尖部指向泉水的流向；城墙符号中的城楼和城门符号按实际方向描绘，符号顶部朝向城

外，不得倒置；海流符号的箭头指向海水水平流动的方向；水闸符号的尖端指向上游。

除按真方向描绘的符号外，海图上其他所有的符号都是南北方向。

4.4.4 海图符号颜色

色彩运用到海图上以后，不仅增加了海图图面的美观，而且大大提高了海图的表现能力。但并非色彩越多越好。色彩过多，不仅提高了海图的制印成本，而且延长了海图作业的时间，甚至还会降低海图的表现能力。目前世界各国的海图，一般用色多为 3 ~ 4 色。我国海图一般为 4 色印刷。具体用色时，我国民用海图多采用黑、蓝、紫、黄四色印刷。

4.4.5 中国海图图式

《中国海图图式》是海图上符号的汇集和说明。它是测制和出版海图的法规依据之一，又是识图、用图不可缺少的工具，一般由测绘主管部门立法颁布实行。

目前世界各国《海图图式》不尽统一，无论是形式内容，还是符号特点都相差较大，给识图、用图带来很大不便。我国出版的《中国海图图式》，从内容结构安排到符号的式样、字体的形式、符号的颜色等，均有我国自己的特点和风格。陆部要素考虑到与我国出版的地形图取得一致，其符号式样基本上和地形图符号相同。

中华人民共和国成立后，《中国海图图式》已出版了 8 种版本。即 1954 年版、1960 年版、1972 年版、1975 年版、1982 年版、1990 年版、1998 年版和 2022 年版《中国海图图式》。这对加强海图制图的规范化、标准化，促进海图制图事业的发展，起到了重要的作用。目前采用 GB12319—2022《中国海图图式》。

4.5 整饰、注记设计及其他

4.5.1 海图整饰

整饰指的是除了海、陆各要素以外的其他要素的描绘，主要内容有图廓、方位圈、接图表以及图廓间和图廓外的各种注记等。

整饰不仅是为了美观，更主要的是为了海图使用的方便。这里就图廓、方位圈和接图表的整饰做简要叙述。

1. 图廓和经纬线

（1）图廓分为内图廓和外图廓。内图廓是海图重要的数学要素之一，图上经纬度的细分就是在其上进行的。外图廓，除了公里尺和对数尺以外，主要用以装饰海图。外图廓的东、西两边是由公里尺组成的，这是供在图上直接量取实地距离用的。外图廓的左上和右下边有对数尺，这是便于航行时计算航程、航时和航速用的。

（2）经纬线是海图的骨架，是在海图上进行量算的依据。

2. 方位圈

主要是供航行时，供图上推算方位距离和平时对海图进行改正等。

3. 图幅索引图

主要是供了解本图与邻图的位置关系，便于对邻图的查阅和使用。

4.5.2 海图注记

1. 注记字体及字级

海图上不同性质的内容是用不同字体来表示的，常用的字体有：等线体、中等线体、细等线体、宋体、细宋体及它们的各种变形字体。例如岛屿名称用细宋体，港湾水道名称用右斜宋体，碍航物注记用中等线体，镇及镇以下名称用细宋体，村庄名称用细等线体，山名用长中等线体，高程数字用正等线体等。

根据各种要素的大小及其重要性的不同，相应地采用不同大小的注记来表示。按字的大小分为若干级，即字级，字级由小到大分为7、8、9、10、11、12、13、14、15、16、18、20、24、28、32、38、44、50、56和62等20个字级。

2. 注记字列、字向和字隔

1）字列

注记的排列形式称为字列。海图上注记的字列分以下五种：

（1）水平字列——由左至右排列，各字中心连线垂直于南北图廓；

（2）垂直字列——由上至下排列，各字中心连线垂直于南北图廓；

（3）雁行字列——各字的中心连线成一斜线，被注要素与南北图廓的方向大于45°时，注记由上至下排列，等于或小于45°时，则从左至右排列；

（4）屈曲字列——注记的排列随着物体的弯曲而弯曲，各字的中心连线平行于被注要素的方向线，当物体的总方向与南北图廓的方向大于45°时，各字自上而下排列，等于或小于45°时，则自左至右排列；但光弧、流速、导航线度数等注记，均自左至右排列；

（5）弧形字列——也称六方位字列，是注记海部一些要素常用的字列；一般以约±40°角弧出为最好，最大弧度不能超过±80°，各字均自左至右排列；注记时应严格按照规定进行，即注记在被注要素的第一、二象限时，则字列向上左右两方弧出，在第三、四象限时，则向下左右两方弧出。

以上五种字列如图4－12所示。在应用时，要具体分析、灵活机动，一般情况下应尽量采用水平字列。

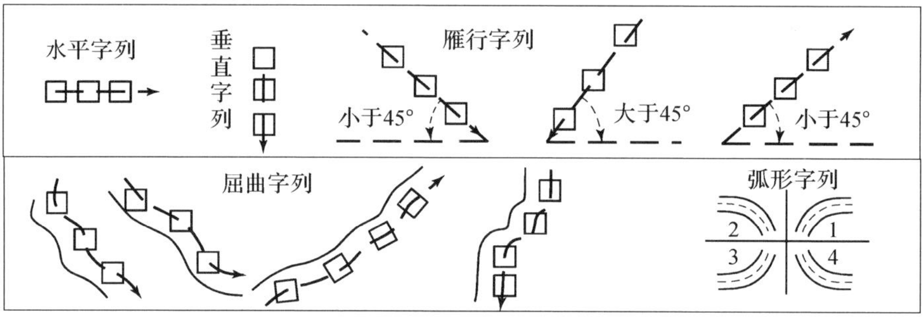

图4－12　海图注记的字列

2）字向

注记的字头所朝的方向称为字向。注记的横划平行于南北图廓，或竖划平行于左右图廓称正字向；否则称斜字向。任何注记的字头都不得朝向南图廓；所有水平字列、垂直字列和雁行字列的字均为正字向；屈曲字列的字向最好用正字向，也可以垂直或平行于被注记物体的方向线，而弧形字列的字向则垂直于该注记的弧形线。当被注记的要素正好为南北走向时，应尽量采用垂直字列，若不能用垂直字列时，则采用屈曲字列，字头朝西。

3）字隔

一组注记中，各个字之间的间隔称为字隔。字隔的大小是根据某注记所指的要素的面积及长度来确定的。一般分为以下四种：

（1）接近字隔——各字间的间隔在0.5mm以内。

（2）普通字隔——各字间的间隔为1.0～3.0mm。

(3) 隔离字隔——各字间的间隔为字大的1~4倍。

(4) 特殊字隔——按照具体情况决定，各字的间隔为字大的5倍以上。

无论采用什么字隔，在同一注记中，各字的间隔均应相等。

4.5.3 注记位置选择

1. 指示明确，清晰易读

注记所显示的要素要清楚明确。一目了然，不能使读者产生误解或判读不清。注记不仅要指示出所注要素的位置，还要反映出它的范围（面积）、长短、宽窄、方向，同时要注意当字体相同、字级相近和字隔接近时，应避免字列之间的混淆。

2. 尽量少压盖各要素

由于图上要素较密集，在指示明确的前提下，注记应尽量选择在空旷的地方，不要或尽量少压盖地物，特别不要压盖海部的碍航物、助航设备及陆部的独立地物、地物的交叉点和拐弯点等。

3. 配置要美观

在指示明确、清晰易读和少压盖要素的前提下，还应要求配置美观。同时，一个要素上的几个注记或相邻的几个同性质的注记，在可能的情况下应采用同一字列、字向和弧度，以保持其对称性及弧度的一致性。

4. 第二名称（或称副名）的注记

一般用小1~2级的相同字体，加括号注在正名的下方或左、右方。

4.5.4 海部各要素注记方法

1. 群岛（诸岛）或列岛名称注记

群岛或列岛按形状分为链状和散列状两类，如图4-13所示。

链状——岛屿大部分成长条形排列。注记时，应视其范围和列向，用雁行或屈曲字列注于其相平行的一侧；面积小时，可用水平或弧形字列以接近字隔，注于左右方附近。

散列状——岛屿成分散排列。注记时，面积较大的用水平或雁行字列注于其范围内；面积较小时，要用水平或弧形字列注于其主岛位置的左右方附近。

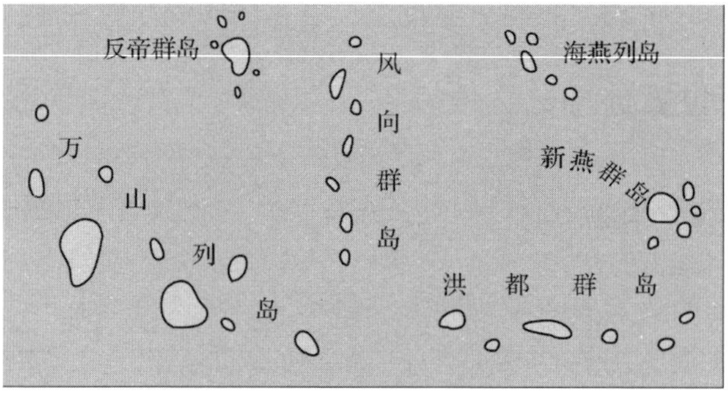

图 4-13 群岛、列岛名称的注记

2. 半岛及岬、角、嘴名称注记

一般采用雁行、水平、弧形等字列，注于半岛的中央或一侧，以及岬、角、咀的附近，如图 4-14 所示。

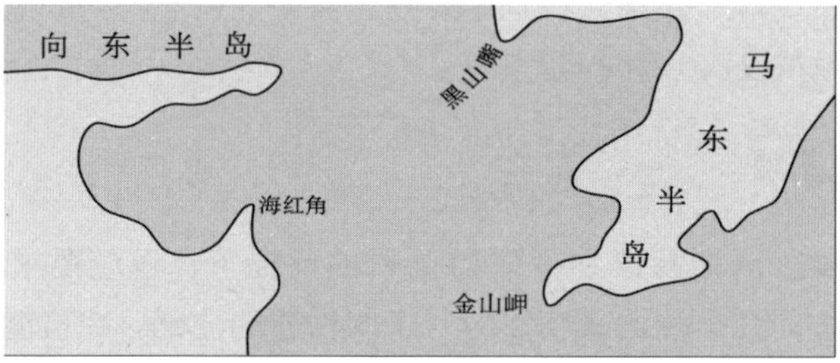

图 4-14 半岛及岬、角、嘴名称的注记

3. 岛屿、礁石、浅滩名称注记

一般采用水平、雁行、垂直、屈曲和弧形字列，注于岛屿、礁石和浅滩的附近或它们的范围内，如图 4-15 所示。

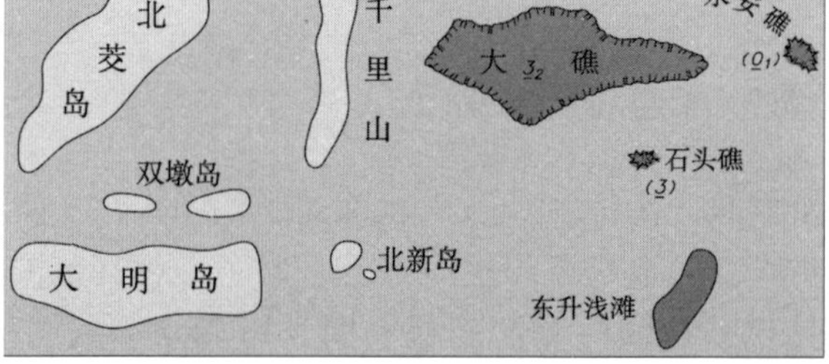

图 4-15 岛屿、礁石、浅滩名称的注记

4. 海部高程注记

当岛、礁、岩及岬、角、咀等的高程因图上面积小而不能注在陆部时，应将其最高点的高程加括号注于其附近的海部。如岛屿有名称，则高程注于名称的下方或左右方，字列和名称一致或对称；不注名称，只注高程时，一般都注在该岛的左右方或附近；如果一个岛上有两个以上高程时，则不可注在名称的下方或左右方，而应采用水平或弧形字列，注在该高程点的附近海部，如图4－16所示。

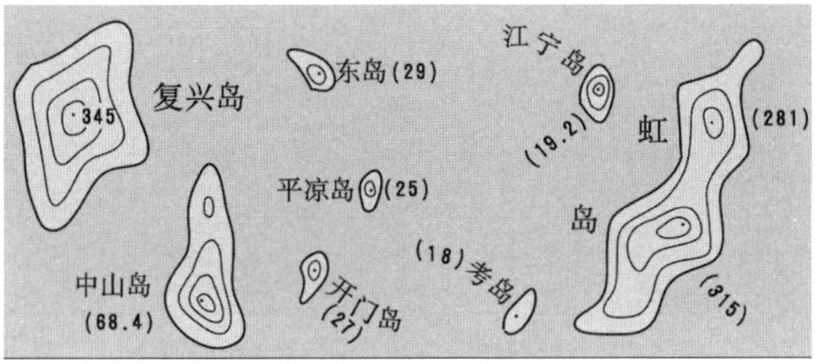

图4－16　海部高程的注记

5. 碍航物注记

碍航物的名称、年份、概位、干出高度等一般用水平或弧形字列，注在其左右或附近，如一个要素同时有几个注记时，应注意其对称性，如图4－17所示。

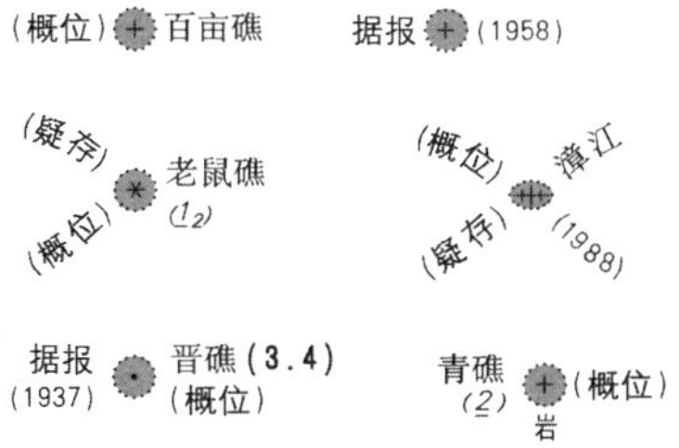

图4－17　障碍物的注记

6. 洋、海名称注记

洋、海名称一般均用水平、垂直或雁行字列注在其范围内，注意注记的配置要适中。

7. 水道、海峡和河口名称注记

当它们较大时，按形状的不同，分别采用雁行或屈曲字列，注于它们范围的适中，当它们较小不能注于中央时，可采用弧形或雁行字列，注于它们的进出口处，如图4－18所示。

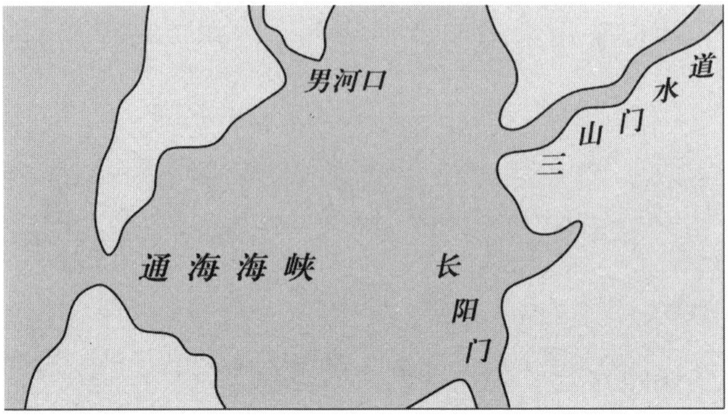

图4－18　水道、海峡、河口名称的注记

8. 港湾名称注记

一般采用水平、屈曲或雁行字列，按港湾的形状，全部或部分注于范围内。当港湾纵深时，应注于港池附近。当图上面积较小时，字列应与港湾形状一致，注于其进出口的附近。当某些港湾有总名、港池，又有名称时，则港名应注于整个港界范围内，港池用小于港名的字注于其内或附近，如图4－19所示。

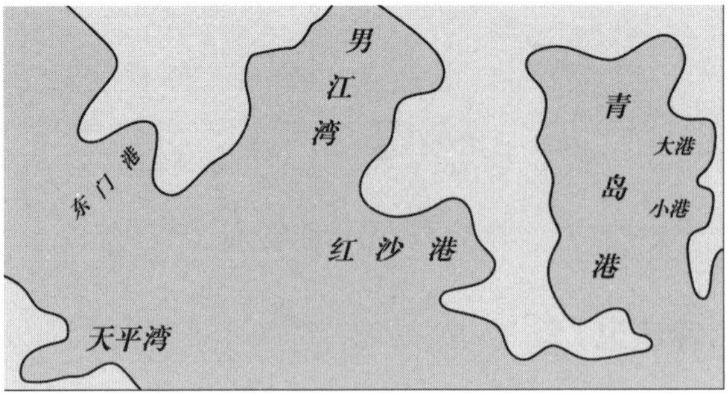

图4－19　港湾名称的注记

9. 导航线、测速线和叠标线注记

一般用屈曲字列注在导航线上。当度、分数为单位数时，在前面加“0”，如5°应注成005°，5′应注成05′。测速线注两个方位，进港或视导标的方位注在前面，出港或视海的方位注在后面；导航线、叠标线只注一个方位，即进港或视导标的方位。

10. 码头名称及编号注记

名称一般用水平、屈曲等字列，最好注在码头的陆上，也可注在海上；当码头的面积较小，可用水平或弧形字列注于其附近。编号用阿拉伯数字表示，用水平或屈曲字列，注在码头附近的海部，也可注在陆上。

11. 区域界线注记

一般用水平、屈曲、垂直等字列，注在区域的中间，或界线的一侧，如图4－20所示。

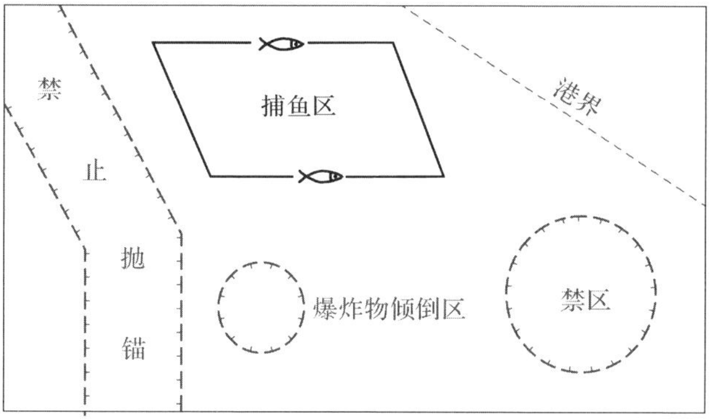

图4－20　区域界线的注记

12. 助航设备注记

灯塔、灯桩的名称及灯质的注记，一般用水平或弧形字列注在其左、右或附近；灯浮标的注记，一般也用水平、弧形字列，其名称或编号注在标身的左、右方，也可以注在标身的附近，浮标的颜色注在标身的下方，浮标的灯质注在发光标志的左方或右方，如图4－21所示。

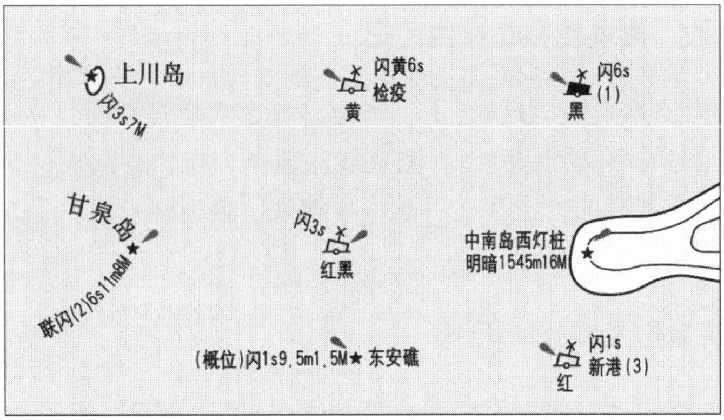

图 4－21　助航设备的注记

13. 底质注记

一般都用水平字列，以接近字隔注在其位置上；当其位置上有水深或礁石时，则注在该水深或礁石的正下方。

4.5.5　陆部要素的注记方法

1. 山峰名称及高程注记

一般采用水平字列、接近字隔。山峰名称通常注在点位的正右方，高程注在其正左方；也可以把山峰名称注在左方，高程注在右方，还可以把两者都注在点位的左方或右方。当只注高程时，一般注在点位的右边，也可以注在左边；沿海处的高程，最好注在点位的背海一侧。

2. 山脉名称注记

沿山脉的山脊走向，用雁行或屈曲字列、隔离字隔注于山脊线的中央。注前，按字数、山脉形状在图上确定字隔，当山脉较长时，可每隔 15～20cm 重复注出。

3. 等高线注记

在不易判读某区域的地貌高程时，在等高线上用相应的高程数字注于其干缓处，字头朝向山顶或山坡高处，且字头偏北，不能倒置（当山顶在南图廓外边时，字头允许不指向山顶），字向应垂直于等高线，分布力求均匀。

4. 居民地名称注记

一般用水平字列、接近字隔注于居民地的右左或上下，必要时可注在其附近；还可用垂直字列注于紧靠居民地的右左方。

城市式大居民地，按其面积、结构，采用水平、雁行或垂直字列，普通或隔离字隔，注于市内或市区附近。

散列式居民地，可用水平、雁行或垂直字列，普通或隔离字隔，注于其适中位置。

在狭长半岛、岛屿或沿岸的特殊情况下，允许部分居民地的名称注于海部。

5. 水系名称注记

江、河、渠的注记用雁行或屈曲字列，注于江、河内或江、河岸线的一侧，长的江、河可隔 10~15cm 重复注出。湖泊、池塘、水库根据它们的形状、大小，可采用水平、雁行、垂直字列注在中间或附近。在注记江、河名称时，首先注记主流，切勿将支流当作主流。主流的字应大于支流，当江、河弯曲大时，应注意选择利于判读的位置，如图 4-22 所示。

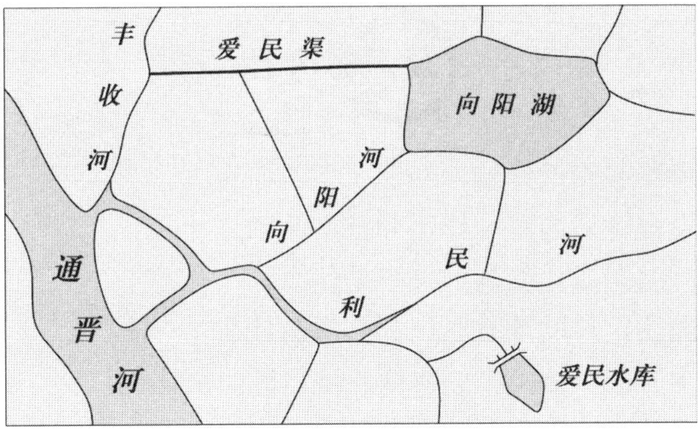

图 4-22　水系名称的注记

6. 铁路、公路注记

铁路名称采用屈曲字列、隔离或特殊字隔，注于一侧，过长者可重复注记，公路指向可按其形状分别采用屈曲或垂直字列，接近字隔，注在和图廓边相接的道路一侧。

7. 行政区划名称注记

在一幅图上包括两个以上国家时，必须分别注出国家名称，一般采用水平、垂直或雁行字列，注于国界范围内的适中位置。在小比例尺图上，国名不能注在大陆时，可注在紧靠该国大陆的海部，只有全是岛屿组成的国家，才允许将其名称分别注于陆部和海部。

8. 地物符号注记

一般用水平字列，接近字隔，注于其符号的左右方或附近。

4.5.6 整饰注记

一般都用水平字列、以各种字隔、按整饰式样的要求注出。

以上是选择注记位置的一般规定，但由于图上内容很多，各地区、各图幅的情况又不相同，因此，除整饰注记外，注记时不要生搬硬套这些规定，而要按具体情况，灵活运用，以达到准确、美观、清晰和易读的目的。

复习思考题

1. 什么是海图编辑设计？
2. 海图编辑设计的内容、作用和基本原则是什么？
3. 比例尺对海图设计的制约关系是什么？
4. 确定海图比例尺的基本原则和方法是什么？
5. 如何利用制图区域范围的纵横长度估算海图比例尺？
6. 在海图设计中，确定海图控制基础工作的内容、原则是什么？
7. 简述投影选择的一般原则。为什么说墨卡托投影海图是航海图投影的认定选择？
8. 图幅设计的一般原则和方法是什么？
9. 如何设计附图、拼接图和诸分图？
10. 航海图分幅设计的原则和方法是什么？
11. 我国现行航海图是如何分区编号的？
12. 各种海图图名、标题是如何设计的？

13. 海图符号的分类有哪些?

14. 海图符号的三个基本特征有哪些?

15. 说出独立地物符号和水深点的主点位置。

16. 说明海图上的注记的类型和主要功能。

17. 海图注记常采用哪几种字隔、字列、字体和字色?

18. 说明阿拉伯数字、罗马数字、汉语拼音及英文在海图注记中的应用。

19. 海图注记有哪些基本配置原则?并说明群岛或列岛名称的注记配置方法。

20. 说明障碍物、助航设备、群岛、礁石、浅滩、海部高程、水系等名称的注记配置方法。

第5章
海图制图综合

海图制图综合是海图编制中的一项重要工作。本章主要介绍海图制图综合概念、制约因素、原则和方法以及海部要素和陆部要素制图综合等内容。

5.1 海图制图综合概念

海（地）图可以看作经过缩小、化简了的地面模型，那么海（地）图与地面之间不可避免会存在差别。任何一幅海（地）图，要想包罗万象地把地面上的一切都如实地“复现”出来是不可能的，除非制作与地球等大的海（地）图。事实上，任何制图区域都是由自然和人文要素（现象）构成的复杂综合体，而海图只能或相对平衡地表示构成地理环境综合体的水系、陆地地貌、居民地、道路、海底地貌、助航设备、海洋水文、境界等主要要素（普通海图），或者表示构成地理环境综合的个别要素（专题海图）。地面的物体和现象多种多样，千差万别，而海（地）图上所表示的物体和现象是经过抽象归纳、分类分级并符号化了的；地面物体的数量很多，而海（地）图上表示的只是其中一部分，是经过有重点、有目的选择表示的；地面物体的形状是详细复杂的，而表示到海图上则是经过化简的……可见，用制图综合方法解决缩小、化简了的海（地）图模型与实地复杂的现实之间的矛盾，主要表现在两个方面：一是分类分级并符号化；二是对制图物体进行选取和化简。

5.1.1 地物的分类、分级和符号化

实际上，这就是运用制图综合方法的一种表现。为了制作海（地）图，必须对实地多种多样、互有差异的物体和现象加以分析，找到它们的共性，抽象成概念，进行分类分级，引用符号并建立符号系统。分类，是以“类”的综合的质量概念代替各个物体的具体的质量概念；分级，是以“级”的概括的数量特征代替各个物体的具体的数量特征。将制图物体和现象分类分级并引用符号，才能制作海（地）图。这时，海（地）图符号实现两个基本的功能：

其一，单个符号指示地物的位置、种类和特征（质量和数量），不仅能根据需要显示那些形体虽小但却很重要的物体，而且还可以表示那些肉眼观察不到的自然和社会经济现象；其二，符号的总和（系统）能表达地物的空间组合和相互关系的区域地理概念，即给出单个符号所不能给出的信息。

5.1.2 制图综合

海（地）图的容量总是有限的，所以即使是使用符号系统，也不可能将地面的全部物体和现象都表示在缩小的海（地）图上，必须要对其进行选择，并对已被选取的物体的形状予以化简。所以，经缩小、化简了的海（地）图模型与实地复杂的现实之间的矛盾，不仅表现在将地面转换为海（地）图，而且还表现在将较大比例尺海（地）图转换为较小比例尺海（地）图。很明显，欲将1：5万或1：10万比例尺海（地）图上的内容全部地、不加任何化简和概括地表示到1：25万或1：50万、1：100万比例尺海（地）图图上，是不可能的。这就说明，利用较大比例尺海（地）图编绘较小比例尺地图时，也必须对海（地）图内容进行制图综合，即从资料海（地）图上选取一部分与海（地）图用途有关的内容，以概括的分类分级代替资料海（地）图上详细的分类分级，并化简被选取的物体的图形。所以，制图综合的任务与作用，就是实现资料海（地）图内容到新编海（地）图内容之间的转换。在编绘作业中就是要实现海（地）图内容的详细性与清晰性的对立统一以及几何精确性与地理适应性的对立统一。至此，我们对制图综合的概念有了一个较为直观的认识。

由此，可以给出制图综合的定义：制图综合是在海（地）图用途、比例尺和制图区域地理特点等条件下，通过对海（地）图内容的选取、化简、概括和关系协调，建立能反映区域地理规律和特点的新的海（地）图模型的一种制图方法。这个定义，充分反映了“制图综合”这一概念的内涵和外延。揭示了反映于概念之中的对象的本质属性和总和（制图综合的产生、作用、方法、原则和条件等），适合于这一概念的一切对象，即概念所指的一切事物。

5.2 海图制图综合制约因素

制图综合是一个科学的复杂的过程。在制作各种不同类型、不同比例尺和不同用途的海图时，制图综合本身将表现为不同的程度、方向和特点等。也就是说，制图综合各种方法的实施，是受到一些客观因素制约的，而不是随意的和无限制的。制图综合的制约因素主要包括：海图的主题和用途、比例尺、海图内容的图解限制、制图区域地理特点和制图资料等。

5.2.1 海图主题与用途

海图主题与用途决定了制图综合的目的性。它是编制海图时制图综合的出发点和归宿，是制图综合时所要考虑的首要因素，它对制图综合的影响是多方面的。

1. 海图主题和用途确定了制图综合的方向

海图的用途不同，它所表现的主题方向显然就不同。如普通航海图以为航海提供服务为目的，所以它着重表示海底地貌要素和助航标志等。海底底质图的主题是海底底质，它主要表示底质的种类及其分布范围，而对海底地貌要素的表示就很概略，对助航标志甚至不予表示。

2. 海图主题和用途决定着制图综合的程度

在不同类型的海图上，即使都表示了同一类要素，但其表示的详细程度也可能是相差很大的。例如，在外轮用航海图上，由于外轮被限定在特定的航线上航行，并且出于保密的要求，通常只表示航线上及其附近的海部要素，其他区域则大量简化；对陆部要素的要求更低，例如地貌可以用山形线取代等高线来表示。再如，在海区形势图上，为了综合反映海区及与其毗邻陆地的地理要素的分布，相对于航海图来说，海部要素的表示就概略得多，而陆部要素则详细一些。

海图主题和用途还决定着海图要素的表示方法。形势图上一般以立体方法表示地貌形态，地形图上则以等高线表示地貌等。这种表示方法的变化也影响着制图综合的各个方面。

总之，海图主题与用途是编制海图时所有制图综合工作的出发点。海图的内容、种类和所要表示的具体对象都由海图的主题和用途决定。海图的内容完备性和清晰易读性的要求也受着海图主题和用途的制约。因此，制图人员在开始编图作业之前首先应明确海图的主题和用途，以及海图的使用方式和使用对象。否则，制图综合过程中的许多决策都将毫无根据，失去其科学意义和实用价值。

5.2.2 海图比例尺

海图比例尺是影响制图综合的又一重要因素。海图比例尺对制图综合的制约作用主要体现在两个方面。首先，海图比例尺标志着实地面积转换到图上面积的缩小程度，因此直接决定着海图内容表示的详细程度。其次，海图比例尺在一定程度上体现着海图的用途，从而影响着对制图要素重要程度的评价。

显然，海图比例尺的存在要求对制图要素实施比例综合。为了解决由于比例尺缩小而产生的图面物体密集、图形复杂混乱等问题，就必须对制图要素实施符合比例尺和有效传输要求的选取、化简和概括，以减少物体数量、概括要素种类、化简物体符号图形，保持图面清晰易读，增强制图信息传输的有效性。

海图比例尺一定程度上影响着海图用途，从而左右着对制图要素重要程度的评价，制约着制图综合的方向。大比例尺海图表示了较小的制图区域，并且一般要作为系列比例尺海图的基本编图资料，各类要素一般均可依比例表示出来。因此各类制图要素在大比例尺海图上具有基本相当的重要程度，不需要或很少需要实施制图综合。然而在中小比例尺海图上，情况却不尽然。小比例尺海图的用途已发生了明显的变化，并且制图区域相对很大，原先在小范围内重要的要素，在大范围内就可能是次要的。因而在小比例尺海图上，各类要素之间的重要程度相差很大，原来在大比例尺海图上是重要的制图要素，在小比例尺海图上就可能是次要或无用的。例如，在大比例尺港湾图上，各类立标、浮标和测速标等都是很重要的，应该详细而准确地表示；而在中小比例尺海图上，港湾内的立标、浮标等则完全是次要或无用的而应舍去。

此外，随着海图比例尺的缩小，海图内容的几何精确性与地理适应性之间的矛盾逐渐明显，更需要正确处理制图物体的相互关系。

5.2.3 制图区域地理特点

制图综合的基本目的是在海图上尽可能真实地表示制图区域的一般现象和典型特征。制图区域的地理特点是客观存在的，它对制图综合的影响不仅表现在制图要素重要程度的评价上，而且也表现在对制图综合的原则和方法的影响上。

同一种要素往往在某一区域内是典型的、重要的，而在另一区域内便成为一般的、次要的了，这样制图区域特点便影响到制图要素本身的选取。例如，一条小河或一口水井，在水系发达的长江流域是非常一般的物体，图上可以不予表示。而在山区或小岛上，这样的小河或水井就成为重要的地理要素，图上必须选取。再如，在同一幅海图上，海底地貌复杂的地区，为了能反映出海底的起伏特征，水深点就必须选得密些；而在海底平坦的地区，较为稀少的水深点就可以反映出海底地形，保证船舶的航行安全。

制图区域的地理特点还影响着制图综合的原则和方法。例如综合岛屿时，一般只能选取或舍去小岛，而不允许将其合并；但在三角洲海岸处，由于岛屿是冲积而成的，并呈扩大趋势，因而从这个特点出发，规定冲积三角洲海岸的岛屿一般是可以合并的。

海图的用途、比例尺和制图区域的地理特点是海图最主要的标志，它们是影响制图综合的最重要的因素，在编制海图过程中，它们是同时存在、互相制约、互为条件的。例如，海图用途随比例尺的不同而变化；反过来，不同用途的海图，也应该选择不同的比例尺；对制图要素重要程度的评价，除了与制图区域地理特点有关外，还要考虑到比例尺和用途。这三个因素对制图综合的影响可以归纳为：海图用途——规定了表示制图要素的必要性，即“有用”或“无用”，“重要”或“次要”；海图比例尺——限制了表示制图要素的可能性，即表示要素的数量多少和概括与化简的程度；制图区域地理特点——要求海图表示出制图要素的客观真实性和典型性，即反映出各类制图要素的分布规律和景观特点。可见，上述三者对制图综合的影响各有侧重，但又是相互联系的。因此，在实施制图综合时，不能孤立地、片面地只注意到某一因素，而应该全面地、综合地考虑三个方面的影响。

5.2.4 海图内容图解限制

除上述三种因素之外，海图内容的图解限制也是一种影响制图综合的制约因素。它主要包括两个方面：海图符号最小尺寸限制和海图极限负载量的限制。

1. 海图符号最小尺寸限制

一切海图要素都是由符号（图形和文字）构成的。在一定条件下，符号线划越精细，尺寸越小，海图内容就可表示得越详细和越精确。然而，符号的尺寸是有图解限制的，这种限制主要是物理限制以及生理和心理限制。

物理限制是指海图制图中使用的设备、材料和制图人员本身的技艺。例如，用绘图法得到的线划最细可达 0.06 ~ 0.08mm，用刻图法可得到 0.03 ~ 0.04mm 的线划，通常的复制技术可印出 0.08mm 的线条。这只是指单一的线条，若是复杂图形，则符号的精细程度还受到制图人员技术水平的限制。用计算机辅助制图时，符号的精确性和一致性，可达千分之几毫米，远远超过手工绘图所能达到的精度。

生理和心理限制则是指用图者对于图形要素的感受的反应以及对符号的感受调节能力，它是随用图者感受的不同而改变的。例如，在白纸上人的正常视力能分辨出的最小符号包括：0.02～0.03mm 的孤立黑色线划，间隔 0.15～0.18mm 的平行线划，直径为 0.3～0.4mm 的圆，面积为 0.5～0.8mm^2 的实线轮廓等。视觉感受还受符号的形状、色相、亮度、密度、方向、位置、底色等因素的影响。再如，矩形符号的长度增大会增加可见性，而使其视觉宽度显著缩小；两个面积相差 1 倍的圆，看上去其差异却明显不足 1 倍等。

海图的使用方式对符号的最小尺寸也有明显的限制。例如，航海图是供船舶航行使用的，由于船舶摇摆不定，增大了读图的困难，因而图上符号要相应地比陆地图符号大些；对于挂图，由于读者相距较远，也要求符号更为粗大明显。目前海图制图生产中，通常规定单线划的粗度为 0.1mm，两条实线之间的距离为 0.2mm，实线轮廓的直径为 0.5mm 等。

2. 海图极限负载量限制

海图负载量也称为海图容量或海图载负量，它是衡量海图内容多少的数量标准，通常用单位面积内物体图形和注记的数值（面积或个数）来计量。显然，在图式符号和注记大小一定的情况下，负载量愈大，海图上所能表示的物体就愈多，海图内容就愈丰富和详细。然而，海图清晰易读性的要求，一方面限制了海图符号的最小尺寸，另一方面又限制了海图负载量的无限增大。对每一种海图，都存在着一个极限负载量来控制海图内容要素的多少，以保证海图应有的清晰易读性。

所谓极限负载量，指的是在制图物体分布最密集的区域海图上所能表示的制图物体的最大负载量。超过这个限度，海图的清晰易读性就会受到破坏，使得读图困难。显然，极限负载量与符号的精细程度、色彩的搭配及地图复制水平有很大关系，并随着海图主题与用图方式的不同而变化。根据统计量测的结果，地形图的极限负载量（按居民地、道路和水系三要素统计）约为 40mm^2/cm^2，航海图海部的极限负载量（按水深注记、等深线、障碍物、航标和文字注记统计）约为 20mm^2/cm^2。

5.2.5 制图资料

在编制海图时，所采用的编图资料的质量将对制图综合有直接的影响。由于编制海图所采用的资料不像编制地形图那样简单而有规律，通常资料比例尺不统一、新旧程度不一致、版别不一样等，在一定程度上影响到制图综合的方法和程度。例如，编制航海图时，陆部一般以地形图作基本资料，海部则以海图或海测图板作基本资料，这样就产生了海陆资料的拼接问题，需要确定何处采用地形图资料，何处采用海图资料。再如，编制 1：20 万海图时，通常以 1：10 万的海图作资料，但也可能使用 1：5 万新测资料或 1：50 万的海图资料。对 1：5 万资料就需要进行很大程度的取舍和概括；而对 1：50 万的资料，由于系放大编绘，将资料上的全部要素都转绘到新编图上，亦不能达到密度指标，取舍和概括更无从谈起。此外，以人口数表示居民地时，缺少人口资料就将影响到人口数分级。采用英制单位的外版资料时，需将其转换为国际单位制单位表示等。

由此可见，制图综合的制约因素是客观存在的，而这些因素又必须由制图者统一协调。制图综合是一个由主观思维和客观的科学抽象相互转化和统一的过程，在这一过程中，制图者处于主导地位，制图者对客观世界的认识角度和程度是影响制图综合的根本因素。

5.3 制图综合原则和方法

5.3.1 制图综合原则

制图综合是将制图区域缩小并简化地表示在图上的过程。但是，这种简化并不是简单的、随意的或机械的，而是科学的和富于创造性的，因此要遵循一定的原则和要求。这些原则体现在海图编辑设计和编绘的每个环节之中，有着重要而具体的意义。制图综合的总原则是：制图综合的一切方法、规则和指标等，都应以满足海图主题和用途要求为出发点和归宿。

1. 海图内容详细性与清晰易读性相统一

海图内容详细性是相对于海图主题和用途而言的，它有两方面的含义：其一是要素种类完备，即保证对海图主题和用途而言必要的要素种类都表示在图上；其二是指在海图要素一定的前提下，保证各类要素在分类分级上是详细的，物体选取的数量是足够的，图形符号的形状和位置是真实的。

海图清晰易读性是相对于海图使用者而言的，即保证海图具有良好的视觉感受效果（如图形和注记清晰，物体之间主次分明、关系清楚等）。影响海图清晰易读的因素主要是海图负载量、图形符号的形状、大小和复杂程度、色彩等。海图以“模型”的方式再现客观世界的地表（海底）形态、地理要素的空间分布和相互联系。从这个角度讲，海图上表示的内容愈多愈详细，“模型”与客观实际愈相似。因此，海图内容的详细性是衡量海图质量优劣的重要标志。然而，海图清晰易读性的要求又使得海图内容详细性只是相对的、有限的，并且随着海图比例尺的缩小，详细性与清晰性的矛盾将愈加尖锐。这样，制图综合的原则（任务）之一，就是将这一矛盾双方统一起来，使之和谐、均衡。

为达此目的，可以通过确定适宜的负载量、缩小简化海图符号、采用适宜的表示方法来实现，其中“确定适宜的负载量”方法更具有实质意义。实际上，处理海图内容详细性与清晰易读性之间的矛盾，主要就是通过确定适宜的负载量来实现的。海图符号的大小、表示方法的选择，都最终表现在海图负载量的大小上。

2. 几何精确性与地理适应性相统一

几何精确性，就是要求海图上所表示的制图物体必须达到海图比例尺所允许的几何精度，也就是保持制图物体的地理位置的准确。几何精度主要受制图综合过程中产生的各种误差的影响，这些误差主要包括化简误差（位置偏移、形状变化、长度或面积减小等）、移位误差和描绘误差。地理适应性，即海图上制图物体的地理分布特点及相互间相对位置关系的正确性。

几何精确性与地理适应性是一对尖锐的矛盾，这对矛盾随海图比例尺的缩小而产生并加深。在大比例尺海图上，要素相对稀疏，一般都具有很高的几何精度。同时，制图物体的相对位置关系也是很真实准确的。这时海图的几何精确性与地理适应性同时得到满足，彼此矛盾很小。在这种海图上，只要保证制图物体的几何精确性也就基本保证了地理适应性。

随着海图比例尺的缩小，图上各种非比例符号越来越多，物体之间相互拥挤，争位矛盾突出，物体图形渐趋复杂，读图困难，几何精确性与地理适应性的矛盾就变得尖锐起来。此时，为了保持图上物体的相互关系（距离远近、左右位置、相交情况等），就必须将一部分物体移位或用组合符号表示（产生位移误差），将一部分图形加以化简（产生化简误差），即有限度地牺牲物体的几何精度来换取（保持）地理适应性。例如，当水深注记和礁石符号争位时移动水深注记；当道路符号按图式扩大描绘时，路旁毗邻的建筑物必须随之移位等。

在小比例尺海图上，几何精确性要求相对降低，地理适应性则具有更高的要求。例如，在小比例尺海图上，等高线的大量小弯曲失去了同实地一一对应的关系，因而也失去了其位置和形状的精确意义而成为一种表现手法。这时在综合地貌时不应过份强调精确性，而应通过对地貌形态和类型的正确分析和认识，对等高线进行整理，包括化简、移位和夸大等，使等高线之间协调一致，使所表现的地貌形态生动、典型。在小比例尺图上化简等高线时应使谷底线（图上并未绘出）与河流重合；描绘居民地符号时应保持其与经纬线的相对关系等。

一般地，解决几何精确性与地理适应性的矛盾时应注意：

（1）化简图形时力求保持主要特征点位置准确。

（2）移位时应采用最小的移位量。

（3）分清物体之间的主次地位和相互关系。

（4）化简和移位等都应有目的、有限度。

3. 保持景观特征真实性

制图区域的景观特征是客观存在的。保持制图区域景观特征的真实性是制图综合的必然要求。景观特征主要分为两类：分布密度特征，如按稠密、中等和稀疏来划分密度等级；形态特征，如海岸是侵蚀型或是冲积型，河系是树状或是平行状等。

在对制图要素实施各种制图综合时，都必须考虑到保持景观特征的问题。对于选取方法而言，主要是保持分布密度特征，即真实地反映要素分布特征及不同地区的分布密度对比。如果把制图区域内某要素的分布划分为密集、中等和稀疏三个密度区。那么经制图综合之后，还应保持三个密度区的密度对比。随着比例尺的缩小，这种密度差别对比越来越小，要素的分布密度趋于一致。但无论这种密度差别怎样减小，图上都不允许出现密度对比倒置的现象。

在形状化简时主要体现在保持物体平面图形的形态特征，即相似性，进而揭示要素的内在规律。例如，河系图形的化简是通过取舍河流实现的，而河流的选取通常是以河流的最小尺度（长度）为标准的。在化简羽毛状河系时，由于此种河系支流短小且近于平行，两侧支流大致对称，形如羽毛，因而在选取河流时，除了选取那些满足尺度标准的河流外，还应选取一些长度不足尺度标准的短小支流，以保持这种羽毛状的特殊景观。再如，综合达尔马提亚式海岸（纵海岸）时，应着重显示出海岸的纵向分布特点，即海湾、海峡、半岛及大小岛屿，是沿着海岸线的总方向延伸的。其中的一些小岛，如果是稍微具有延伸方向特征的，应显示出其方向性，而不应将其绘成圆形的岛屿。海岸线的形状化简也是如此，对切割强烈的侵蚀海岸，应用尖锐的弯曲来表现其形态特征，而不能绘成圆滑的弯曲形态。

4. 协调一致

制图综合的协调一致，是指制图综合方法、制图综合指标和制图要素关系处理等方面的协调一致。其目的是使所表示的制图要素达到统一、客观、可检验、易阅读。这种协调一致要体现在同一图幅的不同地区和不同要素之间、同一比例尺的不同图幅之间以及系列比例尺海图之间。

同一幅图的不同区域之间，制图物体的形态和分布密度可能是不同的，因而其综合指标在这些不同地区应相互协调。例如，一幅图上有两个不同类型、不同河网密度等级的河系，在选取河流时，对两个河系应分别采用不等的（但却是协调的）尺度标准，以反映出两种河系的类型特征和河网密度差别。

在小比例尺海图特别是大型挂图上，不同纬度地区的综合指标应保持协调。海图一般采用墨卡托投影，这种投影随纬度增高产生的变形很大。如设基准纬度为0°（赤道），则在纬度60°地区的图上面积要比赤道上大4倍（相应于同一实地面积），长度则增大1倍，这样就产生了两个需要协调的问题：为了充分利用图纸面积，在高纬度地区制图综合的程度较小，而赤道地区则需要较大程度的综合；然而综合程度的差别又不能太大，否则将会造成虚假的地理现象。例如河流的选取，在赤道地区长为1cm的河流，在高纬地区将达2cm，如果按变形纠正后的尺度标准选取河流（如赤道地区1.5cm，高纬地区3 cm），虽然可能适宜于赤道地区，但高纬地区将显得空白，图面利用率低。但若在不同纬度地区均采用同一尺度标准（如均为1.5cm），则高纬地区的河流有可能全部选取，这样势必造成高纬地区河流密度很大的虚假现象。因此，不同纬度地区的制图综合方法和指标必须协调。

同一比例尺（或相近比例尺）的不同图幅之间应协调一致。例如，航海图一般是按比例尺成套编绘的，在成套海图叠幅部分各要素的表示应基本一致。同一比例尺图的叠幅部分，应采用“抄接边”的方法编绘，相近比例尺图的叠幅部分，应先编绘比例尺较大的图，然后将其作为比例尺较小的邻幅图的编图资料，使二者叠幅部分基本一致。同时，叠幅部分应与整幅图的其他部分相协调，要素密度、形状化简程度等都应基本一致。

在系列比例尺图（如1：10万、1：20万、1：50万和1：100万）之间或海图集中诸图幅之间，制图综合的协调一致也是很重要的。

海图上同时包含了海洋和陆地两个毗邻的区域，海陆协调还表现在海底地貌和陆地地貌的协调方面。海底地貌是陆地地貌在海水下的延伸，二者在形态结构上有着密切的联系，因而综合时应照顾到二者的关系，使之协调一致。例如，在陆地河流的入海口都分布有水下河谷，通过等深线可以很好地反映出河流与水下河谷的联系；等深线的走向与形态应与海岸的方向相一致等。

为了正确表示出制图要素的空间分布及其相互联系，不同要素的制图综合应该协调一致。例如，化简等高线图形时必须兼顾到已经表示在图上的河流图形的化简，以保持河曲与等高线弯曲之间的协调关系。

5.3.2 制图综合基本方法

制图综合作为一种编制海图的理论和技术方法，其表现形式是多种多样的。为达到不同的制图目的和要求。所采用的综合手段也各不相同。归纳起来，就普通海图制图而言（专题海图制图有其特殊的综合方法），制图综合的基本方法有四种：选取、化简、概括和移位。

1. 选取

选取是制图综合的最基本、最重要的方法。所谓选取（又称取舍），就是从编图资料中选取那些从海图用途上讲是需要的、从比例尺上讲是能够容纳的、从地理分布上来看又是相互联系和制约的制图要素。

“选取”有两层含义。其一谓之曰“内容要素选取”，即按照海图主题和用途的要求，选取某种或某几种对海图主题和用途是必要的且有意义的内容，而舍去次要的或无用的内容。因此，这种选取的结果是减少或改变了海图内容要素的种类及结构。

在海图编辑设计阶段，很重要的一项工作就是确定海图内容要素的种类和数量。但对航海图而言，这一工作是很简单的，因为经过数百年的使用，航海图已日趋完善，图上表示的内容要素已经确定，编图时不再需进行内容要素的选取，对普通地形图亦是如此（图上表示水系、地貌、居民地、交通线、植被和境界六大要素）。然而对专题海图而言，这项工作却具有相当重要的意义。在专题海图上，除了一般都要表示的作为地理基础的地理要素（如水系、居民地和交通线等）以外，还必须选择表示与海图主题相适应的某一种或某几种专题要素，如海底地势图要选择表示水深、等深线和等高线等表示地貌的专题要素；海底底质图则以少量水深和等深线等作为地理基础要素，以底质作为专题要素等。

“选取”的第二层含义谓之曰“制图物体选取”，即在每一种内容要素中确定具体的选取对象。如在大量的水深注记中选取有意义的水深，在众多的居民地中选取重要的部分等。我们通常所称的“选取”主要是指这种选取，下面的内容也主要是围绕它而展开的，物体选取的结果是减少了某类内容要素中的物体数量。

总之，选取的实质是通过解决海图内容的构成以及制图物体的数量问题，化简区域整体的图形特征，来满足海图主题与用途要求。换言之，选取的目的就是在海图编绘过程中，解决海图的内容详细性与清晰易读性之间的矛盾。选取不是简单的“取”或“舍”，而是必须以制图资料为基础、以海图用途为依据，以海图的清晰易读性为条件，经过全面、系统和科学的分析研究，选择那些重要的、有用的、相互联系紧密的制图物体，舍去那些相对来说次要的、无用的制图物体，从而构成科学的、完整的、清晰的海图内容。

可见，选取主要是要解决选取多少、选取哪些和怎样选取的问题。选取的基本任务之一就是解决海图内容多与少的矛盾，即解决海图内容的数量问题。它是整个制图综合的基础，因为不解决选取多少的问题，海图就不可能有适当的载负量；因此，选取应具有严格的数量标准。这种数量标准，是在海图用途和制图区域的限定下，在海图清晰易读性的要求下，由海图负载量决定的。

选取的另一个任务是确定具体的选取对象和选取程序，它是选取过程的具体化。即在选取中应保证重要要素首先被选取，然后在几乎同等重要的要素之间进行选取。因此必须确定各要素的选取标准。确定选取指标的方法有诸如数理统计法、方根模型、回归模型、等比数列模型等。选取指标的基本形式有两种：定额指标和资格指标。

1）定额指标

规定了图上单位面积内应选取的制图物体的数量。该法关键是确定合适的定额指标。确定定额的方法通常是按各种数学模型获得的，如方根模型、图解计算模型、回归模型等。在制图实践中，也可以通过对现有海图的分析和制作实验样图来确定。它适用于水深注记、高程点等点状要素及居民地、湖泊和岛屿等可视为点状的面状要素的选取。例如，规定图上 10cm × 10cm 内选取 5 ~ 6 个底质注记，图上 10cm × 10cm 内选取 2 ~ 3 个控制点等。定额指标可以保证海图具有充实的内容和较高的清晰易读性。

2）资格指标

按制图要素的质量或数量指标作为衡量制图物体是否选取的标准（资格）。制图要素的质量指标和数量指标均可作为物体选取的资格，前者如居民地的行政等级、助航标志的类型、控制点的等级、道路等级、礁石类型、境界线的等级、河流的入海与不入海或通航与不通航等，后者如居民地的人口数、河流长度、湖泊面积、发光助航标志的射程、地貌谷间距等。概括起来，资格指标又可分为两种形式：等级指标和分界尺度指标（物体的长、宽、高、面积和间隔等）。

2. 化简

形状化简是对于制图物体（线状或面状）的平面图形而言的，即对其平面图形的简化。

在编制海图时，由于比例尺的缩小，其图形越来越小，弯曲越来越多，防碍了其主要特征的显示。或者由于海图主题和用途的不同而不必表示过于详细的图形等，因此有必要对制图物体的平面图形加以化简。化简的目的就是保留物体图形所特有的轮廓特征，并显示出从海图用途而看是实质性的或必须表示的特征，保持图面的清晰易读性。“化简”就是简化物体平面图形的碎部，以简单的平面图形代替复杂的平面图形，甚至以不依比例的符号图形代替平面图形。对于道路、等深线等线状物体，图形化简就是减少曲线弯曲，使之逐渐平滑，最终以直代曲；对于居民地等面状物体，则既要化简其外部轮廓形状，又要简化其内部结构，最终是以“点”代面（图5－1）。

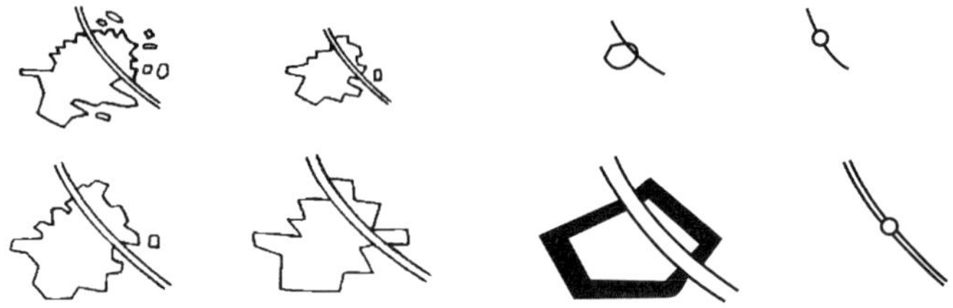

图5－1　制图要素的形状化简

形状化简的方法包括删除、夸大、合并三种。删除，是舍去无法清晰表示的细小弯曲和碎部（图5－2）；夸大，是将按其大小本应删除的但却具有典型特征的细小弯曲和碎部夸大表示出来（图5－3）；合并，是将相互间距离很小的同类物体的各个部分合并在一起（图5－4）；分割，是有限度地将平面图形拆拼组合以保持其图形特征的相似性（图5－5）。这几种方法在形状化简过程中是相互渗透、有机结合的。

无论是线状物体还是面状物体，其曲线化简都应服从制图综合的基本原则和要求。具体说来，化简的基本要求是：

（1）保持主要特征转折点的位置准确，即所谓精确性要求。

（2）保持弯曲形状和外部轮廓图形的基本特征，即所谓相似性要求。

（3）保持不同地段弯曲程度的差别和对比，即所谓可比性要求。

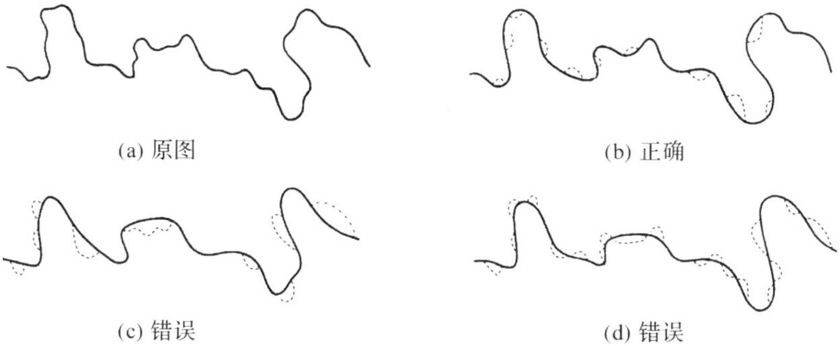

图 5 – 2　删除

图 5 – 3　夸大

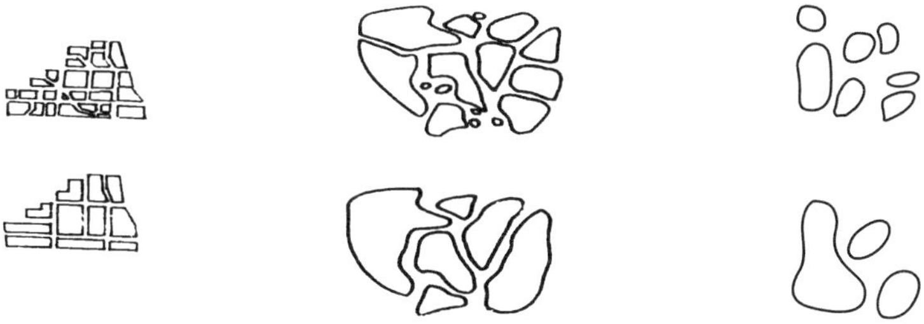

图 5 – 4　合并

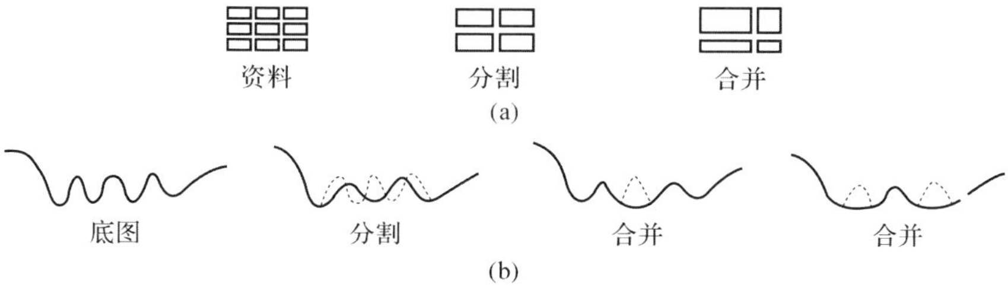

图 5 – 5　分割与合并

为了达到图形简化的目的和要求，化简还必须遵循以上原则要求和严格的方法步骤进行。并且为了控制物体平面图形简化的程度，化简也具有一定的数量指标，通常是根据海图用途要求以及制图物体本身的图形特点，规定出删除或合并细小碎部的最小尺度标准或者化简前后碎部数量的比例。

3. 概括

概括主要表现为对制图物体的分类和分级表示。制图物体在图上是用图形符号表示的，而物体的种类又是千变万化的，因而图上不可能对实地具有某种差别（数量的或质量的）的物体都用不同的符号表示出来。实际上，地图（海图）通常会用一种符号来表示实地上质量或数量特征比较接近的众多物体。也就是说，制图物体在图上是分类或分级表示的，每一类或每一级都表示了对实地制图物体的一种概括。包括地图学的所有学科，都试图对研究对象进行分类分级，以便对错综复杂的世界做出解释。尽管分类分级会损失细节，但却是必要的，它能够增强对物体信息的解译能力。实施分类分级必须明确两点：第一，分类分级有着特定的目的，即为了显示出那些不经分类分级就无法表示的内容。其本身并不是目的，而是揭示制图物体空间关系的一种方法。第二，没有任何一种一成不变的分类分级原则，必须根据海图的主题和用途来确定相应的原则。

在制图物体的各种特征中，质量特征是决定物体性质的本质特征，是区分制图物体并对其进行分类的基础和依据。物体分类的目的在于以概括的分类代替详细的分类，以综合的质量概念代替个别的具体的质量概念，分类的结果是减少了制图物体的类别。

制图物体的数量特征是对物体分级表示的基础和依据。物体分级是以扩大级差或重新划定分级界限的方法来减少分级的数量，其结果是以概略的分级代替详细的分级，减少制图物体在数量特征上的差异。除了分类和分级方法外，常用的概括方法还有质量（概念）转换方法和图形转换方法等，例如将一小片泥滩进行质量转换合并到邻近的大片沙滩中。

制图物体的质量特征和数量特征是相互联系的，因此概括的诸多方法也是可以相互转化的。例如，分级方法在大多数情况下是对数量特征的概括，但有时也表现为对质量特征的概括，如对居民地人口数的分级合并是对数量特征的概括，但人口数量的不同等级又在一定程度上反映着居民地的质量概念（如大、中、小城市），因此分级合并又可看作是对质量特征的概括。

4. 移位

移位也是制图综合中的常用方法。“移位”不仅利于反映制图物体的主要特征，更重要的是能更好地处理物体之间的相互关系，解决由于海图比例尺缩小而产生的几何精确性与地理适应性之间的矛盾。

在海图编绘时，将资料图按新编图比例尺缩小后，图上以符号表示的各个物体之间的距离亦相应缩小。若不能将其舍去，且仍然要按图式标准规格描绘出来，则必然产生符号之间相互拥挤甚至压盖的现象，这样就使要素之间的关系变得模糊不清，令读者难以判读。为此，除缩小符号尺寸外，最常用的方法便是移位：移动次要物体的位置，使符号之间保持最基本的间隔。

“选取”“化简”“概括”和“移位”是制图综合的四种基本方法，它们同时构成了制图综合完整而有序的过程。一般地说，“选取”是制图综合过程的第一步，它总是要在“化简”或“概括”等之前实施。制图综合的四种方法是相互区别和相互联系的，在一定情况下又是可以相互转化的。例如，线状要素的图形化简，实际上是通过取舍弯曲实现的，化简的程度决定于弯曲选取的数量；选取水深注记和概括等深线的分级，则必然从总体上化简了海底地形等。

此外，从广义上讲，除了上述四种方法外，符号化方法也是制图综合的重要措施，甚至是根本性的措施。这是因为，一切制图要素在图上都是以符号表示的，符号化是制图的基础。我们在编绘普通海图和航海图时，是按照国家标准《中国海图图式》来编绘的，因而不需要或很少需要运用符号化方法。然而，在专题海图制图中，由于海图类型及其所表示要素种类的多样化和特殊化，没有也难以采用类似于《中国海图图式》那样统一的图式符号。因此，符号化方法便显得相当重要。

5.4 海部要素制图综合

5.4.1 海岸制图综合

海岸，实际上是海岸带，它位于大陆和海洋的交接地带。通常，将海岸带分为三部分，即海岸（狭义的）、潮间带（干出滩）和水下岸坡。在海图制图中，依照习惯将海岸带的水下岸坡划归海底地貌，把潮浸带作为干出滩独立一项，海岸则作为独立的地貌单元。将海岸以上的陆地部分划为陆地地貌。

1. 海岸及其表示

海岸也称为海岸阶坡，由海岸线和海岸性质两个要素构成。海岸线即水涯线，指海水面与陆地接触的分界线。海岸性质，指海岸阶坡的组成物质（包括海滨生物）及其高度、坡度和宽度。

海岸线和海岸性质组成了一条完整的海岸。海图上，实测岸线用一条实线表示，海岸性质用各种符号并配以文字注记表示。

2. 海岸分类

海岸的分类比较复杂，所依据的原则也各不相同。在海图上，海岸的分类是以岸线精度和海岸性质作为分类指标的。

3. 海岸制图综合

海岸的制图综合表现为岸线的形状化简和海岸性质的质量概括两个方面。

1）海岸线形状化简

海岸线的形状与海岸的性质、类型有很大的关系。不同类型、不同性质的海岸，其形态差异可能极大。从海岸线的弯曲特点来分析，一般可将其分为平直的、圆滑的、带有棱角的和锯齿形的几种。一般沙质岸、磊石岸、植物岸等平岸都呈现出平直圆滑的特点。陡岸、岩石岸等则比较曲折，但曲折程度又各有不同。人工岸往往比较挺直并以折角转弯。

从宏观上分析，海岸线的形态特点和弯曲程度与海岸类型以及沿岸陆地地貌有着密切关系。河流入海处、平原外缘或与山脉走向一致的海岸，其形状往往平直或圆滑，如我国的渤海湾沿岸、苏北海岸和台湾岛东部断层海岸等。而与山地或丘陵等陆地形态垂直或斜交的海岸岸线则比较曲折，弯曲程度变化也比较大，如辽东半岛、山东半岛及福建省等地区的海岸。另外，从局部范围分析，在平直的海岸中部分地段可能比较弯曲，而在弯曲的海岸中也往往有一部分是比较平直圆滑的。

作为一种线状要素，海岸线形状化简的基本方法同样是删除细小弯曲和保持特征弯曲，其具体方法已在第一章中详细讨论过，此处不再赘述。这里仅就海岸自身的特点及海图的特殊要求作几点说明。

（1）在一般情况下，海岸线的形状化简应遵循“扩大陆地、缩小海域”的原则，即只能舍去小海湾而不能舍去岬角。但有时为了突出显示某一深入陆地的小海湾，也可以将海湾适当夸大表示（图5－6）。这种“扩陆缩水”的化简原则，在大中比例尺海图特别是航海图上应严格执行。

在图5－6中，岸线的*A*、*B*两点间是平滑的岸线，*B*与*C*两点间是曲折多弯的岸线，岸线的基本转折点有*A*、*a*、*B*、*b*、*c*、*d*、*e*、*f*、*g*、*h*、*C*诸点，它们构成了此岸线图形的骨架。化简岸线时，应保持这些基本转折点的位置准确，将其间的小弯曲拉直（向水域突出）。*c*、*d*、*e*三点间的弯曲窄而长，但因深入陆地，为反映岸线弯曲特征，可将其宽度夸大表示，*f*、*g*、*h*之间的突出岬角亦应夸大。

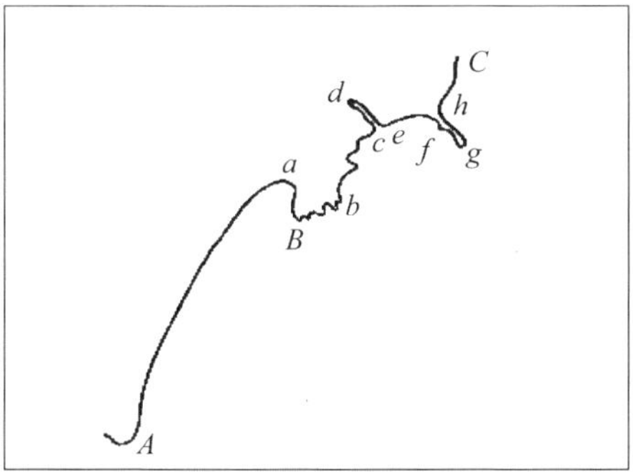

(a) 资料图

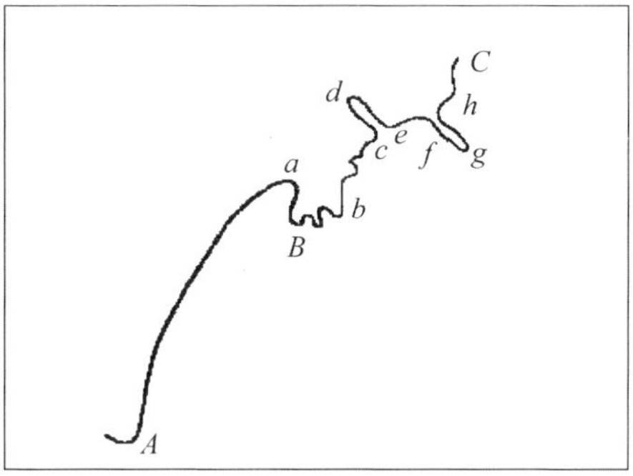

(b) 化简图

图5－6　海岸线形状化简

（2）在小比例尺海图上，海岸线的形状化简应以反映海岸的类型特点为主，即保持海岸线平面图形的类型特征。因为，小比例尺海图主要供远洋航行使用，此时海岸与航行关系极小，并且此时岸线上的任何一个小弯曲都对应着实地上较大的范围，并非同实地单一弯曲相对应，因而也就失去了其位置和形状的严格的精度意义，只能作为一条海陆分界线。因此，一味地强调保险而“扩陆舍水”是不恰当的，它会过分歪曲海岸线的形态特征。正确的原则应该是“保持海岸线的形态特征、切割程度和弯曲大小的对比”。为此，在小比例尺图上化简海岸线可采用两种方法。其一，保持海陆面积对比，在岬角处舍去小海湾，在海湾内舍去小岬角，以保持岸线弯曲的整体形态特征。其二，采用“塑形”的方法，即在深入分析海岸类型特征的基础上，在保持岸线特征转折点位置准确的条件下，适当地采用分割的制图综合方法，使化简后的海岸线具有良好的相似性，从而保持海岸的类型特征。也就是说，在强调目的综合的情况下实施比例综合。

（3）用不同的“笔调”反映不同类型海岸的弯曲特点。不同类型的海岸，其曲折程度和弯曲形状往往有很大的不同。例如各种冲积海岸，从宏观上看是平直光滑的，从局部上看却是由大大小小的弯曲所构成的，但这些弯曲都是圆滑的而非尖锐剧变的。因此，在删除弯曲时应以“软笔调”来表现这种圆滑弯曲的特点。相反，各种侵蚀型的海岸，不仅岸线曲折多弯，而且弯曲也多呈尖锐的锯齿状，因此，化简岸线时应采用“硬笔调”来表现其尖锐弯曲的特征。

(4) 强调反映不同类型海岸的弯曲特征，除了采用上述两种不同的“笔调”外，还要保持各段岸线间的曲折对比。海岸的不同地段之间（即使是在同一类型的海岸中），弯曲程度会有大有小，弯曲个数有多有少，即在客观上存在着弯曲程度的差异和对比，经过岸线图形的化简后，仍然要保持这种对比关系。

随着海图比例尺的缩小，岸线上的细小弯曲逐步被舍去，各段岸线之间的曲折程度的差异逐渐缩小，但仍然要强调其间的差异，尤其不能出现曲折程度对比关系倒置的错误结果。

2）海岸性质概括

随着海图比例尺的缩小，各种性质的海岸在图上的长度也缩短，达不到最小尺度的要求，因而有必要加以概括。海岸性质概括的方法主要有三种，即删除、夸大和转换。

(1) 删除。即不表示短小海岸的海岸性质。当某种性质的海岸地段在图上比较短小，其长度小于规定的最小尺度时，可舍去表示该段海岸性质的符号或注记，代以普通岸线表示。性质取舍的尺度标准，对不同种类的海岸是不同的，并且也随海图用途和比例尺而变化。例如，比例尺大于 1 ：10 万的海图上，树木岸、芦苇岸和丛草岸的取舍尺度是 10mm，其他各类海岸性质的取舍尺度为 5mm。但这种尺度标准并不能唯一地决定海岸性质是否表示或删除，还应顾及到该性质海岸所处的位置及其作用。

(2) 夸大。用于表示短小海岸的海岸性质，即有目的地选择一些未达到选取尺度标准但具有特殊或重要意义的海岸区段，人为地延长其海岸性质的图上长度并加以表示。有些性质的海岸虽然短小，但由于此种类型海岸所特有的典型性，或者由于该段海岸所处位置的重要性，使得该段（种）海岸性质具有重要意义，应在图上夸大至最小尺度表示出来。例如，位于岬角处的岩石岸，往往伴随有突出于海中的岩石滩，当其长度小于尺度标准时，可将其夸大表示，以使海岸与干出滩相协调。再如，在很长的一段岩石岸（或其他平岸）中，有一小段树木岸，虽然它不足最小尺度，但由于具有一定的航海方位作用而应予以夸大表示（但应注意，在用符号表示树木岸时，至少应该绘出两个树木符号，否则容易被误解为突出树）。

当某种性质的海岸断续分布很长，但其中的每段都不足尺度标准时，为反映分布特点，可选择两端及其中较长的几段夸大表示出来。上述两种方法的示例见图 5 -- 7。

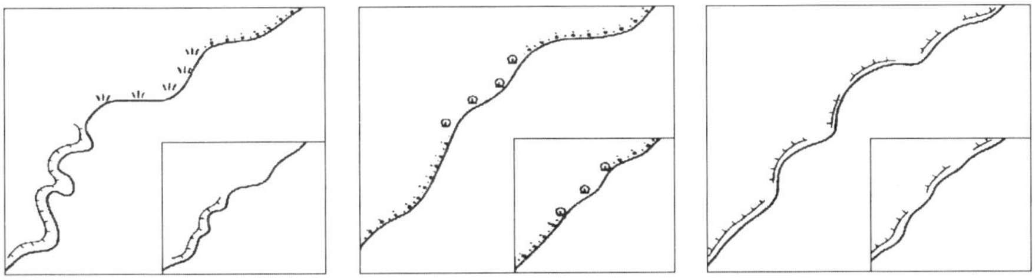

(a) 舍去沙岸和芦苇岸　　(b) 夸大树木岸　　(c) 夸大人工岸

图 5 –7　海岸性质的删除和夸大

（3）转换。又称为性质转换，是以主要性质的海岸来代替次要性质的短小海岸。当两种性质比较接近的海岸毗邻时，可以将其中较短的不足尺度标准的一种性质的海岸，合并（转换）到另一种性质的海岸中。但是必须注意，这种海岸性质的转换（合并或代替）并非是任意的，它只能在性质比较接近的岸段之间进行。例如，岩石陡岸和非岩石陡岸之间，砾质岸、沙质岸和磊石岸之间，芦苇岸和丛草岸之间等，都可以进行海岸性质的转换。但当海岸性质相差较大时，则不能实施性质转换，一般是将短小的海岸性质舍去，或者将其夸大表示。

3）海岸数量特征概括

海岸数量特征的概括，主要指海岸的高度和宽度。主要表现为海岸高度和宽度的取舍以及海岸符号的转换。

海岸的高度，主要是陡岸和堤岸的比高，在海图上是用数字注记表示的。海岸的高度和宽度一般只在大比例尺海图上表示，取舍时应本着“取高舍低”的原则。

海岸的宽度，也是对陡岸和人工岸而言的，其他平岸没有明显的海岸阶坡，因而不必表示海岸宽度。海岸的宽度，在海图上是通过按比例和不按比例两种符号来表示的，实际上是指海岸阶坡的上、下边缘之间的水平距离。当图上距离大于图式规定的符号宽度时，海岸按比例表示，海岸阶坡的上缘应绘在实测位置上，海岸宽度可从图上量出。比例尺缩小后，海岸阶坡的图上宽度小于图式尺寸，海岸使用不依比例的符号表示，海岸宽度这一数量特征便被舍去了。

4）海岸与其他要素关系处理

海岸是一切海图上最基本的要素。海岸的弯曲程度和形状千变万化，海岸与许多陆部海部要素联系密切，也经常会出现很多矛盾。因此，在实施海岸的制图综合时，有些特殊情况要用一定的方法来处理。

当海岸线的位置与其他地物的位置发生“争位”矛盾时，一般应保持海岸线的位置不变，而适当移动其他地物。在表示有特征性的狭窄海峡、水道时，为不堵塞水道，应适当移动海岸线，使水道的最窄处不小于0.3mm。在表示潟湖海岸时，对平行于海岸方向的细而长的沙嘴、沙坝，亦应适当移动海岸线，使其至少保持0.3mm的宽度。但在比例尺很小时，潟湖和沙嘴都较小，若夸大描绘沙嘴可能会影响潟湖内水域的表示。此时可用0.3mm粗的单实线表示沙嘴。当有道路或堤坝等通过狭窄的沙嘴、陆连岛的连岛坝时，岸线可移至距地物0.2mm处，若移动距离过大时，也可不绘岸线，即将岸线中断在道路或堤坝上。

对于狭长岛屿、半岛或因表示其他要素而无法表示海岸性质时，可缩小其符号，这样表示仍有困难时，亦可以不表示海岸性质。

5.4.2 干出滩制图综合

干出滩又称海滩，是指海岸线与干出线（0m等深线）之间的潮浸地带。高潮时淹没，低潮时露出。

1. 海图上干出滩分类与表示

海图上的干出滩种类有岩石滩、珊瑚滩、磊石滩、砾滩、沙滩、泥滩、沙砾混合滩、沙泥混合滩、贝类养殖滩、芦苇滩、丛草滩、红树滩和不明性质滩。习惯上，前两种滩称为硬性滩，最后三种滩为植物滩，中间的几种滩则称为软性滩，而贝类养殖滩则是由软性滩上的硬性物质构成的，磊石滩介于软与硬之间。根据所处的位置，又可将干出滩分为沿岸干出滩和孤立干出滩两种。

干出滩在海图上有两种表示方法，即符号法和文字注记法。岩石滩和珊瑚滩用符号表示，其他性质的干出滩则用范围线加相应注记的方法表示（也可用符号法表示，但不如注记简便）。

2. 干出滩制图综合

干出滩的制图综合包括干出滩的取舍、轮廓形状的化简、质量特征的概括以及干出水深的选取。

1）干出滩取舍

干出滩的取舍要分两种情况：沿岸干出滩按分界尺度“有条件”选取，孤立干出滩则均应选取而不得舍去。

取舍沿岸干出滩时采用面积分界尺度，通常为长5mm、宽2mm。在长、宽均大于分界尺度时，干出滩毫无疑问应该选取；当其延伸很长，但宽度不足2mm时，为了反映沿岸干出滩的分布特征，可将其夸大到2mm宽表示出来；位于突出的岬角、航门和水道口等处的岩石滩、珊瑚滩，由于其位置重要，危险程度大，即使小于分界尺度亦应酌情夸大表示，但要注意不能因夸大表示干出滩而堵塞航门水道。在各种比例尺海图上，孤立干出滩均应选取而不能舍去，当其成群分布时亦不能舍去，但可以相互合并。

2）干出滩轮廓形状化简

与线状要素的形状化简一样，干出滩轮廓形状的化简也是通过取舍弯曲来实现的，但是在删除弯曲时必须遵循扩大干出滩的原则。在各种比例尺海图上，干出滩的形状以表示其轮廓范围为主，对无意义的次要弯曲可以作较大程度的删除。弯曲取舍的分界尺度也比较灵活，主要视海岸及海底地貌的特点而定，如图5－8所示。

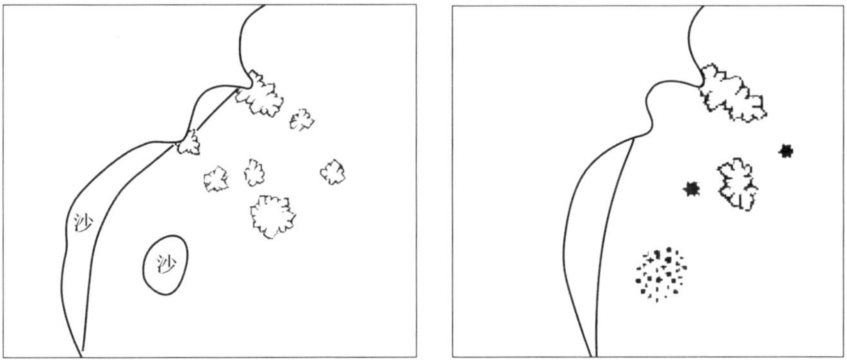

图5－8 干出滩的取舍与化简

孤立的岩石滩或珊瑚滩，在图上面积很小而不易用实际形状按比两片同类性质的干出滩（同为软性滩或硬性滩）的图上距离小于某一分界尺度（如1mm）时，可以合并表示。若相邻干出滩之间是重要的狭窄水道或航门（尤其是在河口地区），则不能合并，有时为了突出显示航门水道，甚至有必要缩小两边的干出滩，将间隔扩大。

3）干出滩质量特征概括

干出滩质量特征的概括包括干出滩的类型合并和质量转换。

在大中比例尺海图上，干出滩按其性质分类详细表示，其类别可多达十余种。在小比例尺图上，干出滩的面积比较小，也没有必要如此详细地表示出干出滩的性质差别，因而图上就用较少的分类表示干出滩。

干出滩的质量转换，是通过干出滩的合并来完成的。这种不同性质的干出滩的合并，不仅依干出滩在图上的面积大小而定，还取决于干出滩的性质差别。基于干出滩对船舶航行的危险程度，软性滩可以合并到硬性滩中而实现质量转换，而硬性滩却绝不可以合并到软性滩中。在小面积的孤立干出滩群集时，沙滩、砾滩、磊石滩等软性滩常可合并为泥滩。倘若小面积的树木滩等植物滩有着明显的方位作用，则在大比例尺图上常常夸大表示，而不能轻易将其合并到周围的干出滩中去。当各种类型的软性滩相互交替分布时，为了图上清晰易读，可以将其适当合并，但合并后仍应反映出交替分布的特点，如图 5 –9 所示。

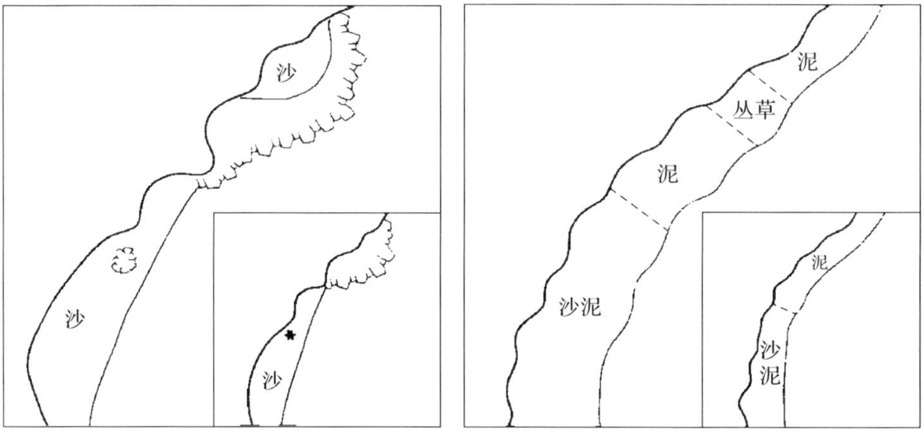

图 5 –9　干出滩的质量概括

4）干出高度表示

干出高度又称干出水深，是指大潮高潮面下深度基准面上的一点到深度基准面的距离，用干出水深数字表示。

在选取干出水深时应优先选取最高的和能反映坡度变化的干出水深，并且注意均匀分布。涨潮时干出滩上能航行的地段应详细表示干出高度，以显示出干出航道。孤立干出滩上的干出高度，只要不影响海图的清晰性，就应尽量表示，但其密度应比周围水深密度要稀。硬性的干出滩，当改为干出礁符号时，如不影响其他要素，通常仍注记其干出高度。

5.4.3 岛屿制图综合

岛屿是四周环水、面积小于大陆、顶部在高潮时露出水面的一块陆地。人们往往把较大的岛屿称为岛，而把特别小的岛屿称为“屿”。根据海岛的成因、分布情况和地貌特点，通常将其分为堆积岛、冲蚀岛、构造岛：火山岛、珊瑚岛和人造岛等。岛屿的制图综合可分岛屿的选取、岛屿海岸的综合、群岛的综合和岛屿的合并等内容。

1. 岛屿选取

一般情况下，凡能在图上表示的岛屿都应尽量表示出来，但在距岸很近、岛屿很少或密集地区可以舍去。岛屿选取的一般原则如下。

1）按照分界尺度进行选取

通常规定，岛屿半径小于0.4mm或面积小于0.5mm^{2}时可以舍去。但重要岛屿不得舍去，可放大绘出或改为点状符号表示。

2）按照重要性进行选取

岛屿的重要性除了一定程度取决于岛屿的面积大小外，更主要的是由岛屿的地理位置及其他特征所决定的。有些岛屿虽然很小，但其地理位置重要，必须夸大表示出来。例如，我国的钓鱼岛、南沙群岛和曾母暗沙等岛屿，标志着我国的领土主权范围，在任何比例尺的图上都必须表示出来。一般的岛屿，近岸时其位置重要性较小，可以适当舍去；外海的孤立小岛位置重要性大，即使较小亦应夸大（至最小尺寸）表示。

3）按照岛屿的分布特征选取

在岛屿群集地区，应按照岛屿的分布特征选取岛屿，反映出岛屿的分布范围和分布密度。

2. 岛屿海岸制图综合

岛屿海岸的制图综合包括海岸性质的质量概括和海岸线形状的化简两项内容。对于较大的岛屿，其海岸的制图综合原则和方法同大陆海岸是一样的，但应特别注意各类岛屿所特有的形态特征和海岸特点。当岛屿在图上直径小于2mm时，即已经不能表示其海岸性质，只能用一条闭合的岸线表示岛屿海岸时，岸线形状化简仍应显示出主要弯曲、轮廓特点、延伸方向。

当岛屿在图上直径小于0.4mm或面积小于0.5mm^{2}时，便不能再用闭合曲线描绘岛屿，此时就要运用图形转换方法，改用直径0.4mm的小实点表示，但这个小实点仍然应该反映原来岛屿的基本轮廓特点和延伸方向。

3. 群岛制图综合

群岛的制图综合主要是指群岛中岛屿的选取，但需要强调的是应当把群岛当成一个整体来看待。综合群岛时应注意以下几点。

（1）反映出群岛的分布方向。群岛往往具有一定的延伸方向（称为列岛），特别是大洋中的群岛，通常是由构造原因形成的，常常分布在一条如同抛物线型的构造线上，成为岛弧。综合这种群岛时，应注意选取位于群岛分布方向线上的岛屿。

（2）反映出群岛的分布范围。优先选取最外围标志群岛范围的岛屿，即使岛屿很小也不应舍去而应夸大或用小实点表示。

（3）反映群岛内部岛屿分布密度对比。可以把群岛分成不同的密度区，在各区中分别按不同的数量指标进行选取。

（4）注意保留群岛中的重要海上通道。群岛内部的诸岛之间，往往有连通海洋、利于船舶航行的重要海峡、水道。在综合群岛时，必须注意反映这些重要通道，不能因为夸大表示岛屿图形而影响这些通道的明显性。对于珊瑚群岛，不仅要注意显示各岛间的通道，还需注意表示各潟湖的出口。

在具体实施群岛的综合时（图5－10（a）），通常采用这样的步骤：

①按分界尺度选取，即选取面积在0.5mm² 以上或半径在0.6mm以上的较大岛屿，如图5－10（b）所示，共选取了24个大岛屿。

②在其他不足分界尺度的78个小岛中，按次要地物（二级）的方根规律公式计算出图上应选取的小岛数量为39个。

③选取群岛外围能反映群岛分布范围和延伸方向的小岛，如图5－10（c）所示。

④最后选取群岛内部有助于反映各区域密度对比及排列结构的小岛，直至达到规定的数量指标（本例中为39个）为止，如图5－10（d）所示。

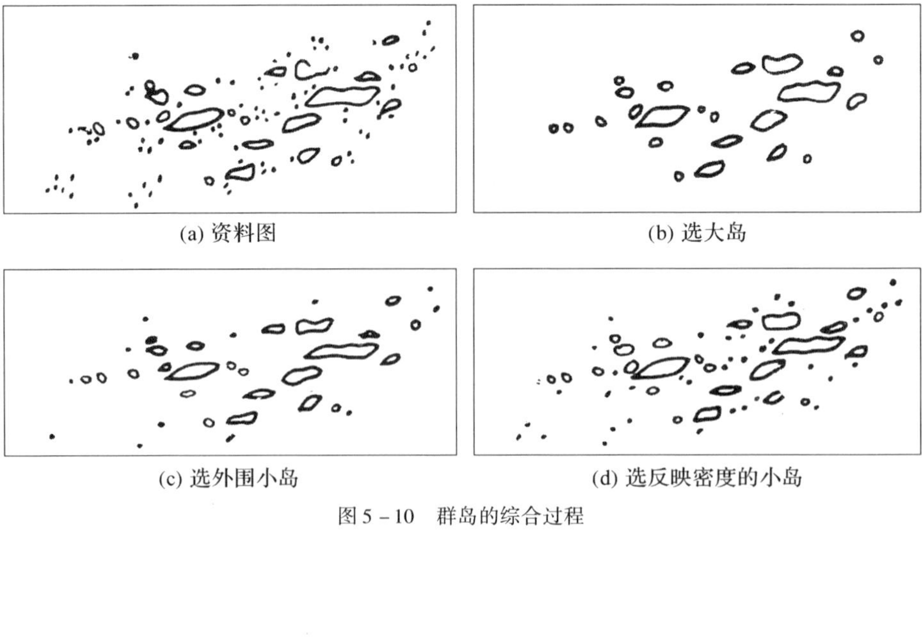

(a) 资料图　(b) 选大岛　(c) 选外围小岛　(d) 选反映密度的小岛

图5－10　群岛的综合过程

4. 屿合并

岛屿制图综合的一个特殊方面。一般的岛屿只能取舍不能合并，但是在河口三角洲地区，岛屿主要是由河流的堆积和海水的冲积而形成的，一般都有逐渐扩大以及相邻岛屿合并在一起的趋势，因而在这种地区，群集的岛屿只能合并表示，却不能舍去。岛屿合并时应注意分析河道的情况，不能因合并岛屿而舍掉重要水道。合并后的岛屿应保持原来的形状特点，如图 5－11 所示。

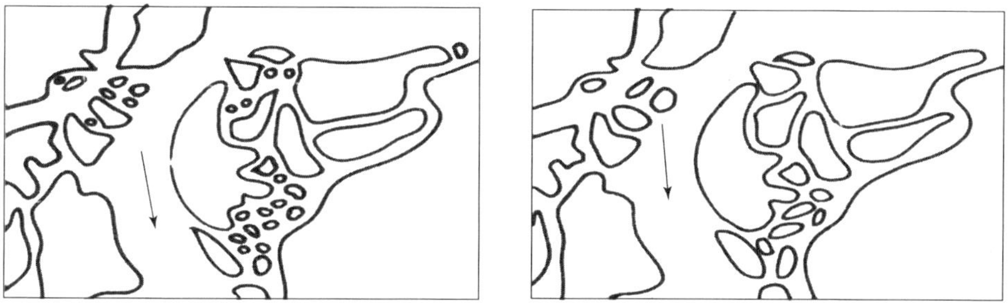

(a) 资料图　　(b) 综合图

图 5－11　三角洲地区岛屿的合并

5.4.4 海底地貌制图综合

根据航海图的特点和习惯，通常将干出滩以下的区域作为海底地貌的范围。在保证航行安全、正确显示航道、充分反映海底地貌、保持不同海图图幅之间海底地貌特点的一致性和图面清晰美观的要求下，主要以水深注记、等深线和底质注记表示海底地貌。

1. 水深注记制图综合

水深注记又称为深度注记，通常简称为水深，是指由深度基准面到海底的距离。它是表示海底地貌的基本方法。

1）水深注记种类及其表示

根据国际中国海图图式，海图上水深注记又分为如下 5 类：

（1）斜体水深：是实测精度较高的水深，这是海图上最普通的水深。

（2）直体水深：是深度不准确或采自小比例尺海图的水深。

（3）未测到底水深：是测量时测至一定深度而尚未着底时的深度，这种水深在过去用铅锤手工测量时较常出现，在目前使用测深仪的情况下，这种未测到底的水深很少见到。

（4）未精测水深：是表示深度可疑或未经潮汐等改正的水深。

（5）危险水深：是对船舶航行有危险的特殊水深，实际上是危险暗礁的深度。图上用水深外套紫（或黑）色点圈的方法表示。

2）水深注记密度指标

在以水深图板或上一级比例尺海图作资料时，都必须对资料上大量的水深（注记）加以取舍。水深的选取指标又称密度指标。通常将水深的间隔作为密度指标。确定水深密度，必须考虑到海图用途、制图区域特点和海图比例尺这几个因素。海图用途对水深密度的影响是根本性的。一旦海图的主题和用途确定下来，制图区域的海底地形特点便成为决定图上水深密度的首要因素。主要考虑离岸距离、深度和坡度这三个因素。海图比例尺也影响着水深注记的密度。海水深度是确定海图水深注记密度的决定性因素。目前世界各国出版的航海图，一般均是以海水深度为尺度来确定水深注记的密度，即浅水区水深注记密，深水区水深注记稀。

水深注记的密度直接影响到显示海底地貌的详细性和海图的清晰易读性，水深注记愈密，愈能详细显示海底地貌。但水深注记过密，不仅增加了编图工作量，还影响到海图的清晰易读性，降低了海图的使用价值。因此，必须在能显示海底地貌，保证航行安全的前提下，力求少选取水深注记，以保证图面的清晰易读。根据多年的海图生产经验和航海人员的反映，我国普通航海图的水深注记选取中国航海图编绘规范规定的密度指标进行。

3）水深注记选取基本原则

水深的综合主要是水深注记的选取，有时也存在水深注记的移位、危险水深及说明注记的取舍。

（1）取浅舍深，保证船舶航行安全。

船舶在海上航行，确保航行安全是第一位的，而水下存在着许多的暗滩、浅礁，它们是船舶航行时的最大障碍。一方面，船舶航行时要绕开这些危险区域；另一方面，在很多时候船舶都不可避免地要在这些危险区域内航行、锚泊、训练。为确保船舶的安全，制图人员在选取水深注记时首先应取浅舍深、准确地反映出这些碍航物的位置范围和深度特征，如在暗礁、浅滩上的最浅水深必须表示，即把海底凸地貌顶部等有碍航行的浅水深都应选取出来，尤其是孤立的浅水深不得遗漏，否则很容易造成船舶触礁、搁浅事故的发生。如图 5－12 所示。

在图 5－12（a）中，存在 6_1、4_0、3_5、2_3 等若干浅水深，如果在选取时将它们舍去或遗漏，就是严重的错误。图 5－12（c）中采取的是“取深舍浅”的做法，选取的是几处浅水区中的较深的水深，从而人为地增加了水下浅滩或

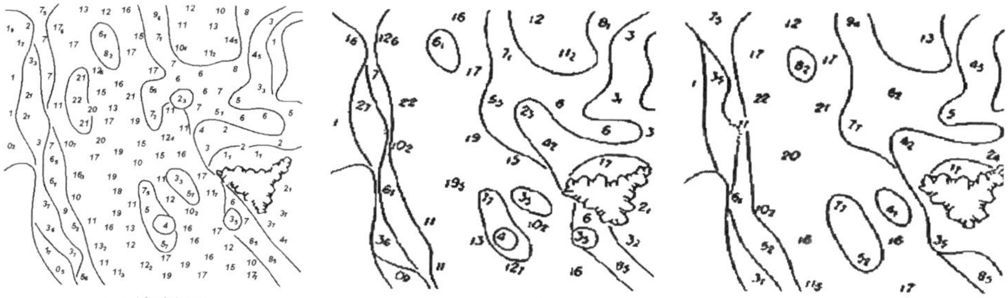

(a) 资料图　　(b) 正确　　(c) 错误

图 5－12　按照“取浅舍深”的原则选取水深

暗礁的深度，对船舶安全航行造成了的重要隐患，是错误的综合方法；图 5－12（b）中选取了几处相对最浅的水深，可以极大限度地保证船舶的航行安全，因而该综合方法是正确的。

除了制图区域内各种暗礁和浅滩纵剖面上的最浅水深也必须选取之外，各种深度的航道、航道纵剖面上的最浅水深也应该选取，从而使得航道纵剖面上选取后的两水深注记之间不再有更浅的水深存在。

一般船舶在航道中航行，都是尽量在最深的深槽中行驶，特别是在浅水航道中航行时更是如此。所谓的航道纵剖面，是指沿航道最深处各点的连线上的垂直断面。剖面图能形象地表现海底的起伏形态。航道纵剖面上的峰点，即最浅水深，好像航道上的一道门槛，故被称为门槛水深。门槛水深是船舶航行的必经之地，只要能通过这些门槛水深，船舶就可以在该航道中畅通无阻的航行。另外，门槛水深也是最能反映航道通航能力的水深。所以航道上的门槛水深在综合时必须选取。

（2）深浅兼顾，正确反映海底地貌形态。

为保障航行安全起见，采用取浅舍深的原则自然很重要。但如果机械地、一味地执行取浅舍深，将严重歪曲海底地貌的形态，而影响船舶的顺利航行。因此在选取水深注记时，既要选取有碍航行的浅水深，又要选取一定的反映海底地貌的深水深点。这样综合后的海底地形才能符合客观实际，满足航海的要求。图 5－13（b）中，由于按照特征性和代表性兼顾地选取了较浅水深和较深水深，保持了图上 10m 等深线的连续，既忠实地反映了海底的地貌形态，又保持了 10m 航道的完整，综合效果好；图 5－13（c）中，由于单纯地取浅舍深，只选取了较浅的水深，而舍掉了较深的水深，不仅严重地扭曲了海底地貌形态，而且中断了 10m 航道，降低了航道的使用价值，因此其综合结果是不正确的。

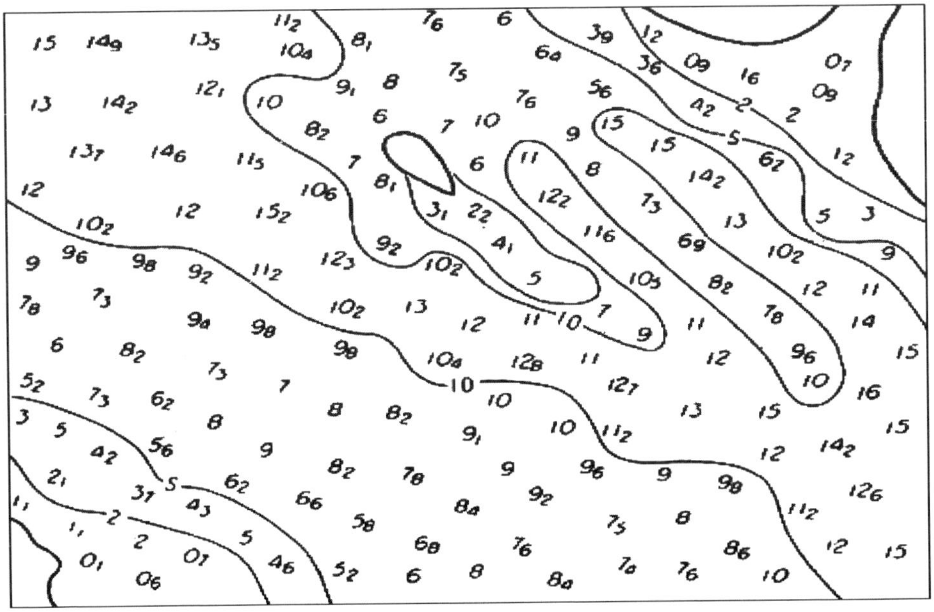

(a) 资料图

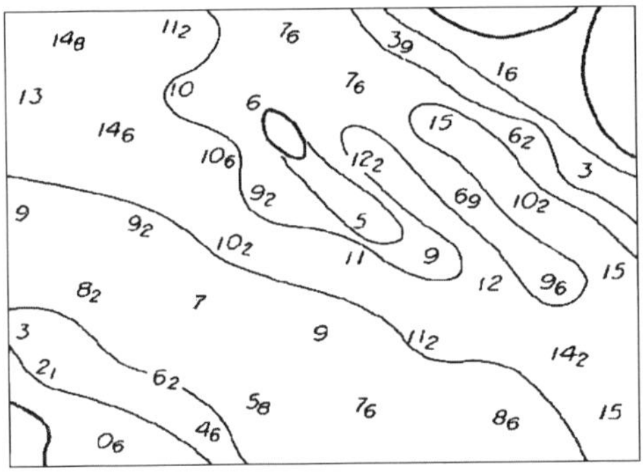

(b) 正确

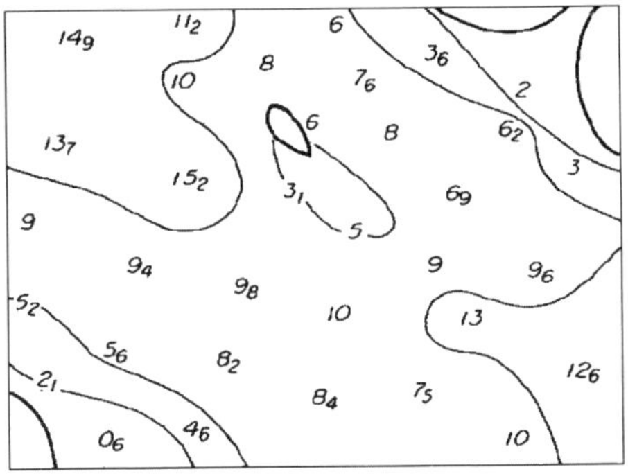

(c) 错误

图 5－13　按照深浅兼顾的原则选取水深

海底地貌和陆地地貌一样，也是高低不平、起伏变化的，即除了含有各种正向地貌外，还分布有大量的负向地貌，它们在海图上分别表现为浅水深和深水深。因此，从正确反映海底地貌形态的角度出发，我们在对水深注记进行选取时，不仅要选取那些可能对船舶航行产生危险的深水深，同时还必须要选取各种特征性的深水深，以表示出水下河谷、凹地和海底峡谷等负向地貌形态分布特征。一般来说，一幅海图上所显示的主要海区、海峡与水道、港湾和锚地等区域单元内的最深水深应予保留，对那些著名的深度注记更不能遗漏。如世界大洋的最深处位于马里亚纳海沟，我国采用的深度是 11034m，如果这个水深位于制图区域内，则必须予以选取。在小比例尺海图上，为了充分显示海底形态，选取各种负向地貌的最深水深则更加重要。

（3）选取航道水深，反映通航能力。

任何航道，包括海峡、水道和河道等，除了其纵剖面上的水深变化外，在横剖面上也都存在一个坡度的变化，这些坡度的变化可以说明航道的深度和宽度变化情况。尤其在大比例尺海图上，航道一般都比较宽阔，此时则应该把航道横剖面变化的情况反映出来。这种变化可以通过水深注记和等深线表示。如图5－14所示，从图5－14（a）中可以看出，此航道是一条深于5m的航道，并且深水线偏向于左侧，横剖面呈不对称的V形。在航道的最深处，即航道最窄的地方，也就是甲处，2_8 的水深是标志航道宽度的重要水深，它的存在反映了航道的通航宽度，以及该处海底地貌的坡度变化情况。

图5－14（b）既选取了航道纵剖面上表示航道深度的水深，又兼顾地选取了航道横剖面上的表示航道宽度的水深，因此综合结果合理；图5－14（c）中，只选取了航道纵剖面上的水深，没有选取航道横剖面上表示坡度变化的水深，不仅扭曲了海底地貌的形态，而且还人为地增加了航道的通航宽度，对船舶的安全产生了一定的危险，因此是错误的综合方法。

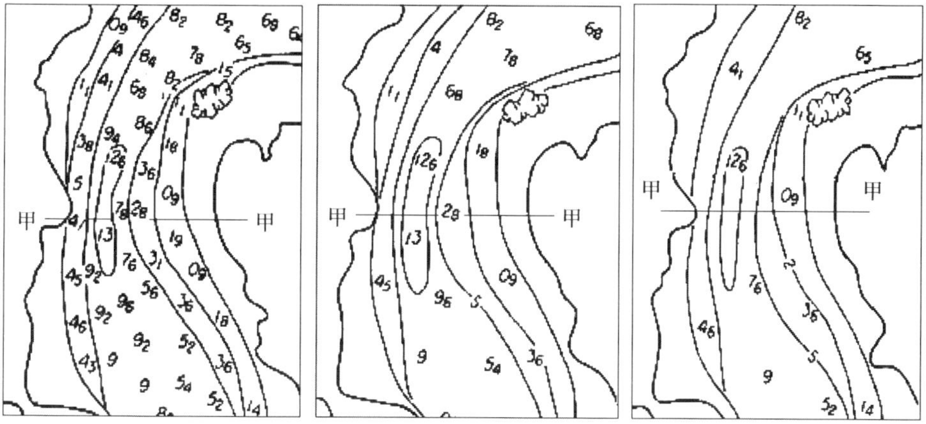

(a) 资料图　　(b) 正确　　(c) 错误

图5－14　选取反映航道宽度和深度的水深

但是，当一些较狭窄的航门水道在不能满足船舶航行的需要时，综合侧重点就要以反映航道的通航能力为主，即主要选取航道纵剖面线上的水深，较浅的有碍航行的水深可以不选取，以充分反映航道的深度及其通航能力。

如图5－15所示，在图5－15（a）（由1：10万图编制1：20万新图）上，在航道的最深处也是最窄处有两个浅水深 0_5 和 *13* 水深。分析航道情况可以看出，0_5 水深是航道横剖面的水深，它反映了航道的通航宽度，而 *13* 水深则是航道纵剖面上的最浅水深，即门槛水深，它反映了航道的通航能力，这两个水深对该航道来讲，应该说都是非常重要的水深，但是它们之间的图上距离太近，比例尺缩小之后，不可能同时表示。图 5－15（b）中为了反映航道的通航能力，选取了 *13* 水深而舍掉了 0_5 水深，因为 0_5 只是航道线附近的危险水深，它反映船舶的通航宽度，而船舶在实际航行时可以避开这个危险水深，在 13m 的航线上航行，因此综合结果合理；而图 5－15（c）选取了 0_5 水深而舍掉了 *13* 水深，同时为警示起见还加绘了危险线，如此一来，整个航道就全部被堵塞了，无法反映航道的通航能力，大大降低了该航道的使用价值，因此该综合方法是错误的。

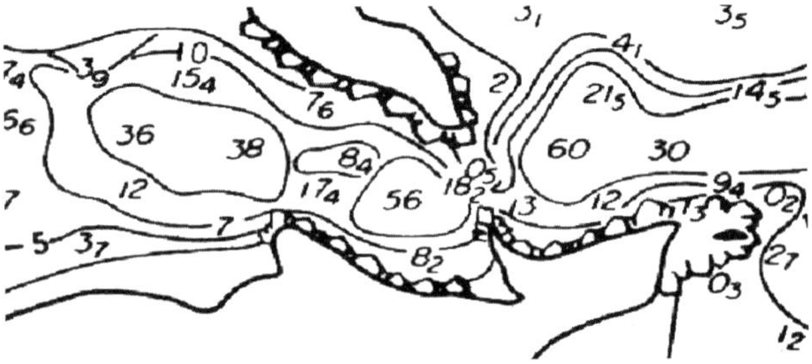

(a) 资料图

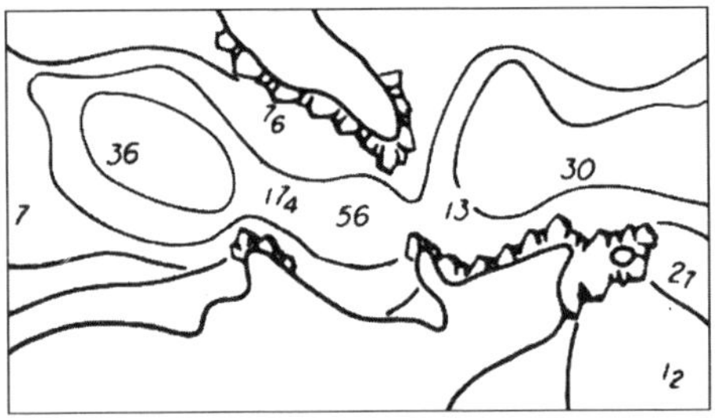

(b) 正确

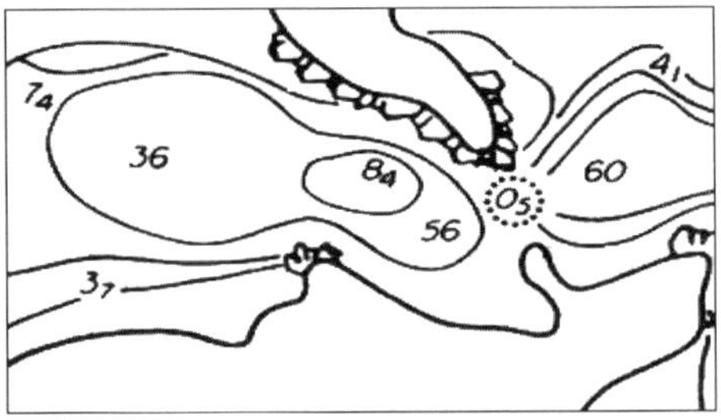

(c) 错误

图 5－15　选取反映航道通航能力的水深

（4）选取特征水深，显示地貌分布范围。

大多数情况下，水下暗礁、浅滩大都是沿某一方向延伸分布的，选取水深注记时，除先按照取浅舍深的原则选取顶部的最浅水深外，还应选取顶部纵剖面上相对浅的水深注记，以反映海底地貌的深度、走向等特征，并且在水深注记选取后，应使纵剖面上两水深注记之间不再有更浅的水深存在。如图 5－16 所示。

图 5－16（a）中明显分布有一个东北—西南走向的水下浅滩，在图 5－16（b）中选取了浅滩纵剖面上的 0_2，0_3，0_4 等水深，较好地反映了浅滩的深度及走向，综合结果较好；图 5－16（c）中，上述的浅水深均没有选取，结果人为地将浅滩变深，而且在两个水深点之间还有更浅的水深点存在，所以综合结果错误。

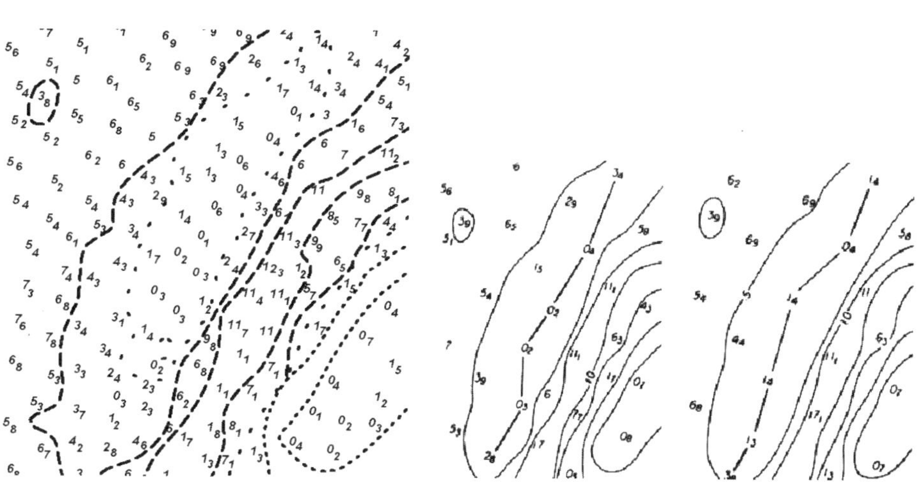
(a) 资料图　　(b) 正确　　(c) 错误

图 5-16　选取反映滩走向的水深

对于海部各种用礁石符号或特殊水深表示的孤立的凸地貌，应该用加密水深注记的形式予以表示。这种加密表示有两种作用：首先，它能清晰地显示凸地貌的形态、范围和坡度变化等情况；其次，对于这种孤立存在的障碍物，在进行水深测量时一般也都经过了加密测量，测得的浅水深是很可靠的。因此，以加密水深注记的形式表示这种孤立的凸地貌，还可以很好地反映出测量的详细程度，并增加海图的可信程度。

（5）水深选取与等深线要协调一致。最后，在选取水深注记时还要考虑到等深线的轮廓形状，选取能够确定等深线轮廓的水深，使两者相互配合协调。

4）水深注记选取基本步骤

为了达到正确表示海底地貌、反映各种航道的目的，在实施水深注记选取之前，必须对制图区域内的海底地貌尤其是浅滩的分布特征和航道的分布特征进行认真的分析研究。在此基础上便可着手选取水深注记。

首先分析地貌形态，找出平坦海区和复杂海区，海区的复杂程度不同，水深注记的密度也不同。初步确定出不同复杂程度区域应采用的水深注记的密度；其次从航海使用的角度出发，阅读航海图书资料，如《航路指南》《推荐航法》《航保参考资料》等，主要是进一步明确航道、浅滩以及碍航程度。通过这两部分的准备阶段，可以比较全面地了解海区的地貌特点和航海的要求。

然后勾绘出海底地貌特征线，如浅滩的顶部剖面线，航道的纵剖面线，对制图区域进一步详细研究分析。主要内容包括：

（1）浅滩的分布特征。包括浅滩的走向、最浅水深及纵剖面上相对最浅水深和相对最深水深，即浅滩的顶峰和鞍部。分析这些鞍部是否有通航价值。

(2) 航道的分布特征。哪些是主要航道，哪些是次要航道；哪些是可以据图直接航行，哪些不能够直接通行；找出纵剖面上的特征水深（即门槛水深）和最深水深，横剖面上能反映航道宽度的水深，以及航道上的碍航水深。对于那些次要的、狭窄的、不能直接使用的航道，应找出最能反映航道通航能力的水深，即纵剖线上的深水深。

在仔细阅读、分析研究区域海底地貌特征，如浅滩分布特征、航道分布特征的基础上，可按如下步骤对水深注记实施选取。

步骤一：选最浅、最深水深点，以便反映基本地貌骨架。

步骤二：选各类危险水深，以确保航行安全，如各种孤立暗礁、浅滩的顶点水深。

步骤三：选取航道纵剖面上的门槛水深，航道分支或汇合处的水深，以及能全面反映航道深度和连贯性的水深。

步骤四：根据比例尺的可能，选取能反映航道宽度的水深和反映浅滩范围、走向和起伏变化的水深。

步骤五：选取岛屿周围和礁石附近的水深。

步骤六：选取非航道处，但海底地貌复杂地区的水深。

步骤七：最后选取平坦海区的水深，从沿岸开始逐渐向外海推进。

具体选取步骤如图 5 – 17 所示。

5）水深注记排列形式

研究水深注记的排列形式有两个目的：首先是为了更好地显示海底地貌形态，满足航海需求，保证航行安全；其次，水深注记排列分布恰当，将能增强海图的清晰性和美观性，提高海图的表现力。经过分析研究表明，一般情况下，菱形排列是水深注记的最佳分布方式，并且菱形的短对角线方向要与岸线方向相垂直。这一特点是由海底地貌特点及海道测量的方法决定的。

首先，菱形排列的水深注记最能表现海底地形。海底地貌形态，其坡度倾斜变化都有一定的规律。一般在与海岸线相平行的方向上，倾斜度较小，即水深变化较小；而在与海岸线相垂直方向上，倾斜度则较大，水深变化快。因此，在与海岸线平行的方向上水深注记间隔应稀些，而在与海岸线相垂直的方向上，水深注记间隔应密些。如果采用菱形排列，并且菱形的短对角线垂直于海岸方向，正好能够满足这一要求。

其次，海道测量时，通常是沿着垂直于海岸线的方向布设测深线。这样，在同一条测深线上（与海岸垂直的方向上）水深注记间隔小（约 0.5 ~ 0.8cm）；在两条相邻的测深线之间（即平行于海岸的方向上），水深注记间隔

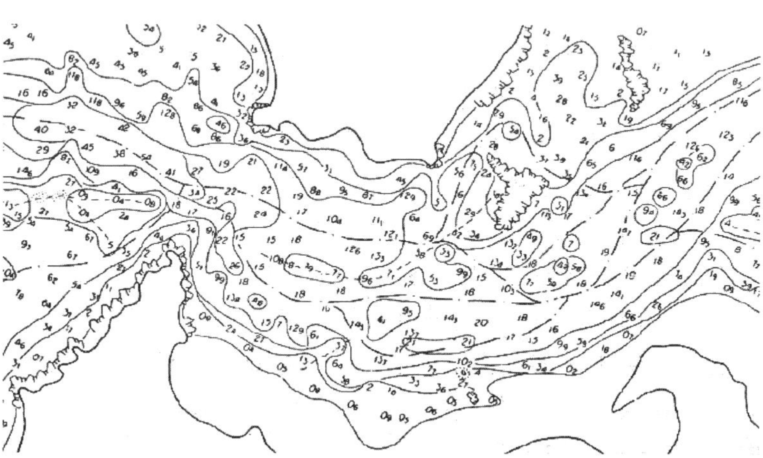

(a) 绘出浅滩纵剖面线和航道纵剖面线

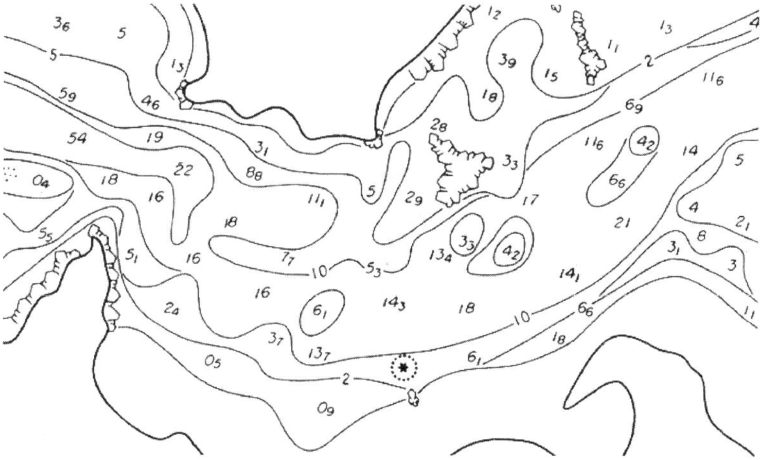

(b) 选取特殊水深

(c) 选取一般水深

图 5 – 17　水深选取步骤

较大（约1cm）。从水深注记可供选取的范围来看，选取后的水深注记在同一测线上的间隔要密，而相邻测线上的水深注记间隔要稀，也就是水深注记呈菱形排列，且菱形的短对角线方向垂直与岸线方向。

最后，从视觉效果上看，菱形排列比较美观、清晰，美学效果好。

因此，海图上的水深注记，通常都是采用菱形排列的形式，而且要求菱形的短对角线与岸线向垂直（图5－18（b）），这样才能顺应海底地貌的倾斜规律，充分反映地形起伏特征。如果将菱形的短对角线与岸线方向相平行（图5－18（c）），或将水深注记排列成正方形或长方形（图5－18（d）），都会使水道横向或垂直与海岸方向上的水深注记间隔扩大，降低了对海底地貌的倾斜变化的表达能力，都是不恰当的。

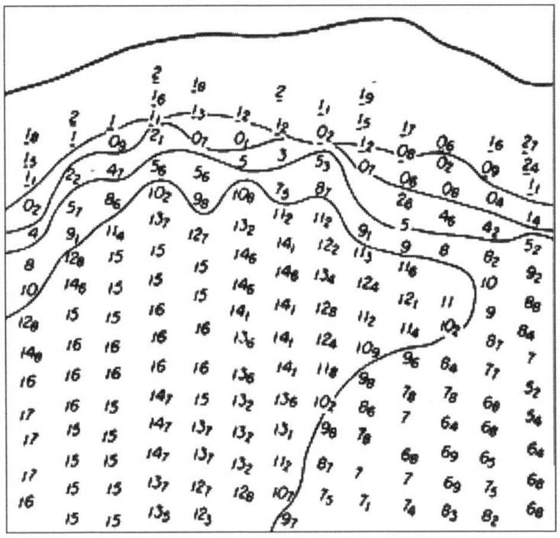

(a) 资料图

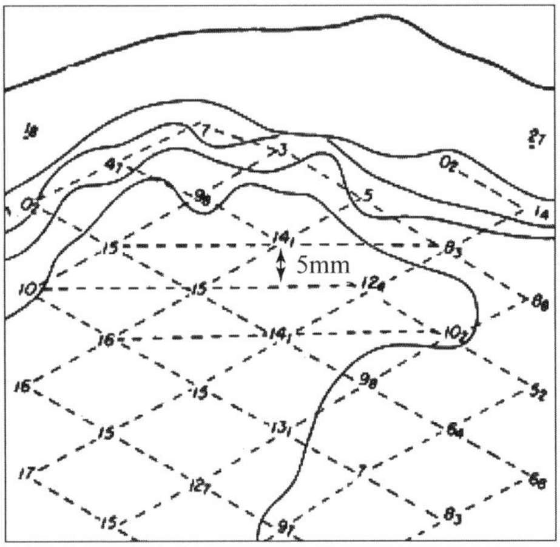

(b) 正确的菱形

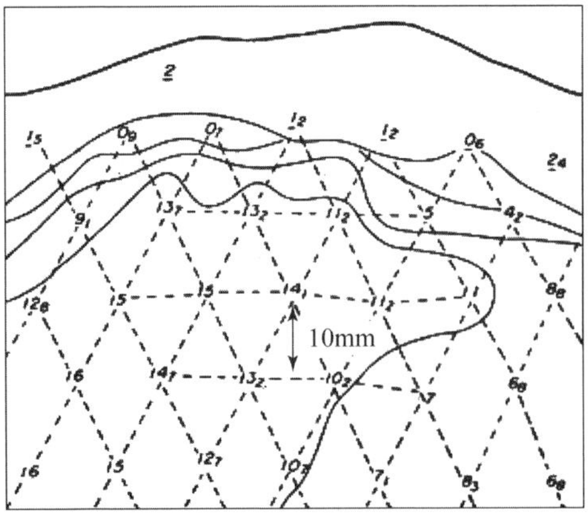

(c) 不正确的菱形

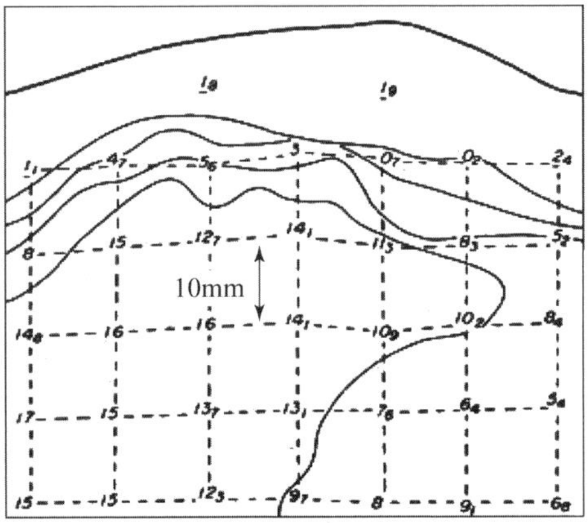

(d) 正方形

图5－18　一般海区水深注记的排列形式

同时，随着海底倾斜度不同，菱形的长短对角线的长度比也有所变化，具体表现为：平坦海区，菱形的长短对角线基本相等；随着倾斜度的增大，菱形的长短对角线差距也逐渐拉大，在狭窄的航门水道处，菱形的长对角线甚至可能是短对角线长度的2~3倍之多，如图5－19所示。

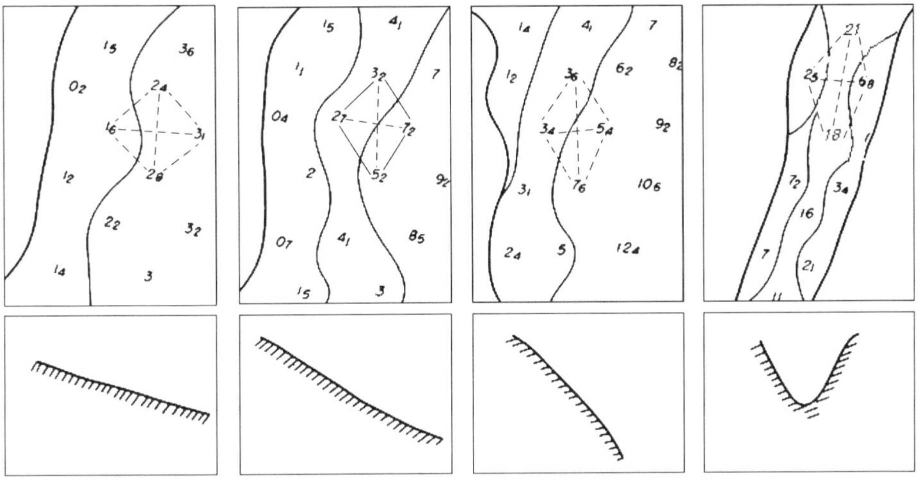

(a) 倾斜度小　　(b) 倾斜度较大　　(c) 倾斜度大　　(d) 狭窄水道

图5－19　菱形的长、短对角线之比随地形倾斜度的变化

在实际情况当中，水深注记是否能呈菱形排列，除了受海底地形起伏形态的影响外，还受到海图编绘资料的影响。在海底变化比较规则的海区，可以等间隔地选取水深注记，因而能够将水深注记排列成规则的菱形；在海底倾斜无规律且倾斜方向不一致的海区，排列的菱形也就是不规则的；而在海底起伏不平、沟壑纵横等复杂海区，水深注记更是排列不出任何形状，只能根据表示海底地貌的要求来选取水深注记。

除此之外，水深注记的选取形状，还会受到测量船测线布控方向的影响，除了垂直与岸线方向布控以外，在岛礁附近呈放射状布控；在突出的岬、角、咀处按扇形布控；而在河口处由于河水的冲击作用，往往按照弧形布控。因此测得的水深也分别呈放射状、扇状和弧状排列，而并不是所谓的菱形排列。

所以，在进行水深选取时，应该根据资料图上水深注记的排列形式进行选取，而不是机械地按照菱形进行排列。

总之，在实际进行水深注记的制图综合时，与水深选取的原则相比，水深的排列形式是次要的，原则才是主要的。只有在充分显示海底地貌、保证航行安全的前提下，才有可能考虑以某种形式排列水深，而不能过于追求排列形式。

2. 等深线制图综合

等深线是指从理论深度基准面起算的海底深度相等的各点的连线，即通过同值水深点的封闭曲线。在等深线间距确定之后，等深线图形的制图综合，便是正确表示海底地貌的关键。本节主要讨论等深线的表示、等深线的勾绘、等深线的取舍和等深线的形状化简。

1）等深线表示方法

在海图上等深线的表示形式通常有两种：点线相间符号和实线符号，如图 5－20 所示。在某些专题海图上还有其他等深线表示方法，如粗细等深线、明暗等深线等。

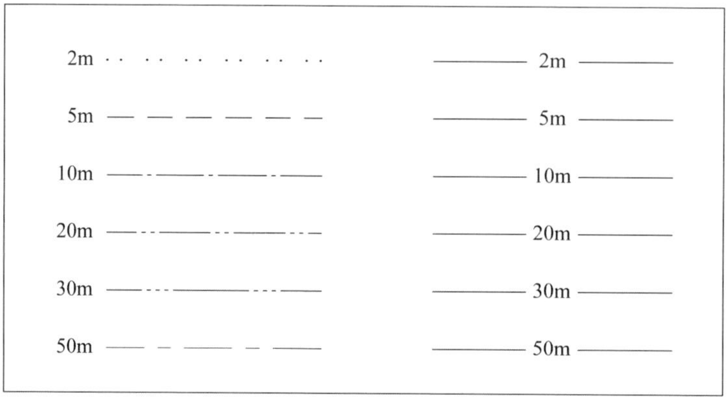

图 5－20　等深线符号表示

2）等深线勾绘

在很多情况下，制图资料上没有所需要的等深线，编图时需根据资料上的水深注记勾绘等深线，如图 5－21 所示。勾绘等深线的原则与方法如下：

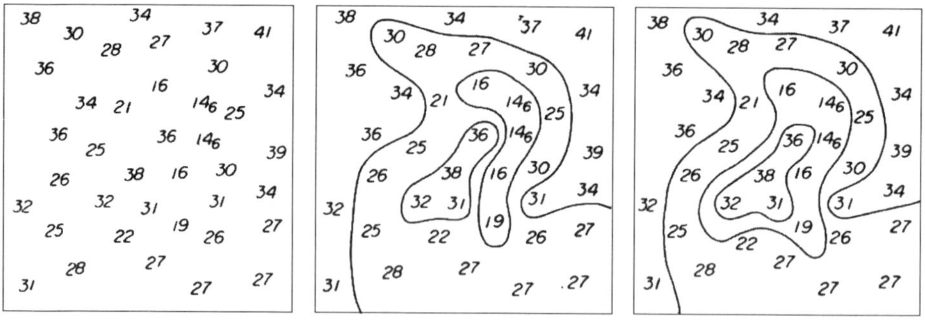

(a) 资料图　　(b) 合理　　(c) 不合理

图 5－21　合理勾绘等深线

（1）勾绘等深线应有足够的水深注记密度，水深点的数量愈多，精度愈高。

（2）对不同用途的海图采用不同的原则，以目估内插的方法勾绘等深线。

（3）等深线图形应正确反映地貌的形态特征和变化规律。在勾绘等深线时，必须分析海底地形的起伏变化规律，使等深线反映的图形与之相符。

（4）等深线图形应完整、光滑和清晰。

（5）水深点密度稀少甚至是空白时，等深线可以中断或空白不绘。

（6）未测到底的水深区域的等深线的勾绘。当所绘等深线的深度小于未测到底水深时，可将未测到底水深当作已测到底水深来勾绘等深线。

3）等深线取舍

等深线的取舍有两种情况：①等深距不同，图上表示的等深线亦不同，随着等深距的变化，也就伴有等深线的取舍；②当编图比例尺缩小后，几条等深线密集在一起，必然影响图面的清晰易读性，必然会给绘图带来困难，因而应根据图上的具体情况，在局部地段舍去一些次要的等深线。这里主要讨论后一种情况，且以航海图为对象。

（1）等深线取舍的基本原则是取浅舍深。

①深水区中表示浅地的等深线必须选取，不能舍弃。

深水区内的浅水区，是船舶航行的障碍，为了使这些浅水区显得突出醒目，表示这些浅水区的等深线就应该与浅水深共同选取，不能舍去，如图5－22所示。

②浅水区内小范围的深等深线可以舍去。

浅水区内小范围的深等深线可以舍去，复杂海区（如水道内）局部内，为清晰起见，也可以只选取水深注记，不绘深等深线。

（2）视海底地形的特点取深舍浅。在岸边陡深的海区，特别是太平洋中的一些火山岛、珊瑚礁盘的外围，仅有很窄的一条带状浅水区分布于岸外，浅水区外陡然深达几十米甚至数百米。当海图比例尺缩小后，一些近岸的浅水深被舍去了，那么相应的等深线亦应随之而舍去。有时岸边可能还留有几个浅水深，此时若在其外围勾绘相应的等深线，则因其断断续续而影响图面清晰，而且对反映海底地貌特点也没有什么作用，因而可以将这些不能充分反映海底倾斜变化的浅等深线舍去，表示陡深处的深等深线。

（3）为反映狭水道和小港湾特点，按用途要求分别取浅舍深或取深舍浅。对于狭窄水道和小港湾，因受比例尺的限制，在海图上要同时表示所有（或其中几条）的等深线是困难的，若勉强表示出来，则必将增加海图的负载量，影响清晰性，也不能充分反映水道状况。因此，在这种情况下，可以只表示一条或两条最能反映该水道或港湾特征的，且与本图用途关系最大的等深线。

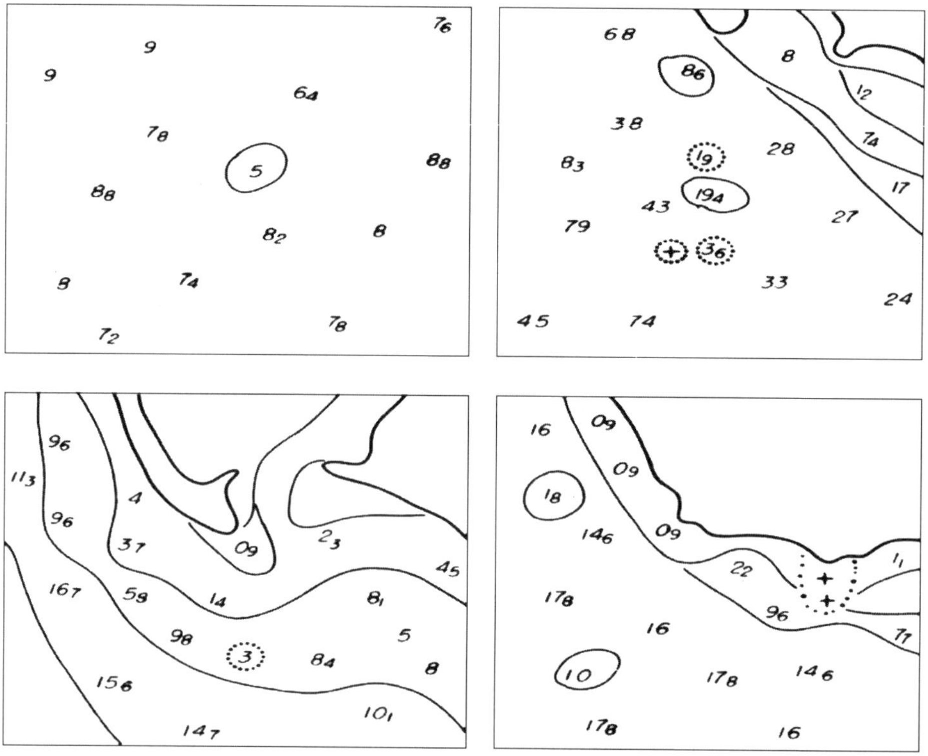

图 5－22　深水区的浅等深线必须表示

4）等深线图形化简

对已选取的等深线，应进行必要的形状化简。等深线的形状化简，实际是对海底地貌形态的概括。基本原则是扩浅缩深，其基本方法有删除弯曲、合并和中断等。

（1）删除弯曲是最基本的化简方法。当比例尺缩小后，有必要对等深线的细小弯曲实施删除化简。为了保证航行安全，删除弯曲时必须遵循扩浅缩深的原则，即将凹入浅水区的小弯曲拉直，而保留甚至可以稍加扩大就凸入深水区的小弯曲，使化简后的等深线向深水区扩展。

（2）合并同值的浅等深线。当两条同深度的表示浅水区的等深线相距很近时，可以将其合并为一条等深线。两条表示深水区的等深线，在任何情况下都不能合并，否则就违反了扩浅缩深的原则，影响船舶航行安全。合并等深线时，还必须注意充分反映航道情况，防止因合并了等深线而堵塞了航道。

（3）局部中断等深线。在海底坡度较陡的地段，几条不同深度的等深线往往相距很近，难以绘画和判读，为此可以采用中断某一条等深线的方法。通常是当两者之间的距离小于 1mm 时，可保留最浅的等深线，将较深的等深线中断在较浅的等深线上，并保留 0.2mm 的间隔；当等深线离岸线或干出滩线不足 1mm 时，也可将其中断在岸线或干出滩线上；若整段等深线离岸线或干出滩线均不足 2mm 时，可将其舍去。

（4）等深线图形的化简要适度，尽量保持原来的轮廓特征。等深线图形反映着海底地貌的形态特征，等深线曲折多弯，标志着海底地形切割破碎、起伏多变；等深线浑圆光滑，说明海底地貌形态完整、起伏平缓。化简等深线时要程度适当，注意保持原来的轮廓形状。

（5）等深线之间应协调。海底地貌是陆地在海水下的延伸部分，存在其固有的协调性。在化简等深线图形时，尤其是在海底地形图上，应注意等深线之间的协调性。

在编绘航海图时，在航道、河口或浅滩等海区，不同比例尺航海图所规定的基本等深线往往满足不了显示海底地貌或航道通航能力的需要，因此可以根据需要加绘任意深度的等深线。

3. 海底底质制图综合

海底底质是由沉积物和暴露的基岩组成的，而且主要部分是各种沉积物，因而海底底质的分类主要是沉积物的分类。目前，基本上都是结合航海的需要，依据底质的物质成分、粒径、硬度、外形特征、颜色等标志进行分类的。我国现行海图采用的是按粒径大小（机械成分）和物质成分分类的综合分类法。在海图上表示底质时，要根据底质的颗粒大小、表面特征和颜色等，在底质的物质成分前加注形容词说明，如细的、软的、硬的、粘的、大的、白色、红色等。在专题海图上，海底底质用底色法表示；在航海图及其他普通海图上，以文字缩写注记的形式表示。形容词在前，物质组成在后。海底底质的制图综合包括底质的取舍和底质的质量概括。

1）底质制图综合要求

（1）准确表示海底底质的类型特点，以满足船舶锚泊、海洋开发及其他活动的需要。

（2）正确地反映出各类底质的分布特征、面积大小以及不同底质之间的界限等。

（3）充分显示海底底质分布的一般规律。

（4）底质的表示应力求清晰、分布均匀，协调。

2）海图上海底底质分布密度

各种海图上海底底质的分布密度，应视海图用途、海底底质的分布情况、海底地貌复杂程度和测量资料的详细程度而定。一般为图上 $25cm^2$ 内有一个底质点，具体按规范要求执行。

3）海底底质取舍

在航海图上选取底质，首先应保证航行安全并且便于选择锚地，其次是反映底质的分布特点和规律。

（1）取硬舍软与软硬兼顾。

（2）海底地貌特征点线处的底质，应优先选取。

（3）取异舍同，取特别舍一般。

4）海底底质质量概括

一个完整的底质注记，应该包括底质的实体（物质成分）和特征说明（形容词），其中特征说明部分有较多内容，如颗粒大小、坚硬程度、表面特征、颜色等。取舍形容词说明时，要分析各种说明的重要性，首先舍去最次要的，最后再舍去较重要的，只保留底质的物质成分注记。一般可按这样的顺序舍去形容词，即颜色—表面特征—坚硬程度—颗粒大小等。例如：

白碎硬浮石—碎硬浮石—硬浮石—浮石；

黑圆坚石—圆坚石—坚石—石；

灰粗沙碎贝—粗沙碎贝—沙贝；

黑硬泥白细沙—硬泥细沙—泥沙。

4. 海底地貌诸要素关系处理

1）水深注记与等深线关系

（1）注意选取能确定等深线轮廓形状的水深。

（2）等深线遇水深注记时，应尽量保持连贯，不中断或少中断。

（3）中断等深线。

在出现下述情况时，应将等深线中断在水深注记的两侧：

（1）等深线偏移后将使航门水道变窄，甚至堵塞航道。

（2）等深线偏移后，会影响海底地形的合理性和等深线之间的协调性。

（3）等深线偏移后，反而会扩大深水区，缩小浅水区。等深线只能中断。

（4）所选水深不应离等深线太近。

2）水深注记与岸线和干出滩线关系

首先，不要选取那些距岸线或干出滩线太近的水深；其次，当近岸处水深比较浅，而且是逐渐变深时，一般也不要选取靠近岸线或干出滩线的水深注记；在平坦的岸边，应该选取离岸线或干出滩线较远一点的水深。对岸边和小岛周围水深比较深的地方，应尽量选取靠近岸边或干出滩的能反映陡深情况的水深（但不能压盖岸线或干出线），并适当加密。

3）水深注记与非地貌要素关系处理

水深注记与方位圈、航标、潮流符号、文字注记等非地貌要素之间，也时常发生“争位”矛盾，可以采用以下方法处理。

（1）将次要的物体舍去。

（2）将次要物体移动，另行配置或选取。

（3）将水深或其他符号适当缩小。

（4）使可以歪斜的符号适当歪斜（如浮标）。

（5）使允许中断的符号中断一部分。

（6）另行选取符号旁的水深，尽量减小符号压盖造成的水深空白区。

总之，既要使水深排列整齐、分布均匀，又要使上述各要素完整而清晰地表示出来。

4）等深线与其他要素关系处理

等深线与岸线、干出滩线之间关系和等深线相互之间的关系类似，应相互协调，等深线中断在岸线或干出滩线时，应呈平行状自然中断，不可绘成垂直相交状。等深线遇到其他非地貌要素时，一般可以中断，但应注意不要在弯曲处中断。

5.4.5 航行障碍物制图综合

航行障碍物通常简称碍航物，又称航行危险物，主要有礁石、沉船、障碍物等。它们是船舶海上活动的主要障碍和威胁。因此，必须在海图上详细地、准确地、合理地、清晰地表示各类航行障碍物。

1. 海图上航行障碍物表示方法

海图上航行障碍物的表示方法多种多样，分别适用于不同的障碍物，并且各种方法也是相互联系、配合使用的。概括起来可以分为如下几类，如图5－23所示。

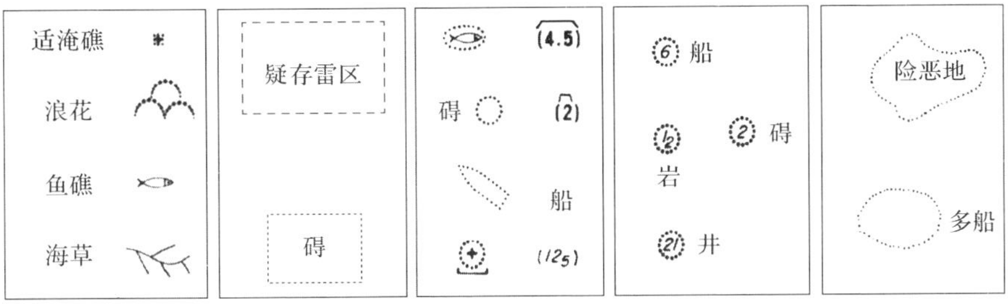

(a) 符号法　(b) 区域法　(c) 符号加注记　(d) 深度加注记　(e) 加绘危险线

图5－23 航行障碍物的表示

1）符号表示法

用依比例图形和非比例符号表示，如图5-23（a）所示。

2）区域表示法

对区域性分布的障碍物，如雷区、群礁区、渔网区等，用实线或虚线将其范围标出来，有时还可加注注记，如图5-23（b）所示。

3）文字注记法

用文字或数字注记的方法来说明航行障碍物的种类、性质、范围、深度等内容。包括符号加注记（图5-23（c））；深度加文字注记（图5-23（d））；只用文字说明法。

4）加绘危险线的方法

当障碍物孤立存在或深度较小而危险性较大时，为了明显起见，常在碍航物符号外加绘危险线。目前对已知深度的障碍物加绘危险线的深度界限是20m，如图5-23（e）所示。

2. 航行障碍物制图综合

综合航行障碍物时，应满足这样的要求：

（1）正确表示各类航行障碍物的位置、分布范围和分布特征。

（2）准确表示航行障碍物的高度和深度。

（3）详细表示航行障碍物的性质等有关说明。

（4）合理准确、明显突出、清晰醒目。

航行障碍物的制图综合，主要表现为航行障碍物的选取、航行障碍物的符号图形转换、危险线的形状化简和说明注记的综合。

1）航行障碍物选取

（1）礁石的选取。

礁石实际上是海底地貌的组成部分。根据礁石与基准面的关系，按由高到低（由浅到深）的顺序分为明礁、干出礁、适淹礁和暗礁。

礁石的取舍取决于礁石的重要程度即危险（碍航）程度，而它又是由礁石所处位置和礁石的高度（深度）决定的。孤立的礁石必须选取。对于群集的岛礁，各种礁石不能全部表示，应当按高低顺序和分布特征进行选取。如图5-24所示。

第一，按高低顺序选取。礁石的选取顺序为明礁—干出礁—适淹礁—暗礁。

第二，按分布特征选取。一是反映礁石区的范围；二是反映礁石的分布特征（密度特征、形状特征）。概括起来，即取外围舍中间，取近航道舍近岸，取稀疏处舍密集处（但仍应保持疏密对比）。

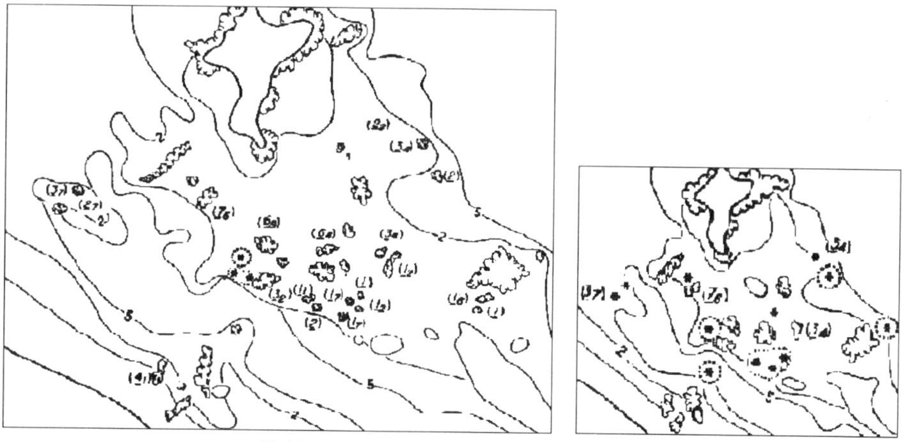

(a) 资料图　　(b) 综合图

图 5－24　岛礁区制图综合

由此可以发现，按高低顺序选取和按分布特征选取是有矛盾的。一般情况下应按高低顺序选取（尤其应优先选取明礁），但对于岛礁区则应以按分布特征选取为主，以反映礁石的分布范围、密度和形态特征。

（2）沉船的选取。

与礁石的选取相类似，孤立的危险沉船均应选取，并加绘危险线；沿岸的或不具危险性的沉船则可大量舍去；中小比例尺图上狭窄水道内的沉船，为避免堵塞航道亦可酌情舍去。对于群集的沉船，应在保持分布特征的原则下进行取舍。

（3）其他障碍物的选取。

除此之外，航海图上表示的航行障碍物还有障碍物区，渔栅、渔礁等捕鱼设施，变色海水和浪花，海藻、海草，水下柱桩，海底火山等。这些航行障碍物在大比例尺海图上均应详细表示。随着海图比例尺的缩小，对那些位于岸边的、非航行区的或范围很小的，可大量舍去或用文字说明等方法表示。

2）航行障碍物符号图形转换

随着海图比例尺的缩小，图上的航行障碍物也在缩小和彼此靠近，在不能将其舍去时，可以通过图形转换来予以表示，以保持图面的清晰易读。

（1）用集合符号代替群集的障碍物。

（2）以不明性质的障碍物符号，代替具体的障碍物符号及注记，如已知深度的水下钢管等改用不明性质符号表示。

（3）以不知深度的障碍物符号代替已知深度的障碍物符号，如将用深度加注记表示的沉船改为不明深度的沉船符号。

（4）以文字注记代替障碍物符号。例如，对于断续分布的大片渔栅、渔网等，由于不便进行化简，表示过多又会影响图面的清晰，则可以将它们全部舍去，而以文字注记如“此处多渔栅”来表示。

3）危险线形状化简

危险线是用来突出表示航行障碍物的，但它本身却并不是航行障碍物。危险线是一种点线，用来将单个的或群聚的障碍物圈起来，并在制印出版时印成紫色，使之醒目突出。因此危险线只是危险物或危险区的一种标志。危险线可分为按比例表示和不按比例表示两种。危险线的制图综合主要体现在：

（1）危险线的加绘。对孤立的障碍物需加绘危险圈符号，有时一些孤立的小岛也加绘危险线。

（2）危险线的删除。海图上的危险线是用紫色或黑色的点线表示的。一般情况下，危险线应随所表示的障碍物一并取舍；舍去危险线保留障碍物；某些危险水深在经过水深制图综合后，已由原来的危险水深变为普通水深，危险线即应舍去。

（3）危险线的形状化简。危险线是人为勾绘的，其形状应光滑自然。因此对细小弯曲可以拉直，次要碎部可以化简。当两条危险线的间隔小于 1mm 时，可以进行合并。当按比例表示的危险线缩小到图式尺寸时，应改用不按比例的危险圈符号表示，如图 5－25 所示。

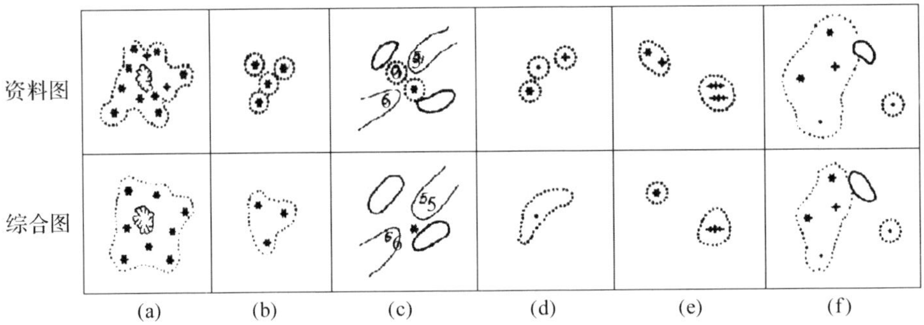

图 5－25　危险线的形状化简

4）航行障碍物说明注记综合

（1）名称注记的选取。在新编图上一般应尽可能地表示障碍物的名称注记，取舍时应根据障碍物的重要程度、所在地理位置以及图面的负载量情况来确定。

（2）高度或深度注记的取舍。对于一般孤立存在的礁石，应尽量注记其高度、干出高度或深度。当一群礁石不能全注记其高度时，应优先注记其中最高的礁石高度。

（3）性质注记的取舍。航行障碍物的性质注记是以缩略语表示的，主要有“疑存”“据报”“船”“柱”“铁”“骸”等。对位于外海或主要航道中的障碍物，其性质注记则应尽量表示。一般情况下，应先舍去名称，再舍性质，最后舍高（深）度。

5.4.6 助航设备制图综合

助航设备也称助航标志，通常简称为航标。它是供船舶在海上航行时确定船位、识别航道、引导航向、避让航行障碍物或测定各种航行要素用的专门的人工助航标志。

1. 航标分类及表示

通常将航标分为普通航标、专用航标和无线电航标三类。

1）普通航标

普通航标分为陆上航标和水上航标。前者有灯塔、灯桩、立标；后者有灯船、灯浮、浮标和水中固定标等。

（1）灯塔：一种大型的发光设备，其射程一般在15n mile以上。一般都设置在显著的海岸、重要航道附近的岛屿上，以及港湾入口处，一般都有专人看守。

（2）灯桩：是一种比灯塔小，射程较短，呈柱形或铁架结构的航标，一般无人看管。

（3）立标：一般是普通的标杆（铁质或木质），顶端有球形或三角形的各色标志。

（4）灯船：一种装有发光设备的助航专用船舶，灯光射程较远，也是一种大型的航标。

（5）浮标：是具有一定形状、颜色和尺寸的漂浮物，其上装有发光设备时即为灯浮标，简称灯浮。

2）专用航标

专用航标是供船舶的某种专门需要而设置的航标。按其用途可分为测速标、罗经校正标、导标（导灯）等，以及并非专为助航目的而设立的各种专用标志，这种专用标志用于指示某一特定的水域或特征，如检疫标志、测量标志、渔场标志等。

3）无线电航标

无线电航标包括专门为导航而设置的无线电导航台、无线电指向标，以及为配合雷达定位和导航用的雷达航标等。

以上是航标的三种主要类型。此外，对水上航标又可分为侧面标志、方位标志、孤立危险物标志、安全水域标志和专用标志。

2. 航标制图综合

一般分为三个方面：航标的选取、航标说明注记的表示和概括、光弧的表示与取舍、航标的组合符号表示及与其他要素间的关系处理。

1）航标选取

原则上根据比例尺和用途要求，按其重要性由高级向低级选取，直至满足已定选取数量指标。

在大比例海图上详细表示各种助航设备及名称、编号和灯质说明等。随比例尺的缩小则按航标的重要程度、地理位置等由高级向低级、由重要向次要的顺序选取即具体按灯塔、无线电航标、灯船、灯桩、灯浮等顺序选取。

2）航标说明注记表示和概括

航标说明注记包括灯质、音响设备、无线电设备的文字说明和光弧的符号与注记。

通常一个灯标的灯质注记包括发光方式（闪光次数）、光色、周期、灯高和射程，如“闪（3）白红绿 15s90m16－12M”。

航标说明注记的概括，对不同位置的灯标应按照不同的顺序进行。

第一，主要灯标及位于港外和外海的灯标，注记省略次序是灯高、周期、射程及其他。

第二，水道及海峡内的灯标，注记省略顺序是射程、灯高、周期及其他。

3）光弧表示与取舍

光弧是扇形光灯所特有的表示方法。通常的灯标是360°范围内全部可见且为同一光色的。扇形光灯则不然，它是在某一角度范围可见或在不同角度内发出不同的光色。

一般情况下，当该灯标在某一比例尺海图上，有直接引导船舶航行或指示船舶避开航行障碍物的作用时，其光弧即应详细表示。对多色光弧一律不得合并，当比例尺缩小后海图上不便描绘时，可以舍去。

4）航标组合符号表示及与其他要素间关系处理

（1）航标的组合符号表示法。当航标之间相互拥挤时，可以采用组合符号表示。通常有这样几种情况：

①当灯塔或灯桩与无线电导航设备在一起时，应用组合符号表示。

②当两个灯标相距很近时，应对其加以分析，若两个灯标有主次之分，可只表示其中的主灯符号，舍去辅助灯或次要灯符号，并将其灯质分别注出。

③雾警信号通常作为灯标的一种附属设备，一般是和灯标一起用组合符号表示的。当注出雾号的种类名称时，雾号符号也可省略。

（2）灯标与其他要素的关系处理。

①当灯塔、灯桩设在小岛、礁石上时，若不能同时表示，可只表示航标，舍去小岛、礁，但尽可能注出名称及高程。

②设在沉船或其他航行障碍物上的航标，可用组合符号表示。

③当灯浮或浮标等与浅水深注记或航行障碍物符号相冲突时，一般应保持浅水深注记或航行障碍物位置准确，移动灯浮标或改变其角度。

复习思考题

1. 制图综合的实质是什么？
2. 如何认识制图综合的制约因素？
3. 制图综合的基本方法有哪些？它们之间有何联系？
4. 由制图综合的原则出发，物体的选取和形状化简应该达到什么样的要求？
5. 海图综合作业中常用的概括方法有哪些？并举例说明。
6. 采用移位方法的意义是什么？什么情况下使用？
7. 如何理解用“扩大陆部，缩小海部”的原则化简海岸线？
8. 海岸性质的概括方法有几种？如何实施？
9. 干出滩的制图综合包括哪些内容？如何实施干出滩的质量转换？
10. 岛屿的取舍与合并各在何种情况下运用？如何运用？
11. 如何确定航海图上的水深注记的密度？
12. 如何理解水深选取的各个原则？
13. 水深注记的排列形式有哪些？为何多以菱形为主？
14. 等深线的化简有哪些方法？试举例说明。
15. 选取底质注记有哪些基本要求？怎样进行底质注记的概括？
16. 如何实施危险线的制图综合？
17. 航标的说明注记包括哪些内容？应当如何加以概括？

第6章

数字海图制图系统

通常，一个数字海图制图系统应具备海图数据输入、处理和输出功能，能根据不同的要求生产相应的数字海图或模拟（纸质）海图产品。这样的系统由硬件系统和软件系统两大部分组成。其中，硬件系统主要包括计算机及网络设备、图形输入设备和图形输出设备，软件系统仅简要介绍 CARIS、CPS、dKart Office 等系统。

6.1 计算机及其网络设备

6.1.1 计算机

计算机是数字海图制图系统的核心，其硬件包括中央处理器（CPU）、存储器、输入/输出（I/O）设备和总线等几部分。中央处理器（CPU）由运算器和控制器组成，是计算机的核心部件，负责解释、存储、调度和执行计算机操作指令，使计算机完成相应的工作。存储器是计算机存放数据和各种程序的部件，可分为高速缓冲存储器、内存储器和辅助存储器三级。输入/输出（I/O）设备是计算机的外部设备，包括键盘、鼠标、显示器、光驱、硬盘、磁带机等外围设备，负责信息的输入和输出。总线是计算机多个部件之间公用的信息通道，负责把计算机的各个部分连接在一起，可分为地址总线、数据总线和控制总线。

衡量计算机性能高低的主要技术指标有系统结构、运算速度、存储空间、图形显示速度和外设配置情况等。目前对计算机的分类主要从它的性能、规模和档次等方面，将其分为超级计算机、大中型计算机、小型计算机、图形工作站和微型计算机等五类。

在数字海图制图系统中，计算机担负着设备控制、数据处理、数据存储和数据管理等方面繁重的工作。超级计算机和大中型计算机尤其是超级计算机，具有运算速度快、存储容量大、综合处理能力强等特点，但价格昂贵，维护和管理复杂，能耗大，所以一般只有国家重点部门或科研、生产基地才会选用它们作为系统的主机。小型计算机因具有分时操作系统和通用的数据库管理系统以及多种高级语言编译系统等优势，曾一度是建立数字海图制图系统的主要设备，但它已被图形工作站和高档微机逐步取代。图形工作站是一种图形处理能力很强并且大多供个人使用的一种小型计算机系统，内外存储空间大，具有专用的图形加速处理单元和高档次的图形显示器，带有多个输入/输出（I/O）端口，目前已越来越多地被用作数字海图制图系统的主机。微型计算机自20世纪70年代诞生以来发展十分迅速，不仅具有速度快、容量大、价格低等特点，而且其图形、图像、音频、视频等多媒体数据集成与处理能力不断增强，具有很好的兼容性和可扩展性，这些从硬件上为数字海图制图提供了强有力的保证，因而在数字海图制图系统中有着广泛的应用。

6.1.2 网络设备

计算机网络品种繁多、性能各异，而且发展速度极快，这里仅介绍一些关于计算机网络的基本概念和设备，详细内容可参阅相关书籍。

计算机网络的功能在于信息交换、资源共享和分布式处理（云计算）与存储。网络的拓扑结构有星形、总线形、环形、树形、网形等。从地理覆盖范围可将网络分为局域网（LAN）、城域网（MAN）好广域网（WAN）。Internet（国际互联网）是当今世界上规模最大、用户最多、影响最广的计算机网络，它连接着大大小小、成千上万个不同拓扑结构的局域网、城域网和广域网。据有关资料介绍，正在发展中的下一代国际互联网（Internet2）将更大、更快、更安全。它是以IPv6（Internet Protocol Version 6）为基础，可以实现“户对户”连接的网络。有庞大的地址数量（空间）是它的特点，号称可以为全世界的每一粒沙子编上一个网址，对以后的网速和网络安全有重要影响。

计算机网络由硬件、软件和规程三部分组成。规程涉及网络中各种协议，而这些协议也以软件形式表现出来。计算机网络的硬件包括主体设备、连接设备和传输介质。主体设备指中心站（服务器，提供共享资源）和工作站（客户机，用户入网操作的节点）；连接设备包括网络适配器（网卡）、集线器（HUB）、网络互联设备（中继器、网桥、路由器、交换机、网关等）；传输介质有双绞线、同轴电缆、光缆和无线介质（无线电波、微波、卫星等）；计算机网络的软件包括网络操作系统（如NetWare、Windows、Windows NT、UNIX）和应用软件。目前，流行的数据传输协议有NetBEUI、IPX/SPX、TCP/IP。其中TCP/IP协议被称为互联网上的“交通规则”，实际上它包括了100多个不同功能的协议，与网络的物理特性无关，任何网络软件或设备都能在该协议下运行。现在的网络操作系统都已包含了该协议，成为标准配置。

当计算机连接 Internet 时，它并不直接连接到 Internet，而是采用某种方式与 Internet 服务提供商（Internet Service Provider，ISP）提供的某一台服务器连接起来，通过它再接入 Internet。从通信介质的角度看，有专线接入和拨号接入；从组网架构的角度看，有单机直接连接和局域网连接。

6.2 制图输入设备

能够将连续的海图图形或图像转换成离散海图数据的专用设备称之为数字海图制图的输入设备，简称图形输入设备。常见的图形输入设备包括各种类型的数字化仪和鼠标器、触摸屏等。通常，数字化仪按其能够获取海图数据的形式不同，分为跟踪式数字化仪和自动扫描数字化仪两种基本类型。由跟踪数字化仪可以直接获取矢量海图数据，而由扫描数字化仪可直接获得栅格海图数据。为满足海图图形输入的需要，不论是哪种类型的数字化仪，均要求其具有 A0 以上的幅面。

6.2.1 跟踪式数字化仪

跟踪式数字化仪按其自动化程度的不同可分为全自动跟踪式数字化仪、半自动跟踪式数字化仪和手扶跟踪式数字化仪三种类型。

（1）全自动跟踪式数字化仪在实施数字化之前，通常需对线划图形进行预先处理，使之成为单线连续图形。作业时，数字化仪的跟踪头自动扫描数字化底图的图边，当捕捉到一条线的线头，就沿着这条线自动跟踪取点数字化，直到其终点或交叉点。当一条线数字化结束后，再重复以上过程，直至全图数字化结束。对图上很近的线，则需要辅以支援性操作。这类仪器不能识别线条的属性（如等高线的高程等）。

（2）半自动跟踪式数字化仪与前者不同的是数字化每条线之前，需由操作员把数字化仪的光学感应跟踪头置于线条的端点，并指明跟踪方向，然后数字化仪自动跟踪该线条，直至终点或交叉点。

上述两种跟踪式数字化仪，主要是设计用来以全自动化或半自动化方式快速获取线和/或面边界顶点（特征点）数据的。由于设备结构较复杂且其价格十分昂贵，实际应用较少。

（3）手扶跟踪式数字化仪结构简单、价格低廉、易于使用，是早期在计算机地图制图等领域应用较广的一种图形输入设备。可满足海图上点、线、面各类要素数字化的要求。以线要素数字化为例，在作业时由操作员手握游标，将其上的十字丝对准要数字化要素的起点，沿该要素图形的中心轴线移动并按键取点至线要素终点，即可获取该要素图形的矢量数据。但这类数字化仪的不足是数字化作业速度较慢、劳动强度大，且数据质量、精度易受到操作人员的工作态度、责任心等因素的影响。目前手扶跟踪式数字化仪已经很少使用。

6.2.2 自动扫描数字化仪

自动扫描数字化仪是直接把图形（各种海图）和图像（航空像片、照片等）扫描输入到计算机中，以像素信息进行存储表示的设备，也常称为图形扫描仪或图像扫描仪。

自动扫描数字化仪是光机电一体化的产品，主要由光学成像部分、机械传动部分和转换电路部分组成。扫描仪的核心是完成光电转换的电荷耦合器件（CCD）。扫描仪自动携带的光源将光线照在欲输入的原图上产生反射光或透射光，光学系统收集这些光线将其聚集到CCD上，由CCD将光信号转换为电信号，然后再进行模/数（A/D）转换生成数字图像信号送给计算机。自动扫描仪采用线阵CCD，一次成像只生成一行图像数据，当线阵CCD经过相对运动将底图全部扫描一遍后，就可得到一幅完整的数字图像（海图栅格图像）数据。

可用于海图图形或图像输入的扫描仪一般分为平台（板）式和滚筒式两类。常见的小幅面扫描仪多为平板（台）式的，而大幅面的多为滚筒式的。平台式扫描仪扫描时要求将原图平铺在台面上，由步进电机带动CCD作直线运动进行扫描；滚筒式扫描仪的扫描头是固定的，原图固定在滚筒上，由滚筒带动原图移动完成扫描过程。

自动扫描仪的性能指标主要有幅面、分辨率、精度、色彩位数和扫描速度等。分辨率是影响扫描精度的主要因素，通常用每英寸对图像的采样点数来表示，标记为DPI（Dot－Per－Inch）或PPI（Pixel－Per－Inch）。从物理上讲，分辨率就是扫描仪CCD的排列密度，如300DPI就表示该扫描仪的CCD排列密度为每英寸有300个CCD器件。现在的扫描仪还采用内插算法来进一步提高其分辨率，为了便于区别，通常将CCD的密度称为光学分辨率或物理分辨率。用内插算法提高扫描仪的分辨率，最多只能提高4倍，再高的倍数都将毫无意义。

色彩位数表示了图像扫描仪对色彩的表达能力。从物理上讲，色彩位数就是扫描仪A/D转换的位数，常用的有6位、8位、10位和12位，对彩色海图或图像来讲，需存放红、绿、蓝三原色，因此，色彩位数需乘 3，即 18 位、24 位、30 位和 36 位。色彩位数越高，扫描仪的色彩分辨能力就越强。目前一般的扫描仪和图像处理软件都采用 8 位（24 位）以上的分辨率。

平台式扫描仪主要为 A4 幅面，另有少量 A3 幅面。其主流机型的分辨率为 1200DPI（光学分辨率为 300DPI），高档的分辨率可达 2400DPI（光学分辨率 600DPI）和 4000DPI（光学分辨率为 1000DPI），彩色位数主要是 24 位色彩（通称真彩色），可表示 1600 万种颜色。在扫描速度方面，1993 年以前，彩色扫描仪都采用三次扫描方式，此后陆续推出了一次扫描的彩色扫描仪，由于它在价格上与三次扫描仪相差不多，而扫描速度得到很大提高，因此深受欢迎。

滚筒式扫描仪通常为大幅面工程图纸扫描仪，通常为 A1 和 A0 幅面，8 位灰度（256 级灰度），分辨率在 500DPI 或 800DPI（光学分辨率为 270DPI 或 400DPI）。目前，市场上已有价格比较适中的大幅面彩色扫描仪，可为扫描像海图这样的大幅面图件提供方便，而无须像使用小幅面扫描仪那样，再进行烦琐、低效的拼图等复杂的后处理工序。

常见的滚筒式扫描仪如 ANATech 系列，如图 6－1 所示，其产品的主要型号有：Evolution SLI3840 高速大幅面扫描仪，Evolution 4080ET 超大幅面高分辨率扫描仪，Evolution 4080C 超大幅面高分辨率彩色扫描仪，Evolution 4240 超大幅面扫描仪，Evolution 4240C 超大幅面彩色扫描仪等。Evolution SLI3840 扫描仪扫描一幅 A0 图纸的时间仅需要 15s，精度为 0.05%，失真率小于 0.1%。用户可以在 800DPI 范围内任选扫描分辨率，可以按黑白二值或 256 级灰度方式扫描，可以边显示边扫描，并具有实时消蓝去污功能。

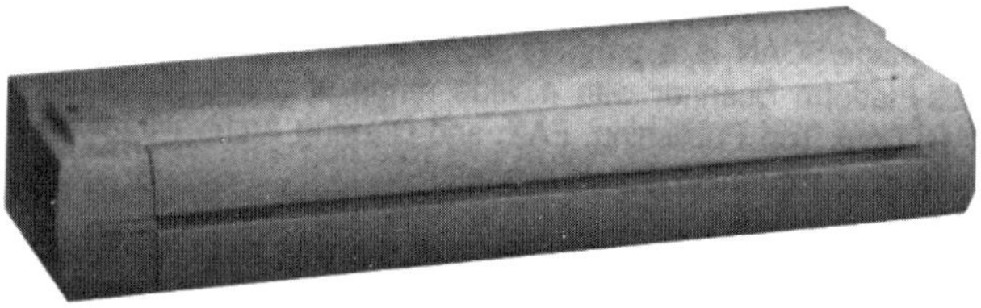

图 6－1　ANAtech（Eagle Evolution）大幅面工程扫描仪

就目前情况看，两种类型的扫描仪产品都能满足海图图形或图像的扫描。平台式扫描仪幅面较小，可采取将海图分块扫描，对获取的栅格数据进行拼接处理的方式。滚筒式扫描仪幅面较大，可一次完成整幅海图的扫描。但由于平板式扫描仪体积小、价格低、使用方便，故得到了广泛的应用。

除了跟踪式数字化仪和自动扫描仪外，还有用于图形输入的鼠标器、光笔、触摸屏、手写板等设备。

6.3 制图输出设备

通过数字海图制图得到的海图产品除了以特定格式（如S－57、VCF等）数据集形式提供给用户使用之外，通常还要为用户提供可视化的海图产品（如纸质海图、屏幕上显示的海图等）。以下介绍的数字海图制图输出设备（简称海图图形输出设备），指的就是实现从海图数据到海图图形转换的专用设备。常见的海图图形输出设备主要包括图形显示器、绘图仪、打印机、胶片输出机（激光照排机）、计算机直接制版机和数字印刷机等。由于打印机除了早期的行式打印机与绘图仪有所差别之外，目前使用的各种打印机，如针式、喷墨式、激光式、热敏式打印机，无论是从工作原理还是操作使用方式上，均很难与绘图仪做出严格的区分。若一定要加以区分，可以认为：一是打印机的幅面通常要比绘图仪幅面小；二是打印机输出精度可能要比绘图仪输出精度略低一些；三是打印机价格通常要比绘图仪低。因此，不对打印机作单独介绍。

6.3.1 图形显示器

早期的图形显示器包括随机扫描显示器、存储管显示器和光栅扫描显示器等几种类型。随机扫描显示器具有高度的动态性能，较高的分辨率，明显的对比度，以及线画质量高和易于局部修改等优点；存储管显示器具有价格便宜，无闪烁现象，分辨率高，显示的图形精细等优点，但有不具备局部图形修改能力和无灰度层次等缺点。这两种显示器只能和笔式绘图仪一样用画线条的方式显示图形的轮廓线，图形真实感不强。光栅扫描显示器不仅能显示一般的图形，而且能显示具有多级灰度和多种色彩的图像，这就使得输出具有真实立体感的图形成为可能。因此，在计算机海图制图和遥感图像处理中多采用其作为图形显示器。

光栅扫描图形显示器采用和家用电视机相同的扫描方式，这种方式是把显示屏分成有限个离散点，如1024×768，每个离散点叫做一个像元，屏幕上的像元阵列组成了光栅。每个像元可具有某种灰度或颜色，要显示的线段是由相邻像元串接而成的，而字符是由一定大小的像元阵列构成。当电子束按顺序扫描整个屏幕时，只有电子束经过组成图形所在位置上的各个像元才具有灰度或颜色，从而在整个屏幕上得到所需要的图形。为了保证屏幕上图形的稳定性和余辉不消失，要求电子束最少每40ms重复扫描一次，即每秒钟刷新25次（或刷新频率为40Hz）以上。事实上，目前市售图形显示器的刷新频率都达到了 75Hz 以上。

电子束在扫描过程中，每个像元上的信息（亮度、灰度、色调等）都要存放在帧缓冲存储器中，因此这种显示器需要大容量的存储器。例如，把 1024×1024 个像元进行二值图形存储并显示时，需 1 兆位的存储器；如果每个像元有 8 种颜色，则需要 3 兆位存储器。近几年来随着以集成电路芯片为元器件的半导体存储器生产技术的飞速发展，大容量、低价格的图形存储器使这类显示器的性能价格比有了很大的提高。一般的微机系统均配有 4 兆或 8 兆字节的图形存储器，可满足高分辨率、高色彩数和图形图像快速显示的要求。

根据以上介绍可知，图形显示器的性能是由多种因素决定的，包括屏幕尺寸、分辨率、存储器容量、显示速度（刷新频率）图形模式和图形稳定性等。另外，从阴极射线管（CRT）显示屏的外观，可分为普通型、超平型和纯平型，纯平型可保证所显示的图形图像不失真。目前液晶式显示器、等离子体显示器等新一代显示器得到了飞速发展，性能价格比得到了很大的提高，由于其具有体积小、图形稳定、不失真、无闪烁等诸多优点，因此日益受到用户的喜爱。

另外，作为图形输出设备的各种大屏幕投影仪也得到了飞速发展，满足了人们对图形、图像显示的不同需求。

6.3.2 绘图仪

绘图仪的种类很多，功能各异，可以灵活地进行分类。例如，按外形可分为滚筒式绘图仪和平台式绘图仪；按驱动方式可分为步进电机绘图仪、伺服电机绘图仪和平面电机绘图仪；按绘图方式可分为笔式、光学式、静电式、喷墨式等不同类型的绘图仪；按绘图仪接受的图形数据格式可分为矢量绘图仪和栅格绘图仪，等等。但如前所述，在 WINDOWS 环境下的利用 CGI 技术，已经使得矢量绘图仪和栅格绘图仪对于用户来说几乎可以不加区分地就可以使用了。从绘图仪接收数据的形式看，仍然可分为矢量式和栅格式两种图形数据形式，但从实质上看它们均是按照栅格绘图原理来完成图形绘制的，即此时的矢量绘图仪是在模仿栅格绘图仪的动作完成绘图作业的。然而需要注意的是，有些绘图系统，特别是那些脱机绘图作业系统还在按矢量方式完成绘图作业。

下面分别介绍矢量绘图仪和栅格（光栅）绘图仪的结构、性能和工作原理。

1. 矢量绘图仪

性能指标很多，包括台面形状、有效绘图面积、驱动方式、传动机构、步距、绘图精度、速度和加速度、绘图方式和插补功能等。从用户使用的角度，步距、绘图精度、速度和加速度等是最重要的指标。

步距：绘图仪每接受一个脉冲，绘图笔（头）在 x 或 y 方向上移动的距离称为步距。步距越小，所绘的图形就可以越精细，绘图精度就可能越高。步距的范围通常在 0.01 ~ 0.1mm 之间。

精度：精度包括定位精度、重复精度和动态精度，通常以误差的大小来描述精度的高低。目前绘图仪的定位精度可达 0.01 ~ 0.1mm。

速度和加速度：速度主要是指绘图头作直线运动时能达到的最高速度，它取决于运动部件的质量和电机驱动功率。一般来说，以步进电机驱动的绘图仪速度较小，平面电机绘图仪速度较高。加速度指标主要由绘图仪达到最大速度所需时间的长短来衡量，它取决于启动电机的最大转矩和系统的惯量。

目前，矢量绘图仪几乎已被迅猛发展的性能更为优越的以喷墨绘图仪为代表的栅格绘图仪所取代。

2. 栅格绘图仪

一般为滚筒式，其主要性能指标包括绘图幅宽、分辨率、绘图色彩等。其绘图速度则主要受绘图仪存储器大小及计算机处理图形数据速度高低等因素的影响，与电机及传动装置关系不大。目前，比较常见的栅格绘图仪有彩色喷墨绘图仪、胶片绘图仪和激光绘图仪等。

彩色喷墨绘图仪如图 6 - 2 所示，其关键是存储墨水的墨盒，一般包括黑、红、绿、蓝四种墨水，由他们按一定的比例混合后即可得到所需的颜色。喷嘴盘是由单个硅片被一组微小的喷嘴穿入构成的，每个喷嘴后面有个微小的压力室，每一个比一颗盐粒还小，并能单个以高达每秒数千次的频率喷射适量墨水。

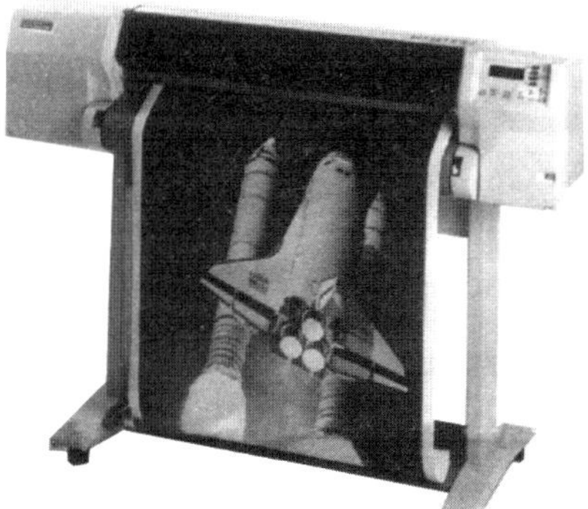

图 6 - 2　大幅面彩色喷墨绘图仪

喷射过程开始时，空压力室充满了来自墨盒存储处的墨水，喷射墨水滴时，由绘图仪给电阻通电，使室内墨水过热，过热的墨水引起压力波，强迫墨水喷出，喷出的墨水使压力室形成真空，吸入下次喷射的墨水，并开始又一次循环过程。

此外，还包括激光照排机、冲洗机、光盘刻录机、光盘复制机等数据生产与发行设备。用于输出纸质海图的制版胶片和生产海洋测绘数字产品光盘。

6.4 数字海图制图软件

6.4.1 CARIS 海图制图软件

计算机辅助资源信息系统（Computer Aided Resource Information System，CARIS），是由加拿大 UNIVERSAL SYSTEM 公司开发的一种综合性海洋及海岸带测绘系列软件。该公司成立于 1979 年，经过近三十年的发展，在海洋测绘数据处理方面积累了十分丰富的经验。目前，在全球范围已经有 40 多个 CARIS 产品销售商，至少已有 75 个国家和地区在使用 CARIS 产品。

由于 CARIS 系统是一种综合性海洋及海岸带测绘系列软件，因此可以根据不同的角度将其进行分类。可将其分为下列 6 类软件：

（1）海洋及海岸带测量数据处理软件，如 CARIS HIPS、CARIS SIPS 和 CARIS Notebook 软件等。

（2）海洋及海岸带测量数据生产软件，如 CARIS HOM、CARIS DOM、CARIS HPD 软件等。

（3）海洋及海岸带测量数据管理与应用软件，如 CARIS GIS、CARIS Bathy Database 软件等。

（4）港口与航道管理软件，如 CARIS BEAMS、CARIS MetOcean、CARIS PORTIS 软件等。

（5）海图发布软件，如 CARIS ChartServer 软件等。

（6）主权国海域版图制作与管理（海洋划界）软件，如 CARIS LOTS 软件等。

CARIS HPD（Hydrographic Production Database）2.0 是 UNIVERSAL SYSTEM 公司于 2003 年 10 月发布的一套独立而完整的海道测量生产数据库解决方案，它采用 C/S 结构，主要包括以下模块：

1. HPD Database

HPD Database 包括源数据库（Source Database）和产品数据库（Product Database）两部分。源数据库用于存储和管理源数据，包括空间数据和非空间数据。产品数据库存储和管理产品定义数据，如图幅信息、海图图饰等。两个数据库集成在一起并相互关联，因此，源数据库中特征对象的更改会引起产品数据库的相应改变。此外，由于系统采用 Oracle 空间数据库（Oracle Spatial），因而 CARIS HPD 继承了 Oracle Spatial 在空间数据存储、管理上的强大优势。

2. HPD Server

HPD Server 用于在 Oracle Spatial 中创建和维护数据模型。利用无缝关系数据库消除数据冗余和有效跟踪源数据和产品数据的变化。按照 S－57 数据结构，HPD 数据模型将物标对象存储为一个描述特征和空间特性的组合体。HPD Server 提供了用户管理、用例（Usage）管理、数据字典创建、项目（Project）管理、数据导入等功能。

3. HPD Source Editor

HPD Source Editor 为 HPD 产品编辑器准备并提供源数据。它能通过一系列对数据的几何和描述属性的有效性检查来确保数据的质量。它允许读取 S－57、CARIS HOB、CARIS FILE、BSB、GeoTiff、TFW、DGN、CRL 和 SHAPE 文件来创建和编辑特征对象。它可通过创建图层来组织和管理数据，并可以根据特征的几何、类型、属性、FOIDS 或状态来选择。它能够新增点、线、面、复杂的线和面及组合对象等特征，并自动创建物标主从关系。

4. HPD S－57 ENC Editor

它提供了一套复杂的工具来支持由源数据生成 S－57 ENC，也可以定制产品特征对象，但并不改变源数据。它提供自动质量控制检查，以确保输出产品符合 S－57 标准。电子海图工作者可以从源数据中截取特定区域范围的 S－57 ENC，使用熟悉的 HPD 编辑工具来创建产品级特征。它能够打开已有 ENC，与数据源进行比较，并标识出新增、修改或被删除的特征。此外，它还能利用 S－57 ENC 输出向导，获得 ENC 基本单元（.000 数据）小改正（ER 文档）再版和新版数据。

5. HPD Paper Chart Editor

它和创建 S-57 ENC 一样，利用相同的源数据库可创建纸质海图，从而减少数据的复制和维护工作。HPD Paper Chart Editor 创建基于 IHO INT1 和 INT2 规范的纸质海图，同时也支持符合用户需求的自定义图式规范。

与传统的先出纸质海图再出电子海图的做法不同，HPD 提出了一个共用源数据的概念，即先有统一的基于 S-57 的源数据，再由源数据生产纸质海图和电子海图。因此，基于 HPD 的海图生产流程分为两大部分：源数据生产和海图产品生产。

1）源数据生产

源数据生产主要利用 Source Editor 来完成，为生产纸质海图或电子海图准备基础数据。源数据生产包括以下三个工序：原始数据导入、源数据制作、源数据质检。

（1）原始数据导入。HPD 能够获取多种原始数据，这些数据经过一定工序后就成为可供海图制作使用的源数据。HPD 的数据导入方式主要有：

①批量或选择性导入 S-57 电子海图文件（.000）或 CARIS HOB 文件（.HOB）。

②导入文本格式文件，如灯标、障碍物、助航标记的文本文件。

③通过 ODBC 导入其他数据库的海图数据。

④从其他文件中读取数据，可读取的文件如 CARIS Files（.DES）MicroStation（.DGN）Shape 文件（.SHP）AutoCAD 文件（.DWG/.DXF）等。

（2）源数据制作。HPD Source Editor 提供了一整套便利的源数据显示、查询、编辑、校验、认证的工具，其重要特点是：

①通过创建图层来组织和管理数据，可以新增点、线、面、复杂线、复杂面及组合几何体等特征物标，并能自动创建物标主从关系。

②可以通过使用文字或图形注记对物标进行变化跟踪。

③内建的 S-58 电子海图数据有效性检验工具，能够确保数据的空间和描述属性的有效性，提高电子海图数据生产的质量。

④源数据是无缝存储的，没有图幅的概念。

（3）源数据质检。HPD 拥有一套数据认证（Certification）机制，对源数据的制作流程进行跟踪和管理。物标一旦改变，就会处于待审核状态。只有检验合格的物标才能真正成为可用于生产的源数据。

2）海图产品生产

虽然源数据的生产为海图生产建立了一个强大的海图要素的基础数据库，但是要将源数据变为海图产品还必须启动纸质海图生产和电子海图生产工序。HPD 分别为纸质海图和电子海图生产提供了 Paper Chart Editor 和 S－57 ENC Editor 编辑工具，生产人员可以从源数据库中调用相应图幅范围的源数据进行海图制作和打印。和 Source Editor 一样，两种产品编辑器也提供了丰富的数据显示、查询、编辑、校验和认证的工具。海图生产人员可以对数据进行修改或图饰，但源数据并不会改变，所得海图数据会存储于 HPD 产品数据库中。

电子海图生产者可利用 S－57 ENC Editor 的 S－57 ENC 输出向导，获得 ENC 基本单元、小改正、再版和新版数据。由于源数据本身就是符合 S－57 标准的，所以相对于纸质海图来说，电子海图生产更为简便些。Paper Chart Editor 创建基于 INT1 和 INT2 规范的纸质海图，同时也支持符合用户需求的自定义图式规范。与源数据生产环节一样，HPD 也为纸质海图和电子海图的生产增加了“认证”环节。两种产品的质检人员可以通过该环节对海图产品进行检查。

目前，CARIS HPD 系统已经在加拿大、美国、葡萄牙等国家的海道测量部门的海图生产中得到实际应用。我国海事部门从 1992 年开始引进 CARIS 海洋测绘系列软件，如 CARIS HIPS、CARIS SIPS、CARIS HOM 和 CARIS HPD 等。其中，CARIS HPD 为 2007 年年初引进，现已形成基于 HPD 的海图产品生产体系。

6.4.2 CPS 海图制图软件

制图系统（Cartographic Production System，CPS）是由瑞典的 T－Kartor Sweden AB 公司于 1992 年开发成功的、世界上首个基于数据库的地图制图系统。已有美国、德国等国家的一些知名企业（如美国的 USDA Forest Service 和德国的 Mairs Geographischer Verlag 等）在使用 CPS 系统。

CPS 系统最初是为了满足普通纸质地图的数字化生产，而在 Arc/Info 系统的基础上经过二次开发所构建的。为了满足日益增长的电子航海图及纸质海图生产的需要，T－Kartor Sweden AB 公司在 Arc/Info 系统的基础上，通过对海道测量系统（HIS）、CPS 系统和 7Cs（SevenCs，德国 SevenCs GmbH 公司开发的 ENC 生产软件）软件的集成，开发了 JANUS 软件。自此，CPS 系统因融入 JANUS 软件的功能而得到了极大的扩展，仍继续使用 CPS 这一名称。

目前，该公司又在 CPS 的基础上利用 WINDOWS 界面及经全方位新功能扩展后推出了 CPS NG（Next Generation）系统。

6.4.3 dKart Office 软件

dKart Office 软件是挪威 Hydroservice AS 公司近年来推出的功能强大的数字海图制图系统。其在数字化的综合生产环境中，集管理、生产、维护更新以及发行各类数字海图产品为一体，包括传统的纸质海图、电子海图、航海通告、航标表和航路指南等。按照 IHO S－57 标准，该软件采用流程化及分组技术，具有效率高、成本低以及流程化作业的特点。操作人员应用该软件，无须深入掌握 IHO S－57 等标准，就能够完成电子海图及其产品发布、纸质海图及其发布、电子海图及其数据更新的发布、航海通告的编辑和出版、纸质海图和相关书籍的更新等工作。此外，dKart Office 软件还具有强大的产品测试工具，有力地保证了海图的质量。

dKart Office 软件系统采用模块化结构，面向用户提供了友好接口界面，允许用户单独或者根据需要构建组合系统，总体上包括应用程序和数据库两个部分。

（1）应用程序部分主要包括以下模块：

①dKart Editor 用于生产、检测和维护符合 S－57/3. x 等标准的海图产品。

②dKart Publisher 用于编辑和纸质海图的印前处理。

③dKart WEB Server 用于数字海图、网络维护和图书目录的在线发布。

④dKart Hydrographer 用于测量数据的后处理。

⑤dKart Product Generator 用于将数字海图自定义打包封装。

⑥dKart Exchange Set Verifier 用于 S－57 交换集的检核，包括非加密的交换集和符合 IHO S－63 标准的加密交换集。

⑦dKart NtM Production System 航海通告一体化制作系统。

（2）数据库部分主要包括以下模块：

①dKart Archive 用于海道测量数据的处理，生成数字海图和维护更新数据，是海图生产各个阶段的数据存储、管理的核心。

②dKart FODB 是集中存储不依比例尺物标信息（扩展助航物标数据库）的海道测量信息数据库。

③dKart Catalogue 是海图存储、组织和航海出版物发布的中心。

复习思考题

1. 数字海图制图系统通常由哪几部分构成？需要使用哪些硬件设备？
2. 简述自动扫描仪的工作原理与性能指标。
3. 海图图形输出中软拷贝和硬拷贝各指的是什么？
4. 比较说明矢量绘图仪与栅格绘图仪各自不同的特点。
5. 目前主要有哪几种数字海图制图系统？各自的主要特点是什么？

第7章

海图制印

海图制印已经不再是指过去手工绘、刻时代的制版与印刷，而是指各类航海用图、书、表、薄的前期编制印刷原稿与后期大量复制印刷成品的过程，它是海图制图学的重要组成部分。

7.1 海图制印概述

7.1.1 海图制印定义

海图制印的主要任务就是把外业测量、内业编制所获得的航海图书出版原稿，通过拼版、晒版、印刷、装订，得到所需数量、质量优良的纸质航海图书。制印过程可分为三个技术环节（也称三个阶段），即印前（prepress）、印刷（press）和印后（postpress）。从原图输入和图文编辑处理，一直到印刷版制作成功的过程称为印前；将印刷版上的图文信息通过印刷机印刷，得到印张的过程称为印刷；将印刷得到的印张通过裁切、装订、包装等处理得到印刷制成品的过程称为印后。

7.1.2 海图制印技术特点

现代海图制印出版技术的特点可归纳为以下5个方面：

1. 出版过程数字化

印前出版过程中信息处理与传递通过数字方式进行，按数字链延伸范围的不同，可将出版过程分为以下几种方式：计算机到胶片（Computer to Film，CTFilm），计算机到制版（Computer to Plate，CTPlate），计算机到在机制版印刷（Computer to Press，CTPress），计算机直接数字印刷（Computer to Print，CTPrint），计算机到纸张（Computer to Paper，CTPaper）。

CTFilm是在国内已经普及的胶片输出技术，计算机处理好的版面通过激光胶片输出机进行发排，得到晒版用的底片。后续过程与传统的出版印刷几乎相同。这种出版方式，信息处理的数字链只是在版面内容的输入、编辑处理、版面内容组合及拼大版等阶段，一旦输出胶片，后面的工作只能依靠传统模拟处理方式来解决。

CTPlate 是计算机直接制版技术，虽然这项技术在 1995 年才开始出现，但发展势头迅猛，仅仅经过几年的时间就已经成熟。目前，直接制版设备品种多样，能完成自动上版、能处理不同规格和不同类型的版材，制版速度也大大提高。特别是一直困扰我国市场应用的直接制版用版材的研制生产，目前已经出现转机：以前，直接制版版材属专用版材，主要品种有银盐版、热敏版、感光树脂版、聚酯版等，这些版材一直靠进口，无法满足一般性用户的使用，而目前已经出现了使用普通 PS 版的直接制版设备，引起了人们的极大关注，这意味着在我国市场中，版材问题已经解决，直接制版技术普及应用的障碍已被扫除。

CTPress 是在机方式的计算机直接制版技术，计算机输出的版面信息预先在印刷机的印版滚筒上制成印刷版，然后再进行印刷，将图文转印到纸张等承印载体上，得到印刷品。CTPress 也称有版直接印刷技术。

CTPrint 是计算机直接数字印刷技术，计算机输出的版面信息直接在印刷机的图像滚筒上形成影像，并转印到纸张承印刷物上，得到印刷品。它是将图像直接生成在滚筒上（静电成像），而且是“即时生成，即时消失”。直接印刷可以实现每个版面的可变信息印刷，使印刷品的生成更具方便性和灵活性。CTPrint 也称无版直接印刷技术。

CTPaper 是将计算机输出的版面信息直接在纸张等承印物上成像、直接获得印刷品的技术，它不经过图像信息的转印过程，以喷墨方式的直接印刷为主要代表。

2. 产品保障个性化

随着印刷技术的发展和人们对生活需求的提高，个性化印刷是大势所趋，而个性化出版保障由按需印刷技术作支持。按需印刷可以概括为：在需要的时间、在需要的地点，印刷所需要的内容。与传统印刷相比具有明显的优点：可实现按需、可变印刷。在印数上不受限制，根据需要印刷，可以是 1000 张、100 张、1 张，而且不会由于数量的变化带来印刷成本的巨大差异；在印刷地点上，可以是本地，也可以是异地；在印刷内容上，可以印刷与用户需要最贴切的内容。“可变”是指印刷的内容可以根据客户个性化的要求随时改变，每份（页）内容可以不同，由于按需印刷是一种个性化印刷，是一种“有求必应”

的印刷方式，因此客户可以根据自己的需要设计和随时改变印刷内容、印刷版式、印品规格、印刷数量等，甚至在开印前一分钟还可以做出变动。

3. 出版系统跨平台化

跨平台出版是指在不同的出版设备、不同的出版系统乃至不同的语种之间进行出版信息交换的出版方式，在网络出版的过程中，不可避免会遇到跨平台出版的问题，基于 Adobe 的可携带式文件格式 PDF 及 CIP3/CIP4 联盟推出的数字化工作流程的使用，一个几乎无限延伸的、点到点的数据交换流程正在建立，那就是印前、印刷、印后的合作一体化。

4. 信息传输网络化

数字出版技术的应用，使得出版印刷过程进入了一体化生产阶段，它需要有一个统一调度和管理数字一体化生产的管理系统和管理方案，这就产生了数字化工作流程。数字化工作流程是出版业适应网络时代的一种必然的发展趋势，通过建立数字化工作流程，印刷厂不仅可以实现内部印前、印刷、印后整个过程一体化全数字处理，而且还可以通过互联网实现远程传输，进行远程信息交换。它主要采用支持 PDF/PS3 文件格式的 RIP 技术，利用网络浏览器进行操控和管理，提供印前、印刷及各部分一体化的网络工作流程，将版面内容在任何时间、任何地点传输到任何设备上。

5. 质量管理技术一体化

质量管理的概念有别于传统意义上的质量管理内容，从海图出版生产一体化的要求上讲，质量管理要从出版信息源开始，贯穿于出版的各个工序。对信息源的要求除了内容正确外，更重要的是其数据格式是否能被出版系统所接受、所设计的信息（如颜色信息）能否通过出版再现出来。

7.1.3 海图制印支撑技术

海图制印涉及测绘科学、信息科学、软件科学、光学、色彩学、化学、材料学、照相学、电子学、机械学等。海图制印内容的主体是海图，与测绘科学和信息科学紧密相关；印刷设备是集光、机、电于一体的数字化设备，离不开光学、电子学和机械学的支撑；海图制印的过程载体和最终载体是胶片、印版、纸张等，属材料科学研究领域；海图制印过程的处理手段越来越走向智能化、数字化，这得益于软件科学的发展。

因此，海图制印技术的研究内容非常广泛，其技术原理不仅涉及制图和印刷本身，而且涉及多个学科的多个领域，要真正掌握制印技术，必须具备丰富的专业知识。

7.2 印刷基础知识

7.2.1 印刷分类

按照目前最新印刷技术的发展，以媒质转移到承印物的方式可分为两大类：模拟印刷（传统印刷）和数字印刷，以下重点介绍模拟印刷（传统印刷）的分类。

1. 按印刷版种类分类

1）凸版印刷

凸版印刷是用凸版实印的一种印刷方式。常见的有印章、铅字印刷、铜版印刷、锌版印刷和树脂版印刷等。

2）平版印刷

平版印刷是用平版实印的一种印刷方式，包括属间接印刷的胶版印刷，是目前航海图书出版所主要采用的印刷。

3）凹版印刷

凹版印刷是用凹版实印的一种印刷方式，常见的有纸币印刷、证券印刷、精美画册印刷等。

4）孔版印刷

孔版印刷是印版的图文部分可透过油墨印至承印物上的印刷方式，如丝网印刷等。

5）特种印刷

特种印刷是采用不同于一般制版、印刷、印后加工方法和材料生产供特殊用途的印刷方式之总称，如静电印刷、热转印刷、发泡印刷、软管印刷、曲面印刷、贴花印刷、液晶印刷、磁性印刷、喷墨印刷、立体印刷、盲文印刷、木版印刷等。

2. 按转印方式分类

1）直接印刷

直接印刷是印版上图文部分的油墨直接转移到承印物表面的印刷方式。

2）间接印刷

间接印刷是印版上图文部分的油墨，经中间载体的传递，转移到承印物表面的印刷方式。

3. 按印色数量分类

1）单色印刷

一个印刷过程中，在承印物上只印刷一种墨色。

2）多色印刷

一个印刷过程中，在承印物上印刷两种及两种以上的墨色。

4. 按纸张类型分类

1）单张印刷

单张印刷是以单张纸或其他单张材料为承印物进行的印刷。

2）卷筒印刷

卷筒印刷是以卷筒纸或其他卷筒材料为承印物进行的印刷。

7.2.2 印刷要素

印刷是使用印刷版或其他方式将原稿上的图文信息转移到承印物上的工艺技术。要实现这一过程，传统的模拟印刷，必须具备以下 5 个基本要素：原稿、印版、油墨、承印物、印刷机械等。对数字印刷而言，也必须具备以下 4 个基本要素：原稿、呈色材料、承印物、印刷机械等。由于现代数字印刷又称无版印刷因此数字印刷过程无需印版和印刷压力，直接将页面数字信息利用色粉或色料呈现在承印物上等。

1. 印刷原稿

原稿是指在印刷领域中，制版或印刷所依据的实物或载体上的图文信息，是制版、印刷的依据。原稿是整个印刷的基础，复制是通过对原稿的分色、制版和印刷，最终得到复制品。原稿质量的优劣将直接影响印刷产品的质量。因此，必须选择和设计适合印刷的原稿。

印刷原稿一般分为三大类：反射原稿、透射原稿、电子原稿等。每类原稿又可以分文字、线条、图像，或单色、彩色等。

海图产品与其他出版物相比较，有其自身特点，主要有以下几个方面：

1）印刷幅面大

海图的幅面大小，或是按国家技术标准进行规定，或是在海图编绘设计中根据特殊要求进行规定，不能任意分割。一般航海图的图廓尺寸为 98cm × 68cm 左右，挂图幅面更大，有的要用几张、十几张纸拼接而成，这是其他印刷品所不多见的。

2）复制精度要求高

海图应用中有时要直接在海图上通过量算获取数据，因此在复制中和复制后的海图图廓尺寸都要在允许误差范围之内。线条、符号符合规范图例或设计的规定，相邻两幅图之间内容要能够正确拼接，不能因印制而影响海图的几何精度。

3）印刷用色多

海图虽有单色的，但使用起来极其不方便，现在大多数海图都属于彩色海图。普通海图、专题海图、图集等用专色都较多。用色多则增加了套印的难度，同时还要求所拼接图幅之间的色相、色调均匀一致，更加大了制版、印刷的难度，这也是不同于其他普通印刷品的地方。

基于上述特点，海图出版要求对原稿的检查验收甚为严格，主要检查各种供制印用的原图是否齐全，内容是否完整，精度是否符合规范规定，图面是否整洁，附件是否齐全。具体内容包括：①图廓尺寸是否符合误差要求；②图廓外的所有整饰内容是否完整；③图廓间的各种注记是否齐全；④图内要素的质量是否完全符合印刷要求。

2. 印版

印版指用于传递油墨至承印物上的印刷图文载体。印刷前必须先将原稿上的图文复制在印版上，把印版固定在印刷机上，再经涂墨、加压力，使印版图文转印在承印物表面上，所以印版又可称为印刷过程中所用的模型。

印版上吸附油墨的部分为印刷部分，也称图文部分；不吸墨部分为空白部分，也称非图文部分。印版依印刷部分和空白部分的相对位置的高低和结构不同，可分为凸版、平版、凹版和孔版。印刷部分高于空白部分的印版称为凸版；印刷部分与空白部分几乎在同一平面的印版称为平版；印刷部分低于空白部分的印版称为凹版；印刷部分为细小的孔洞状态，印刷时在压力作用下，油墨可透过印版转印到下面的承印物上的印版称为孔版。

3. 油墨

油墨是在印刷过程中被转移到承印物上的成像物质。它是由色料（颜料或染料)、连结料、填充料和辅助剂按照一定的配比组成的均匀混合物，是具有颜色和一定流动性的浆状胶黏体。以下简要介绍油墨中各组成部分的作用。

1）色料

制造油墨的色料主要是颜料。它在印刷油墨中的作用是显色。印刷油墨常用的颜料是不溶于水且能均匀地分布在介质之中的粉末状的有色物质。根据颜料化学成分的不同，可分为有机颜料和无机颜料。印刷油墨的着色力、耐光、耐碱、耐酸等性质基本取决于颜料的性质。

2）连结料

连结料是油墨的主体，也是使油墨成为流体的原料。它的作用主要是使颜料和填充料能很好地固着于印刷品表面上并使印刷品有一定的光泽。连结料又是油墨中唯一的媒介物质，它的黏度、色泽、拉力、抗水性、干燥性、气味等大都是决定油墨性能优劣的重要因素。用作连结料的物质一般有植物油、溶剂和树脂。

3）填充料

填充料是组成印刷油墨的原料之一。填充料是白色或无色透明的粉末状物质。它的作用是冲淡颜料、减少颜料的用量、调节油墨的流动性、提高油墨的光泽、降低油墨的成本等。常用的填充料有：氢氧化铝、硫酸钡、碳酸镁、碳酸钙等。

4）辅助剂

辅助剂是为了改善印刷的适应性能和一些其他指标，在制造油墨及印刷使用过程中而加入的材料。常用的辅助剂有干燥剂、撤黏剂、增塑剂等。

油墨的制造工序比较简单，先是配料、搅拌与轧研，再经检验、装罐包装。

4. 承印物

承印物是指能够接受油墨或吸附色料并呈现图文的各种物质的总称。随着印刷品种类的增多，印刷中使用的承印物包罗万象，如纸张、塑料薄膜、纤维织物、金属、陶瓷等。其中，纸张用量最大。纸张由植物纤维、填料、胶料和色料 4 种主要原料组成。纸张的用途非常广泛，印刷中常用的纸张有新闻纸、凸版纸、胶版纸、铜版纸、地图纸、海图纸和特种纸等。

近年来，随着化学工业的飞速发展，合成纸在印刷中的用量不断增加。所谓合成纸，是以合成高分子物质为主要原料，通过加工而赋予纸张的印刷性能，合成纸不含植物纤维，有利于环境保护，是一种很有发展前景的印刷用纸。

5. 印刷机械

印刷机械是指用于生产印刷品的机器、设备的总称。印刷机的种类很多，可根据不同要求划分：

（1）根据印刷的模式分类有常规机械印刷机（模拟印刷）、无版数码印刷机（数字印刷）。

（2）根据印刷的方式分类有凸版印刷机、平版印刷机、凹版印刷机、孔版印刷机等。

（3）根据承印物纸张的大小分类有全开印刷机、对开印刷机、四开印刷机、八开印刷机等。

（4）根据一次印刷几种颜色分类有单色印刷机、双色印刷机、四色印刷机、八色印刷机等。

（5）根据纸张的形状分类有平板印刷机（也称单张纸印刷机）、卷筒纸印刷机（也称轮转印刷机）等。

7.2.3 印刷基本原理

1. 凸版印刷

凸版印刷是历史最悠久的一种印刷方式。20 世纪 70 年代以前，主要使用铅合金活字版、铅版印刷，不仅劳动强度大，而且造成环境污染。80 年代后，激光照排和感光树脂凸版逐步取代了铅字版，凸版印刷得到了新的发展。

凸版印刷的原理如图 7－1 所示，墨辊首先滚过印版表面，使油墨黏附在凸起的图文部分，然后，承印物和印版上的油墨接触，在压力的作用下，图文部分的油墨便转移到承印物表面。由于印版上的图文部分凸起，空白部分凹下，印刷时图文部分受压较重，油墨被挤压到边缘，用放大镜观察凸版印刷品时，会发现图文的边缘有下凹的痕迹，墨色比中心部位浓重。特别是铅字凸版的印刷品，用手去摸印刷品的背面时有微凸起的感觉。

凸版印刷的产品过去主要有报纸、杂志、航海书表等，现代大量使用感光树脂凸版和感光树脂柔性凸版印刷商标和包装装潢材料。

2. 平版印刷

平版印刷是使用预涂感光版（Pre－Sensitized plate，PS）、平凹版、多层金属版、石版、珂罗版（玻璃版）等印版，利用油水不相溶的原理进行印刷的方式。

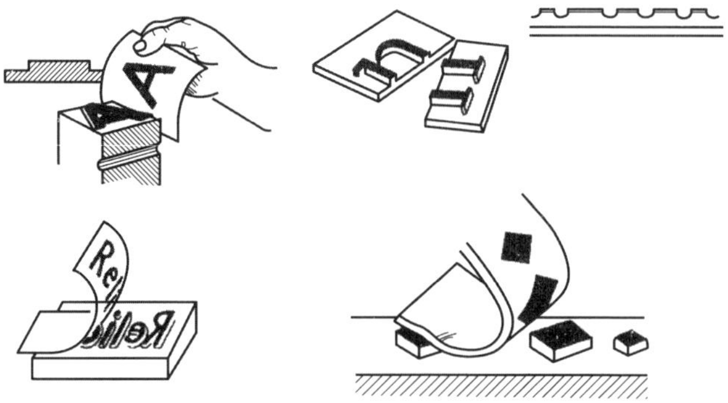

图 7－1　凸版印刷原理示意图

平版印刷起源于石版印刷，印刷时，先给印刷表面供水，然后给印版供墨，在印刷压力的作用下，将印版图文上的油墨转移到承印物上，为直接印刷。现在，平版印刷没有特殊说明均指胶印印刷，原理如图 7－2 所示，为间接印刷。印刷时，首先由水辊向印版供给润版液（主要成分是水)，使空白部分附吸水分，形成抗拒油墨浸润的水膜，然后由墨辊向印版供给油墨，使图文部分黏附油墨，再施加压力，图文部分的油墨先转移至橡皮滚筒再转移到承印物表面。由于印版是与弹性良好的橡皮布相接触，所以提高了印版的耐印力。用放大镜观察平版印刷品，会发现图文的边缘较中心部分的墨色略显浅淡，笔道不够整齐。其原因是平版的图文部分和空白部分几乎没有高低差别，印刷工程中，水对图文边缘的油墨略有浸润。

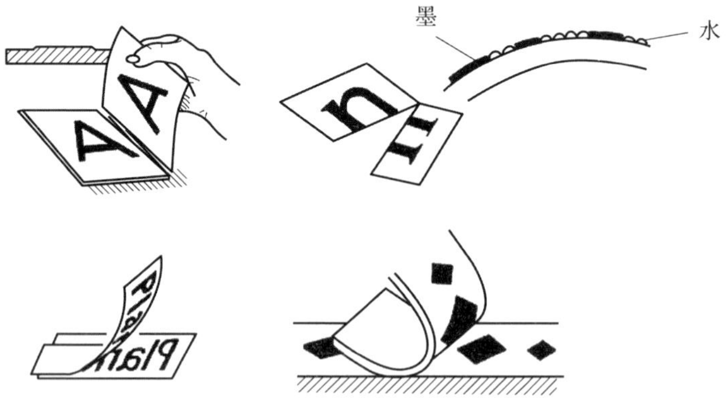

图 7－2　平版印刷原理示意图

平版印刷使用的印刷机除机械打样机为平压型之外，全部为圆压圆型印刷机。平版印刷机印刷幅面大，印刷速度快。许多平版印刷机安装有自动上版、卸版装置，印刷质量好，印刷效率高。

除了地图和海图之外，平版印刷的产品主要有报纸、杂志、图书、精美画册、商业广告、挂历、招贴画等。

3. 凹版印刷

凹版印刷是使用手工或机械雕刻凹版、照相凹版、电子雕刻凹版等印版的印刷方式，为直接印刷。凹版印刷的原理如图 7-3 所示。

图 7-3　凹版印刷原理示意图

印刷时，先使整个印版表面涂满油墨，然后用特制的刮墨设备，把空白部分的油墨去除干净，使油墨只存留在图文部分的“孔穴”中。再在较大的压力作用下，将油墨转移到承印物表面。由于印版图文部分凹陷的深浅不同及网点大小的不同，填入孔穴的油墨量有多有少，这样转移到承印物上的油墨层也有薄有厚，墨层厚的地方，颜色深；墨层薄的地方，颜色浅，原稿上的浓淡层次，在印刷品上得到再现。

用放大镜观察凹版印刷品时，若图像部分是由大小、深浅不同的点子，文字、线条是由不连续的曲线或点子所组成，一般是用电子雕刻凹版印刷的产品；如果图像部分布满隐约可见的白线网格（菱形或方形），线条露白，油墨覆盖不完整，一般是用照相凹版印刷的产品。

凹版印刷的产品主要有纸币、精美画册、烟盒、纸制品、塑料包装装潢材料等。

4. 孔版印刷

孔版印刷是使用誊写版、镂空版、丝网版等印版的印刷方式，大多采用直接印刷。孔版印刷的印刷原理如图 7-4 所示。

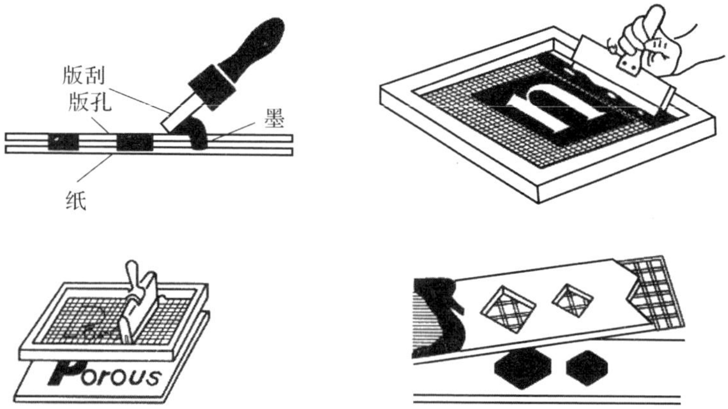

图 7 - 4　孔版印刷原理示意图

印刷时，先把油墨堆积在印版的一侧，然后用刮板或压辊，边移动边刮压或滚压，使油墨透过印版的孔洞或网眼，漏印到承印物表面。

孔版印刷品墨层厚实，有隆起的效果，用放大镜观察时，隐约可见有规律的网纹。这是因为印刷图文被制作在经纬交织的丝绢、尼龙、涤纶、金属网上所造成的。

孔版印刷，可以用手工进行，也可以用机器印刷。孔版印刷机分为平面和曲面两种，能够在平面、曲面、厚、薄、粗糙、光滑等多种承印物上印刷。

孔版印刷的产品主要有丝织品、印刷线路板、商业广告、包装装潢材料等。

5. 数字印刷

1）数字印刷概念

数字印刷就是由数字信息代替传统的模拟信息，将数字化的图文信息直接记录到承印材料上的印刷。图 7 - 5 展示了 HP Indigo 3550 数字印刷机的主要组成部分。

数字印刷系统主要由印前系统和数字印刷机组成，有些系统上还配备装订和裁切设备，主要具有以下特征：

（1）印刷方式全数字化。数字印刷过程实质是从计算机输出到纸张或印刷品的过程，最终影像的形成过程一定是数字式的。

（2）数字印刷可实现异地印刷。可以通过互联网进行远距离印刷。

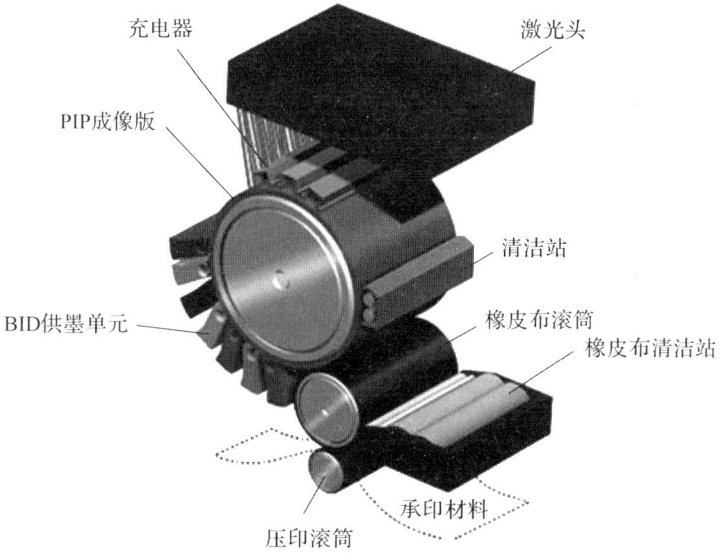

图7-5 HP Indigo 3550 数字印刷机的主要组成

（3）数字印刷实现了可变信息印刷。数字印刷品的信息可以达到100%的可变信息，可实现相邻输出的两张印刷品完全不同。

2）数字印刷关键技术

静电成像与喷墨成像是当今数字印刷技术的两大主流技术，两大技术各有特点，在不同的应用领域此消彼长，在不同的历史发展时期也相互领跑。

（1）静电成像技术。静电成像的图像载体是光导体，这种材料在黑暗中为绝缘体，在光照条件下电阻值下降，成像平面的曝光和不曝光产生电位差异，材料的光导性成为图像载体表面形成静电“潜影”的工艺基础；利用电子油墨与静电潜像电荷之间的吸引力完成电子油墨的转移，借助于热或者压力作用，从而使电子油墨在承印物上形成稳定的影像。

（2）喷墨成像技术。喷墨成像是通过位置控制使墨滴喷射到承印材料上形成影像，主要装置为喷墨头及控制系统。印刷过程中，首先将计算机产生的图文信息传递到喷墨成像装置，成像装置控制墨滴以一定速度喷射到承印物表面，整个过程无须任何中间载体，最后通过墨滴与承印物间的相互作用实现印刷影像。喷墨印刷由于喷墨头和介质间非接触，纸张、薄膜、塑料、木质材料甚至金属材料等都可以承印。

3）数字印刷优缺点

与传统印刷相比，数字印刷具有无可比拟的优越性，也有其目前无法克服的缺陷。

（1）数字印刷的优点主要表现在以下几个方面：

①作业准备时间短，能够作出快速反应，作业生产周期短。

②可完成可变信息印刷、个性化印刷和定制印刷。

③数字印刷可以适合多种承印材料。

④数字印刷对色彩叠印及陷印的要求不高。

⑤数字印刷采用精密的色彩匹配和校正技术，色彩匹配更加准确。

⑥数字印刷可以称为“一张起印”，对短版印件可实现按需印刷，大大节约成本。

⑦数字印刷采用的有害化学试剂较少，是一种环保型生产工艺。

（2）数字印刷目前主要存在缺点如下：

①与传统印刷相比，数字印刷技术的输出速度较慢。

②与传统印刷相比，数字印刷在长版印件生产中，单印张复制成本较高。

③大多数数字印刷的墨层较薄，阶调也不够饱满。

④原材料加工工艺较复杂，成本偏高。

⑤印刷开本受限，目前数字印刷的最大开本通常只能达到对开。

7.3 海图制印设计

海图制印的设计主要是指对海图幅面大小、色彩的选用、纸张类型，以及印刷产品装饰与装帧等设计。这些工作是关系到海图制印产品质量与美观的关键性因素，制图和印刷人员都需要有正确的把握。

7.3.1 开本

1. 印刷用纸

1）纸张的组成

纸张是由纤维、填料、胶料和色料等组成。

（1）纤维是纸张的基本成分，以植物纤维为主。常用的植物纤维有棉、麻、木材、芦苇、稻草、麦草等。

（2）填料可以填充纤维间的空隙，使纸张平滑，同时提高纸张的不透明度和白度。常用的填料有滑石粉、硫酸钡、碳酸钙、钛白等。

（3）胶料的作用，是使纸张获得抗拒流体渗透及流体在纸面扩散的能力。常用的胶料有松香、聚乙烯醇、淀粉等。

（4）色料的加入，能够校正或改变纸张的颜色，如加入群青、品蓝可以获得更加洁白的纸张。

纸张的制造分为制浆和抄造两大步骤。制浆的方法有两种：一种是机械制浆，这种方法一般用木材作原料，用机器把木材磨碎；另一种是化学制浆，多用棉、麻、稻草或其他原料制作。首先把棉、麻、稻草等纤维切成小段，放入蒸煮器中，加入酸或碱溶液，然后通入蒸气进行蒸煮，再用清水冲洗，筛选后放入打浆机，把纤维打成扫帚状，以增加纸张内部的拉力。制好的纸浆放入抄纸机，经过脱水、烘干、压光等一系列处理，便成为纸张，卷曲或裁切后便可出厂。有些高级的纸张，可以进行再加工。

2）纸张的尺寸

根据印刷要求，纸张包装形式分为平板纸和卷筒纸两种。平板纸是将纸张按一定规格裁成定长、定宽的纸张，供单张纸印刷机使用。卷筒纸是经复卷机裁切成一定宽度后在纸筒芯上卷成的纸卷，供轮转印刷机使用。航海图书制印中常用的是平板纸。

纸张的幅面尺寸是根据国家规定的“图书杂志开本的幅面尺寸”决定的，印刷用纸的尺寸都是与印刷机械的规格相匹配的。根据我国目前国家标准的规定，纸张有以下几种尺寸规格。平板纸的尺寸规格，用纸张的长和宽来表示，平板纸的规格繁多，印刷中经常应用的标准规格有4种：①A系列为880mm×1230mm；②B系列为787mm×1092mm；③C系列为695mm×960mm；④D系列为850mm×1168mm。

纸张幅面允许的偏差为±3mm。符合上述尺寸规格的纸张均为全张纸或全开纸。其中880mm×1230mm是A系列的国际标准尺寸。

3）纸张的重量

纸张的重量用定量和令重来表示。定量是单位面积纸张的重量，单位为g/m^2，即每平方米的克重。常用的纸张定量有40、52、60、70、80、90、100、120、150、180、200、250g/m^2及进口的128、157g/m^2等。定量愈大，纸张愈厚。定量在250g/m^2以下的为纸张，超过250g/m^2则为纸板。令重是每令纸张的总重量，单位是kg（千克）。1令纸为500张，每张纸的大小为标准规定的尺寸，即全张纸或全开纸。

根据纸张的定量和幅面尺寸，可以用下面的公式计算令重。

令重（kg）= 纸张的幅面（m^2）×500×定量（g/m^2）÷1000。

2. 航海图书制印开本设计

图书幅面的尺寸称为开本，也叫开数。将一张幅面为全张的平板纸，开裁成多少小张或者多少页数，就称为多少开（图7－6）。例如，将幅面为全张的纸，开裁或折叠成原纸的二分之一，称为对开；开裁或折叠成原纸的四分之一，称为四开，以此类推。基本上按照短边与长边尺寸之比为 $1:\sqrt{2}$ 的规律规定的。

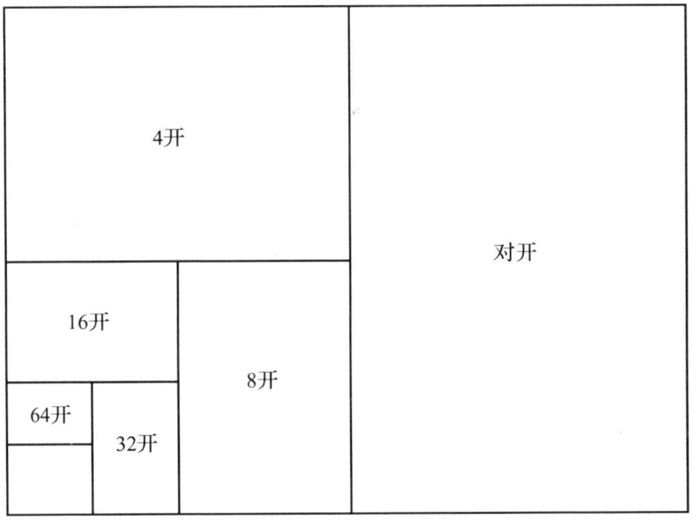

图7－6　纸张开本示意图

在计算对称开本的开数时，可按2的乘方幂来计算对剖次数。如 2^3 的幂为8，就是裁开或折叠三次为8开；2^4 的幂为16，就是裁开或折叠四次为16开等。通常A3表示8开；A4表示16开等。

印刷机械和装订机械一般都是按常用的对称开本设计的，因此对称开本适合印刷和装订机械来加工。

我国目前生产的平板纸，大幅面有850mm×1168mm和880mm×1230mm，小幅面的为787mm×1092mm，故大幅面的对称开本，一般冠以“大”字，如大32开、大64开等。如果不冠以“大”字样，则指小幅面纸的开本，如32开、64开等。我国以国际标准为依据，重新制定图书杂志开本尺寸的国家标准。同时，我国纸张的尺寸标准采用了国际标准中A系列和B系列的尺寸规格。国家标准GB/T 788—1999《图书和杂志开本及其幅面尺寸》中，规定的图书杂志开本尺寸如表7－1所示。

表 7-1 纸张及图书幅面尺寸的国家标准

系列	未裁切单张纸尺寸/mm	已裁切成开本		
		开数	代号	公称尺寸/mm（允差 ±1mm）
A	890 × 1230M	16	A4	210 × 297
	890M × 1230	32	A5	148 × 210
	890 × 1230M	64	A6	105 × 144
	900 × 1280M	16	A4	210 × 297
	900M × 1280	32	A5	148 × 210
	900 × 1280M	64	A6	105 × 144
B	1000M × 1400	32	B5	169 × 239
	1000 × 1400M	64	B6	119 × 165
	1000M × 1400	128	B7	82 × 115

注：M 表示纤维丝缕的方向。

新的国家标准以 A 系列为主要纸张尺寸标准，其中 900mm × 1280mm 的纸张是 A 系列中规格最大的纸张。这种尺寸的纸张主要是用于封面印刷，供设计书脊时使用，属于配套用纸。新标准中在纸张尺寸的后面加上字母 M，用以表示纤维丝缕的方向。

1）海图和专题图的常用尺寸

大全张图：纸张尺寸为 787mm × 1260mm；成品尺寸为 780mm × 1254mm。

全张图：纸张尺寸为 787mm × 1092mm；成品尺寸为 780mm × 1080mm。

对开图：纸张尺寸为 787mm × 546mm；成品尺寸为 780mm × 540mm。

四开图：成品尺寸为 390mm × 540mm。

八开图：成品尺寸为 390mm × 270mm 等。

2）航海书表的常用尺寸

航海资料主要包括航路指南、中国港口指南、指定航路等，其常用开本尺寸为大 16 开，210mm × 297mm。

航海表簿主要包括航标表、潮汐表、里程表、航海天文历、太阳和月亮出没时刻表，无线电导航表、劳兰表等，其常用开本尺寸为大 16 开，210mm × 297mm。

航海通告、民用航海通告、外轮用航海通告等常用开本尺寸为大 16 开，

210mm×297mm。

3）海图集的常用尺寸

图集根据内容需要设计开本尺寸：如根据制作和使用的需要，通常将各种兵要地志设计为大八开，297mm×420mm。

4）其他图书的常用尺寸

其他图书的开本也是根据制作和使用的需要进行合理的设计。如《航海图书目录》为大八开，420mm×297mm；《海图杂志》为大16开，210mm×285mm；《航泊日志》为16开，185mm×260mm；《海洋水文气象观测登记簿》为32开，130mm×185mm；《航海长实用英汉词汇》为大32开，147mm×210mm等。

7.3.2 印色

1. 色光与色料概述

色来源于光，光又伴随着色，色与光有着密切的关系。

1）色光三原色和色光加色法

让一束太阳光射进暗室，通过狭缝照射到玻璃的三棱镜上，透过玻璃，再投射到白色的屏幕上，便显示出一条由红、橙、黄、绿、青、蓝、紫组成的光带如图7－7所示，这条光带叫做光谱。

图7－7　白光的色散（附彩图）

如果三棱镜对白光的色散不充分，可以发现红、绿、蓝三种色光各占光谱的1/3。假若做一系列的色光合成实验，发现选择“适当”的红、绿和蓝色光进行组合，可以模拟出自然界的各种颜色，故称红、绿和蓝色光为色光的三原色。为了统一色度方面的数据，1931年ICE（国际照明委员会）规定，红、绿、蓝三原色光的波长分别为7000nm、5461nm、4358nm（$1nm=1\times8^{-7}cm$）。

若将三原色光，每两种或三种等量相混合，可以得到下面的色光，如图7－8所示，即

红(R)＋绿(G)＝黄(Y)

红(R)＋蓝(B)＝品红(M)

蓝(B)＋绿(G)＝青(C)

红(R)＋绿(G)＋蓝(B)＝白(W)

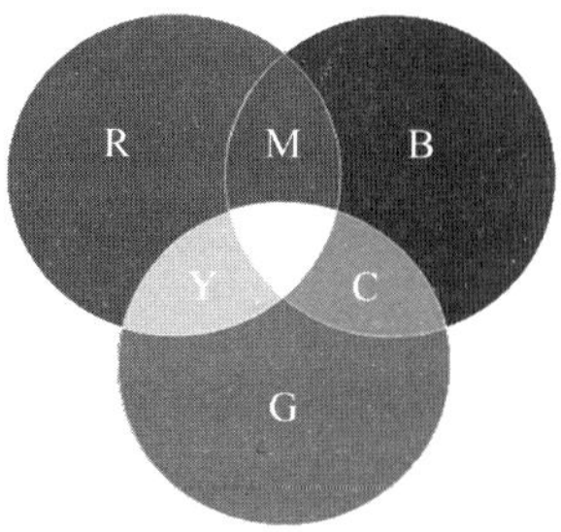

图7－8　色光加色法图（见彩图）

以上各式表明，色光的相加（混合）所获得的新色光其亮度增加，故称色光的混合为加色法。改变三原色光中任意两种或三种色光的混合比例，可以得到各种不同颜色的色光。光是作用于人眼并引起明亮视觉的电磁辐射，具有能量，色光混合的数量愈多，光能量加和值愈大，形成的新色光愈明亮。

如果把红、绿、蓝三原色光分别和青、品红、黄三种色光等量相混合，可以得到白光，即

红光＋青光＝白光

绿光＋品红光＝白光

蓝光＋黄光＝白光

当两种色光相加，得到白光时，这两种色光互为补色光。由此，红光与青光互为补色光，绿光与品红光互为补色光，蓝光与黄光互为补色光。

2）色料三原色和色料减色法

色料包括颜料和染料，油墨中以颜料为主。颜料不溶于水、油或其他有机溶剂。若将黄、品红、青色料，每两种以“适当”比例混合，可得到色光三原色颜色如图7－9所示，即

黄＋品红＝红

黄＋青＝绿

品红＋青＝蓝

品红＋青＋黄＝黑

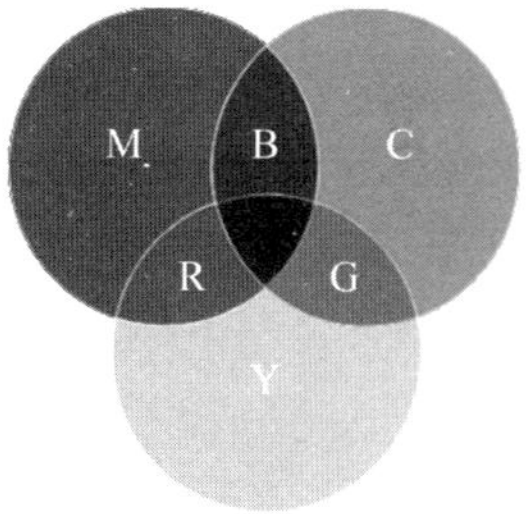

图7－9　色料减色法图（见彩图）

改变黄、品红、青三种色料的混合比例，因选择性地吸收和反射色光，便可以获得各种不同的颜色。然而任意两种或两种以上的色料相混合，均不能获得黄、品红、青，故色料的三原色是黄、品红和青。

从色光补色的关系可知，色料三原色呈现的色相是从白光中，减去某种单色光，得到的另一种色光的效果。如从白光中分别减掉（吸收）光的三原色红光、绿光、蓝光，便得到了被减色光的补色光青、品红、黄，故把黄称为减蓝、品红称为减绿、青称为减红，即黄、品红、青也可以叫做三减色。

色料的相加（混合）所获得的颜色其明度降低，故称色料的混合为减色法。

色料减色法的呈色原理也可以用下面的式子来表达。

Y + M = W − B − G = R

Y + C = W − B − R = G

C + M = W − R − G = B

Y + M + C = W − B − G − R = 0（黑）

把等量的黄、品红、青三种色料混合在一起，蓝光、绿光、红光分别被黄、品红、青色料吸收故呈现出黑色。

凡是某种色料与另一种色料相混合呈现黑色时，这两种色料互为补色料。所以，黄色与蓝色互为色料补色、品红色与绿色互为色料补色，青色与红色互为色料补色。色料补色混合后呈现黑色，色光补色混合后呈现白光，两者恰好相反，但是，光的三原色的补色是色料的三原色，色料三原色的补色又是光的三原色，因此，光与色之间存在着相互的联系，这种联系已经被人们巧妙的应用在彩色原稿的颜色分解之中。

3）非彩色

颜色分为非彩色和彩色两大类。非彩色就是黑、白以及从黑暗到最亮的各种灰色，它们可以排列成一个系列，如图 7 − 10 所示，称为黑、白系列，该系列中由黑到白的变化可以用一条灰色带表示，一端是纯黑，另一端是纯白。物质将可见光全部反射，反射率等于 100% 为纯白；物质将可见光全部吸收，反射率等于 0% 为纯黑。实际生活中没有纯白和纯黑的物质，氧化镁只能近似纯白，黑绒接近纯黑。

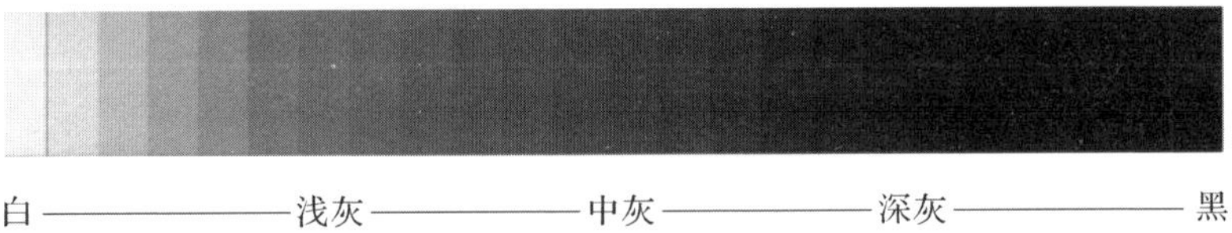

图 7 − 10　黑白系列（见彩图）

黑白系列的非彩色只能反映物质的光反射率变化，在视觉上的感觉是明亮的变化。

当印刷品的表面对可见光谱所有波长的辐射的反射率都在 80% ~ 90% 以上时，视觉上的感觉便是白色。若反射率均在 4% 以下则是黑色。白色、黑色和灰色物质对光谱各波长的反射没有选择性，称它们为中性色。

4）彩色

黑白系列以外的各种颜色称为彩色。彩色作为一种自然现象很难用确切的名称来界定和衡量它，为此，国际上统一规定了对色彩衡量的标准，也称之为色彩的三属性。

色相是区别色彩的名称；亮度（明度）是指色相明暗的级别；饱和度（纯净度、纯度）指色彩的纯度。任何色彩都用这三个标准去衡量，如图7－11所示。

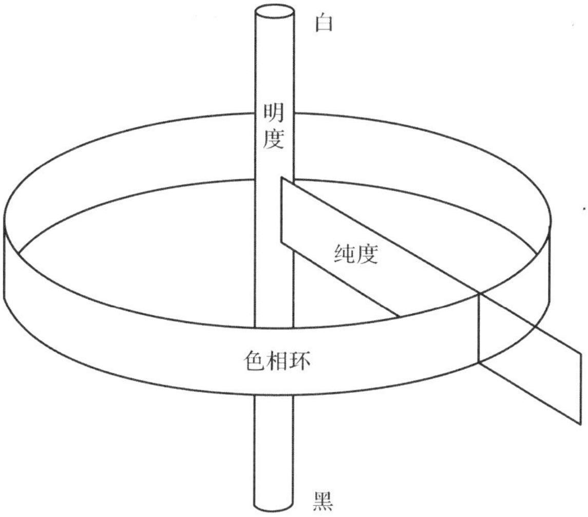

图7－11　色彩的三属性示意图

这三个方面的标准是从三种性质的角度去衡量色彩的，彼此之间实质上有着内在的联系。从图7－11可以看出，色的饱和度从中心向四周逐渐饱和，四周是最为饱和的色彩，沿四周每一刻度都发生色相的变化。当亮度变化时，饱和度必然受到影响，如同一刻度的位置的色向亮度方向上升时，饱和度即降低了，色彩被稀释了。反之，向亮度降低的方向下降时，该色彩灰度增加，实际上饱和度由纯净向不纯净变化。色相、亮度、饱和度就称为色彩的三属性。

（1）色相，即色彩的名称归属，是表明色与色区分最主要标志。用三棱镜把自然光分解后得到的从380nm～760nm波长范围的彩色分别命名为蓝紫、青、绿、黄、橙、红，一定波长的光表现出一定的彩色，各种波长的光混合的复色光也表现特定的彩色，换言之，特定彩色的色相严格地讲是可以用光谱的波长来表述的，但是，视觉效果相同的色并不一定是同样的光谱波长。因为存在着异谱同色现象，如黄色波长是580nm，但也可能是一定比例的绿光（波长510nm）与一定比例的红光（波长700nm）相混合得出的复色光。

（2）亮度，即明度，指人视觉上感受彩色的明暗程度。在一个三维空间立体图中，垂直轴表示了黑白明度变化，顶点是白，底点是黑，沿着这中心轴是消色过度。中间的圆周内表示了各种色相的色彩，同样的色相由于明度的不同在这个锥体的地位也不同。如红、亮红、暗红色相属同一相，但明度不同，位置就不同。各种颜色即单色光所表现的蓝紫、青、绿、黄、橙、红 6 种颜色，它们之间的明度值也不同，黄的明度最高，蓝紫的明度最低。

(3) 饱和度，指彩色的纯净度，也是指这种色接近光谱色的程度。目前为止，唯有光谱色单色光是饱和度最高的色，当然界定这个光有时要采用国际照明学会的标准。

就一般物体表现的颜色来讲，该物体如果对反射光谱较窄波段反射率较高，而对其他波长的反射率较低，则说明该物体所表现的色有较高的光谱选择性，这个物体所呈现的色是饱和度较高的；反之则饱和度较低。

色相、明度、饱和度比较全面地表征了色彩的三属性，这三者之间的关系可以用这一个圆锥体来说明，但是必须修正一下，在图中的中间部分的圆周内许多的色在不同的位置上，各种饱和色也不在一个明度平面上，而是一个扭曲的略带倾斜的一个不规则的圆周面，如果采用全息的三维图像教具就可以较准确地揭示色相、明度、饱和度之间的相互关系。色彩的三属性不是独立存在的，实际上，三者混合在一起，交叉在一起互为因果关系。

2. 印色种类

绚丽的色彩能美化人们的生活，陶冶人的情怀，给人以美的享受。彩色影视、彩色印染、彩色印刷虽然都要应用色彩，但由于加工的工艺方法不同，对颜色的性能要求，用色的方法上也就各有其自身的特点。彩色电视以色光加色混合为其基本原理，彩色印染和彩色印刷则以色料减色混合为基础。不过彩色印刷同印染在用色方法上也不相同。

彩色印刷用色是以三基色为基础，以三基色的叠合为手段，通过黄、品红、青的不同叠合，再现原稿上各种各样的色貌。所以三基色的选用就成了彩色印刷用色的关键。

1) 三基色组合

三基色指色料减色混合用的黄、品红、青三个基本色。具体进一步考察，在黄色油墨系列中还有浅黄、柠檬黄、中黄几个品种，品红油墨系列中有洋红、桃红、玫瑰红之分，青油墨系列中又有天蓝、孔雀蓝、中蓝的区别。每一个系列中几个品种虽然处在同一个色域里，但彼此的色相还是有所区别。这样在决定一组三基色组成时，从每个系列里选择哪一个品种作为三基色之一就需要斟酌。

(1) 黄色墨。在自然景色中绿色最为常见，红色在画面中应用较多，唯有紫、蓝色较为少见。所以作为红、橙黄、绿色相的基本色黄色，在印刷画面上用得比较多。

①柠檬黄。在黄墨中明度较高，颜色薄。黄墨是三基色油墨中灰度最低、色偏最小的一种油墨，而柠檬黄则是黄墨中色偏最小的一种。同其他黄墨比较，柠檬黄倒是有些绿“味”。

②透明黄。性能同柠檬黄相近，也是明度高，颜色薄。但这种黄墨颜料的遮盖力很小，故在印刷色序中最后印刷颜色效果很好。

③中黄。颜色较前两种显得厚实。故可以获得较高的实地密度，但色偏较前两种要大一些，是世界各国黄、品红、青、黑四色组合中经常选用的一个品种。

（2）品红色墨。品红色料应该吸收可见光谱的绿色，反射可见光谱的蓝色和红色。具有这种光谱性能的色料，在自然界中是没有的。由于品红色不是光谱色，所以品红色料一般都是按照光谱要求由两种色料调配而成。如立索尔红主要显示红色，罗丹明红则偏向紫红色。

由立索尔红和罗丹明红适当搭配，可调配成品红色料。正是由于立索尔红颜料具有明显的红色倾向，致使目前使用的品红油墨产生严重的红色色偏。

①洋红。在品红油墨中色偏可达50%以上。是油墨中色偏最大的一种。但是如果画面以红、橙暖色为主，应用洋红也可获得鲜艳、明亮的颜色效果。

②桃红。色偏一般在30%~40%，较洋红为好，是目前黄、品红、青、黑四色组合中作为品红色墨用得较多的品种。

③玫瑰红。在几种品红墨中，玫瑰红相对来说红的偏向弱一些，而蓝“味”多一些。因此色偏较前两种为小，但颜色的明亮度稍差，不够鲜艳，作为三基色的条件就差一些。

（3）青色墨。油墨制造厂家至今仍把青墨称蓝墨，这样，从色相和颜色的科学命名上看，同色光三基色红、绿、蓝发生了重名。所以在印刷行业把色料减色混合三基色之一称“青”色，下面引用油墨厂家的命名仍称“蓝”墨，但实际是青墨。

①天蓝。在三种青墨中明度较高，色偏适中，是三基色油墨中经常选用的品种之一。

②中蓝。油墨明度比天蓝要差一些，色偏比天蓝还大，如果颜色以青、蓝、紫冷色调为主，用中蓝作为三基色组成之一的青墨还是合适的。

③孔雀蓝。以美丽的孔雀命名，更使这种鲜艳、漂亮的青色锦上添花。在三种青色墨中，孔雀蓝是色偏较小的一种。甚至会觉得其中还有点绿“味”。

上述这些油墨，没有哪一个品种是理想的，多少都有一定的灰色和色偏，在决定三基色油墨的组合时，应从画面的色域、色调和明度出发，还要兼顾技术、经济因素综合考虑，从优选择。

2）专色

（1）专色指印刷品上某个颜色不是采用三基色叠印的方法印刷出来，而是专门为该色制作分色版，专门为该色调配的油墨一次性印刷出来的颜色，例如海图中的黄、蓝即为专色。

（2）专色印刷无形中增加了制版、印刷的成本，为什么还要用专色印刷呢？

①专色印刷色相稳定。例如某个证书的边框，原稿设计假金色，如果用100%的黄、20%品红、10%青叠印也能印出来。可是在印刷过程中，无论哪一个印色的墨层厚度发生了变化，或者是印刷压力有了改变，其结果必然导致印出的假金色的色相也随之发生变化。如果采用专色印刷，油墨是已经调配好的，其颜色是稳定的。在印刷过程中，即使墨层厚度或印刷压力发生了变化，也不致于对假金色相产生明显影响。这就是说专色印刷颜色的稳定性要好于叠色印刷。

②专色印刷平服、干净。叠色印刷的颜色是用三基色网点叠印出来的，而专色印刷大多印成实地。虽然两种印刷方式都可以印出同一个颜色，但实地的颜色比网点叠印出来的颜色要平服、干净，视觉效果也比叠印颜色要好。

（3）专色的应用。一般的彩色稿，只要黄、品红、青、黑四色印刷就能再现原稿上所有颜色，无需专色印刷。然而在某些彩色稿上，有的颜色的色相、饱和度和明度没有什么变化，并且同其他颜色有着明显的分界，为了使这个颜色在印刷品上具有鲜明的色泽，并保证其印刷质量，在制分色版时，有意从四个分色版中把这个颜色分出来，单独制一块专色版，用调配的专色油墨一次印刷。例如图书封面上的某些实地色，证书上的假金色，商标上的专用色，国画上的朱红印色等等，为了取得较好的颜色效果，一般都采用专色印刷。虽然专色印刷会增加成本，但可以从优良的印刷效果中得到补偿。

3）辅色

（1）辅色的概念。

为了使印刷品上某些色域的色相和层次更为丰富，除了用黄、品红、青、黑四个基本色印刷外，再加印一个色（一般用浅的品红、浅的青或灰），这个加印色称为辅色。

（2）辅色的作用。

辅色是相对黄、品红、青、黑四色而言的。一般的彩色稿只用四个主色就够了，有些特殊的原稿，颜色的明暗阶调层次非常丰富，光靠一个主色往往反映不出原稿色调的神韵，就得考虑增加一个辅色。

例如，有一中国水墨画，画面上峰峦叠嶂，白云缭绕，泼墨写意，焦、浓、重、淡、清尽染纸上，浓淡层次变化无穷。若按常规分色制版，即使作非彩色结构的长调黑版，也很难在一块黑版上把全部阶调都包容无遗。如果照顾了暗调，亮调层次有可能遭受损失；如果满足了亮调的要求，暗调有可能并级。总之类似这种明暗层次变化异常复杂的原稿，一块黑版往往在阶调上顾此失彼，很难两全其美。在这种情况下，若以中间调和暗调为主做黑版，以中间调和亮调为主再做一块灰版，便把亮、中、暗全阶调都反映出来了。这里增加的这个灰色即辅色，表示用灰色辅助黑色，以弥补黑色的不足。

再如，一幅精美的摄影画面属于人物彩色正片原稿。画面是一位少女，肌肤白里透红明亮润泽，在远处大片火红郁金香的衬托下，少女浅粉色的服饰更显得雍荣华贵。整幅画面是以红色为主的暖色调，不用说，品红色在这里起着主要色作用。从最深处的火红郁金香，到最浅处的肌肤，不仅阶调齐全，而且层次丰富。如果对画面印刷质量要求较高，在分色时可考虑在分出黄、品红、青、黑四色版的同时，再分出一个浅品红（俗称小红）版。这个色版的任务主要是照顾肤色、浅红色的层次。这个浅品红色是辅助品红版，弥补它的阶调的不足的，也是辅色。

有的原稿以绿、蓝色冷色调为主，如果画面亮、中、暗阶调丰富，对印刷质量要求又高，在这种情况下，也可以考虑用浅青（俗称小蓝）作辅色，辅助青色版，弥补青版阶调的不足。

由于黄墨颜色浅，明度高，墨量的变化对阶调的影响不十分明显，所以辅色中一般不用黄色。使用辅色要增加制版、印刷费用，提高了印刷成本，所以若不是高档精美印刷品，尽量不要使用辅色。

4）底色

（1）底色的概念。

印在黄、品红、青、黑墨层最底层布满整个画面的一层颜色即底色。底色与专色不同。专色并不布满整个画面，它只是在画面某些部位起到装饰强调作用。而底色则在整个画面上起到衬托作用。在底色的反衬下，画面的各种颜色才能互相对比，各展其姿。

（2）底色的作用。

通过以下几例来说明底色的作用：

例1：铁皮印刷中，在印刷黄、品红、青、黑四色之前，先印一层满版白墨作底色。因为铁皮表面的颜色是金属的银灰色，只有用白墨把金属铁皮的本来颜色遮盖住，在白的底色上进行印刷，才能使三基色墨叠印出正确的颜色来。

例 2：当前透明塑料薄膜彩色凹印很流行。塑料薄膜是透明的但不是白色，在印完黄、品红、青、黑四色之后，再在整个画面上印上一层白墨。当从另一面透过塑料薄膜观看画面时，最后印的一层白墨反而在最底层，它的作用同铁皮印刷的白墨一样作底色。

例 3：书刊印刷中，为了活跃气氛、美化版面，有时封面和书页上的图文不是印在白纸上，而是在白纸上先印上一层底色，再在底色上印刷图文。为了不致因底色而影响反差，一般来说，底色大多是浅色。

例 4：欲复制一幅馆藏的中国古代彩色名画，由于年代久远，画面的宣纸已呈现浅棕黄色。为了追求复制效果，再现古画神韵，可在画面上印刷一层浅棕黄色作底色。

以上几例说明，某些特殊情况下底色不是可有可无的，也不是可以用其他方法替代的。例 1 和例 2 中，底色是白色，它要起承印物表面白色的作用；例 3 和例 4 中，底色是专门调配的颜色。

3. 航海图书制印印色设计

根据国际惯例或国家的相关标准，航海图书很大一部分都被要求按标准彩色设计印刷。同时，为了增强部分专题航海图书的艺术效果，方便广大用户使用，需要通过编辑自主进行彩色设计印刷。

1）海图设色

根据国家相关标准，海图印刷色序排列为黑、黄、紫、蓝及其他颜色。黄、蓝一般称为海图黄、海图蓝，属于专色。海图黄是黄土地的象征色，用于岸线以上的陆地及岸线以下至 0m 等深线的干出滩的普染色。海图蓝是海洋的象征色，岸线以下至 2m 等深线之间，陆地水系要素，如江、河、湖、水库等都是浅蓝实色普染，浓浓的片片蓝色非常醒目耀眼；2m 等深线至 5m 等深线之间是浅蓝斜线，条条等距的斜线纹路清晰淡雅朴素，呈现出一定的立体感。所以海部普染色和陆地水系要素用蓝色。

按标准规定海图的网点比例是有特殊规定的，如陆地是 100% 黄，蓝实是 100% 蓝，蓝网是 50% 蓝。

紫色和黑色是印刷颜色。紫色是提醒和引起注意的颜色，海图上的扫海区界线、海底电缆、禁区界线等都是紫色的。

除上述三种颜色之外的其他要素都是黑色，黑色是最普通的颜色，如水深、等深线、海底底质、礁石、沉船、经纬线网等。

2）专题图（图集）设色

（1）海区形势图的印色。海区形势图的用色一般采用 4 色印刷，M、Y、

C、K（M、Y、C 均为原色墨）；金红色 100Y + 100M 通常是公路、灯光符号的用色；钢灰色 60 K 或 70 K 通常是铁路的用色。

（2）图集和挂图的网点用色设计。

①区域普染色。普染色的色差要求要大，相邻区域的普染色区别要大，要用不同的色系。

粉红：品 20%。

浅绿：黄 20% + 青 20%。

浅黄：黄 40%。

桔红：品 20% + 黄 20%。

浅蓝：青 20% 或青 15%。

浅紫：品 10% + 青 10% 或品 15% + 青 10%。

以上是常用的普通色系，仅供参考，如有特殊要求，是可以随意改变的。

②设计普染色时注意的问题。

a. 适用于区域普染的图有：分国图、分省图、底质图、土壤图等。

b. 用于区域普染的普染色色差要明显，不要用相近的色来做普染，以免造成普染区域的界线区分不清楚。

c. 叠加色普染的应用，应避开图幅相接处。

③线条要素或符号要素的用色设计。

线条要素或符号要素的用色要用饱和色，蓝、品用于线条（符号）时，尽量用 100% 色；黄色不要单色用于线条（符号）。如：

蓝线条（符号）用青 100%。

品线条（符号）用品 100%。

黑线条（符号）用黑 100% 或黑 60%、黑 70%。

红线条（符号）用品 100% + 黄 100%。

中蓝线条（符号）用青 100% + 品 50%（左右）。

紫线条（符号）用品 100% + 青 50%（左右）。

绿线条（符号）用黄 100% + 青 60% 以上。

④分层设色分层设色的各层色差要求要小，层次变化要均匀，是以同一色或相近色的深浅变化来实现的。以海部分层为例：

5 层普染一般为青 15%、青 30%、青 45%、青 60% 和青 75%。

6 层普染一般为青 15%、青 30%、青 45%、青 60%、青 75% 和青 75% + 品 5%。

7 层普染（第一层面积较大时）一般为青色、5%、15%、30%、45%、60%、75%、75% + 品 5%；（第一层面积较小时）一般为空白、青 15%、青

30%、青 45%、青 60%、青 75% 和青 75% + 品 5%。

⑤设计网点比例需注意的问题。

每一层色的网点变化要在 10% ~ 20% 之间，相差 15% 是最理想的比例。如果色层间隔是 10% 以下，印出的层次识别就不会明显，如果色层间隔是 20% 以上，色层之间会出现跳色的感觉。

网点设计不要超过 80%，因为 80% 的网点一般来说是用网目的极限，理论上可以印出来，但实际上效果基本等同于实地。

需要注意的是：青色加品色可以成为中蓝色，设计中蓝注记或中蓝线条时，可采用“青 100 + 品 50”的设色，即可得到所需的中蓝色。在设计普染色时，也可以运用这个叠色，来进行更多的分层设计，用青色做普染分层时，如果只用青色不能满足所需的层次时，可再将青色加一定比例的品色，变成中蓝色来满足分层的需要，一般在“青 70 或 75 时加品 5”，就可完成青色分层的过渡。

⑥色彩设计要考虑政治因素。

在我们国家的传统用色中，红色代表正方，红色系也是正方要素的代表色系，在设计有两方或多方有政治因素的图时，要把红色系用在我方，而不要用在其他方，颜色也有潜在的政治含义。如：标注南沙群岛态势图时，红色用于我驻岛礁；绿、紫、棕、蓝用于它（敌）占岛礁。

⑦菲林线数及用途。

菲林线数是指 1 平方英寸内的点数，常用的有：100 线、133 线、150 线、175 线、200 线。

报纸印刷采用 100 线。

海图（挂图）印刷采用 150 线和 175 线（旧机器用 133 线）。

图集印刷采用 175 线和 200 线。

纸面较粗糙，采用的线数低；纸面光滑，采用的线数高。

菲林（网点）角度，常用的有：15°、45°、75°和 90°。

叠加的最佳角度是 30°。

单色印刷可选 45°的菲林，如果两色相叠，可选 15°和 45°。

如果三色相叠，可选 15°、45°、75°。

如果四色相叠，可选 15°、45°、75°、90°，将最弱色选择 90°。

若网点角度选择不当，会出现龟纹，影响印刷效果。

⑧陆地普染用色。

中绿色：40% Y + 20% C（平原）。

浅绿色：20% Y + 10% C（平原）。

黄色：40% Y（低山）。

棕色：Y + M + C 或 Y + M + C + K（中、高山采用不同的比例组合）。

浅灰色（或露白）（极高山）。

⑨海部普染用色。

5 层普染：C15%、C30%、C45%、C60% 和 C75%。

6 层普染：C15%、C30%、C45%、C60%、C75% 和 C75% + M5%。

7 层普染：

第一层面积较大时：C5%、C15%、C30%、C45%、C60%、C75% 和 C75% + M5%。

第一层面积较小时：空白、C15%、C30%、C45%、C60%、C75% 和 C75% + M5%。

⑩一般要素常用色。

浅灰色：5% ~ 10% K，通常是干出滩的用色。

灰色：20% ~ 30% K，通常是居民地内普染的用色。

浅桔色：40% Y + 10% M，通常是居民地内普染的用色。

桔色：100% Y + 50% M，通常是等高线的用色。

深蓝色：100% C + 50% M，通常是岸线、等深线、水文要素、海部注记等的用色。

黑色：其他要素用色。

以上用色均为参考用色，不是统一的规定，编辑可根据自己的设计理念灵活掌握。

3）航海书表设色

航海资料中的航路指南内文为单色黑印刷；中国港口指南内文中有海图内容的为海图彩色印刷，其他部分为单色黑印刷，如指定航路。

航海表簿如航标表、潮汐表等，其内文为单色黑印刷；里程表内文为单色黑或双色印刷；航海天文历、太阳和月亮出没时刻表内文为单色黑印刷。

以上图书的封面均为正常印刷四色黑、黄、品、青印刷。

航海通告民用航海通告、外轮用航海通告等内文、封面为单色黑印刷。

图书插图个别为彩色印刷，可根据内容需要进行印刷颜色设计。

7.3.3 用纸

现代印刷技术发展到除对液体、粉末、空气等承印物不能印刷外，其他任何形状的物体、任何承印材料都可以进行印刷。印刷已向视听系统靠拢，最后将融为一体，使印刷品的存储、携带、使用、修改更加方便。这里主要介绍海图制印常用的纸张。

1. 纸张类型

1）按部颁标准分类

按照我国原轻工业部规定，纸张分为 11 类：印刷纸张、书写纸、制图图画纸、电绝缘纸、卷烟纸、吸收性纸、计器用纸、感光纸、转印纸、工业技术用纸、包装纸。纸板分为 6 类：装订纸板、制盒纸板、绝缘纸板、工业技术用纸板、建筑纸板、制鞋纸板。其中与印刷有关的纸类如下：

（1）印刷纸类。有海图纸、地图纸、新闻纸、凸版印刷纸、胶版印刷纸（单面及双面）、画报纸、铜版纸（单面及双面）、字典纸、凹版印刷纸、书皮纸、邮票纸、证券纸等。

（2）书写纸类。有书写纸、练习簿纸、日记本纸、账册纸、有光纸、打字纸、拷贝纸、招贴纸、邮封纸、描图纸、图画纸等。

（3）包装纸类。有包装纸、牛皮纸、柏油纸、玻璃纸、防油纸、水泥袋纸等。

（4）其他纸类。有蜡光纸、卷皱纸、彩色纸、卫生纸、吸墨纸、绝缘纸、卷烟纸等。

（5）纸板类。有黄纸板、白板纸、麻板纸、灰板纸、箱板纸等。

2）按定量分类

纸张按单位面积的重量（定量）可分为纸张和纸板两大类，通常把定量在 $250g/m^2$ 以下（包括 $250g/m^2$）的称为纸张，定量超过 $250g/m^2$ 的称为纸板。

3）按表明质量分类

在印刷过程中所使用的纸张，一般可分为涂料纸和非涂料纸两类。

（1）涂料纸。指以非涂料纸为纸基经过涂布，在其表面涂布一层白色涂料，并经超级压光或压纹而形成的加工纸。涂料纸是印刷生产中的高级印刷用纸。主要用于复制高档精美印刷品。平版印刷涂料纸、压纹纸、高光涂料纸都属于涂料类印刷纸。

（2）非涂料纸。指以植物纤维为主要原料经过制浆、造纸生产工艺流程后所得到纤维纸品。主要用于中高档及普通印刷品。印刷生产中的胶版纸、书写纸、书画纸、胶印书刊纸、凸版纸、新闻纸、打字纸、字典纸等都属于非涂料纸。

4）按用途分类

纸张按用途可分为工业用纸、包装用纸、生活用纸、文化用纸。文化用纸中又可分为书写用纸、艺术绘画用纸和印刷用纸。航海图书印刷用纸，一般分为新闻纸、胶版纸、铜版纸、海图纸和特种纸5种。

（1）新闻纸又称白报纸，质地松软，吸墨性强，有一定的扩张强度，但抗水性差，易发黄，变脆，主要用于印刷报纸和期刊等。

（2）胶版纸是一种较高级的印刷纸张，质地紧密，纸面平滑、不透明度和白度较高，抗水性较强，适用于平版印刷。主要印刷书刊及封面、杂志插页、画报、商标以及地图等。

（3）铜版纸是在原纸表面涂布一层白色涂料制成的高级印刷纸，用于印刷较高级的画册、书刊插页、年历、贺卡等。近年来，无光铜版纸在印刷中应用较为广泛。无光铜纸指压低了光泽度加工成表面平滑的铜版纸，用它印刷的画册、杂志往往给人以典雅的感觉，长久地阅读，因无高光的刺激，眼睛不易感到疲劳，最适合印刷具有观赏价值的印刷品。

（4）海图纸是一种质量较高的地图纸，由于印刷海图得名。它是由加工过的含70%以上棉纤维和其他原料制成，纸面洁白，双面平滑，组织结构坚韧，伸缩性小。为了保护版权，英国还专门研制生产了一种带有水印的海图纸。

（5）特种纸是指具有某些特殊功能，适合特殊用途的纸张。它们有的是通过向浆料中施加化学试剂后经过处理制成的，有的则是对原纸进行二次加工制成的。

特种纸张的外观与常用的铜版纸、胶版纸的外观有显著的差异，多数纸张表面有条纹或花纹，有的纸张光滑度很高，有的纸张透明性好，还有的纸张表面呈絮状颜色的变化。通常用来印刷名片、请柬、精美贺卡、菜单等。其印刷品具有深重、华贵、精良的特点。

2. 纸张印刷适性

纸张的印刷适性是指纸张与印刷条件相匹配，适合于印刷作业的性能，主要指标有纸张的丝缕、抗张强度、表面强度、伸缩性、吸墨性、平滑度、酸碱性等。

1）纸张丝缕

纸张的丝缕指纸张大多数纤维排列的方向。一般把纤维排列方向与平板纸（以全张纸为标准）长边平行的叫纵丝缕纸张；把纤维排列方向与平板纸长边垂直的叫横丝缕纸张，如图7－12所示。

纸张是一种对水分很敏感的物质，由于温度和湿度的变化，纸张丝缕不同方向的伸缩率相差很多。因此，印刷或印后加工中，应考虑纸张丝缕对印刷品质量的影响，如图 7－13 所示。在书刊装订中，书芯最好选择直丝缕纸，即纸张丝缕与书背平行，软封面纸张的丝缕与书背垂直，以保证书本的平整度。

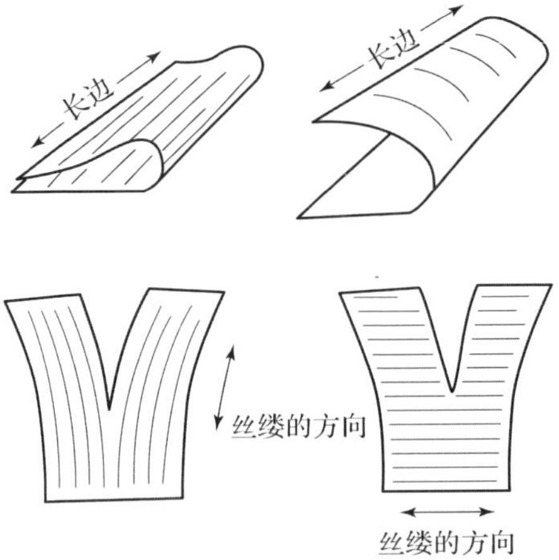

图 7－12　纸张的丝缕图

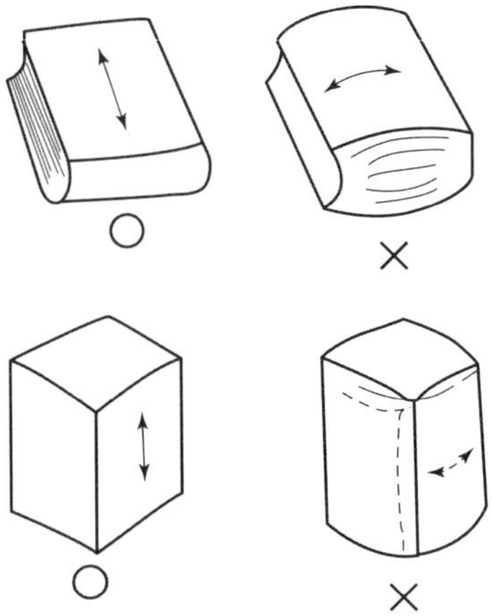

图 7－13　适合装订、包装的纸张丝缕

2）纸张抗张强度

纸张的抗张强度指纸张或纸板所能承受的最大张力，用绝对抗张力或裂断长来表示。卷筒纸在高速轮转印刷中，如果纸张的抗张强度低于纸张受到的纵向拉力，就会出现纸张断裂的故障。印刷速度愈快，用于印刷的纸张的抗张强度应该愈大。

3）纸张表面强度

纸张的表面强度指纸张在印刷过程中，受到油墨剥离张力作用时，具有的抗掉粉、掉毛、起泡以及撕裂的性能，用纸张的拉毛速度来表示，单位是 m/s 或 cm/s。如图 7－14 所示，拉毛速度分别为 300cm/s、240cm/s、140cm/s、100cm/s、54cm/s。正面的拉毛速度最低，印刷中最易发生纸张掉粉、掉毛的故障。高速印刷机印刷或用高粘度的油墨印刷时，应选用表面强度大的纸张，否则发生纸张掉毛、掉粉的故障，从纸面上脱落下来的细小纤维、填料、涂料粒子，易将印版上图像的网纹堵塞或堆积在橡皮布上，引起“糊版”并使印版的耐印力下降。

4）纸张含水量

纸张的含水量指纸样在规定的烘干温度下，烘至恒重时，所减少的质量与原纸样质量之比，用百分率表示。一般纸张的含水量为 6%～8%，含水量过低，印刷过程中，会发生静电吸附现象，导致输纸困难、印品背面蹭脏等故障。

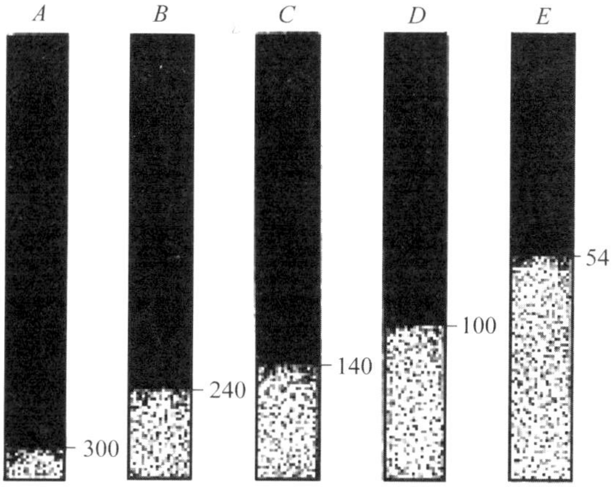

图 7－14 拉毛速度测试条

纸张是亲水性很强的物质，含水量随环境温、湿度的变化而改变，从而引起尺寸和形状的变化，造成多色印刷的套印不准。

为了减少纸张对水分的敏感程度，保持稳定的含水量，单张纸在印刷前，应在比印刷车间温度高 10～15℃、相对湿度高 10%～20% 的晾纸间或晾纸机中，吊晾 1～2h，再码放在与印刷车间温、湿度相同的纸台上，放置十几个小时。纸张的理想含水量约为 5.5%～6.0%。印刷车间的温度应控制在 18℃～24℃，相对湿度应在 60%～65% 之间。

5）纸张平滑度

纸张的平滑度指纸张表面凹凸不平的程度，使用贝克平滑度仪进行测试。一定体积的空气，通过纸张的时间愈长，则平滑度愈高。

采用表面较平滑的纸张进行印刷，印版或橡皮布上的油墨，能以较大的面积与其接触，从而在纸张上得到图文清晰、墨色饱满的印迹。对于带网点的印刷品，只有使用高平滑度的纸张，才能使画面的网点清晰，阶调丰富，色彩艳丽。

6）纸张吸墨性

纸张的吸墨性指纸张对油墨的吸收能力，或者说油墨对纸张的渗透能力。纸张吸墨性的强弱，主要取决于纸张纤维的种类、配比和纤维间的间隙。此外，与印刷过程中印刷压力的大小，压印时间的长短，油墨的粘着性和渗透性有着密切的关系。

纸张吸墨过快，会使印迹无光泽，印迹粉化，印刷网点增大，还会导致油墨渗透到纸张背面，造成透印的故障。纸张吸墨过慢，使油墨的干燥速度减慢，易引起印刷品的背面黏脏，严重时发生印张黏连。

由此可知，纸张的吸墨性过快或过慢，对印刷都不利。所以，要得到色彩艳丽、图像逼真的高质量印刷品，只有使用吸墨性适中的纸张才可以达到要求。

7）纸张酸碱性

纸张的酸碱性是纸张化学性能的一项指标，纸张的酸碱性对平版印刷关系很大。平版印刷常用的胶版纸显酸性。纸张的酸碱性对印迹的干燥性能影响极大。油墨在酸性纸上干燥慢，在碱性纸上干燥快。

常用纸张的名称、定量和用途如表 7－2 所列。

表 7－2　常用印刷纸张名称、定量和用途

纸张名称	牌号	定量/(g/m^2)	用途
新闻纸	1	51	适用于印刷报纸、书刊、教科书的正文
	2	51	
胶版印刷涂料纸（铜版纸）	特	90，100，120，150，180，250	适用于单色或套色彩图 150 线以上网线版的胶版印刷
	1	90，100，120，150，180，250	适用于单色或套色彩图 120～133 线的胶版印刷
	2	90，100，120，150	适用于单色或套色彩图 18～120 线的胶版印刷
胶版印刷纸	特	50，60，70，80，90，120，150，180	适用于高级经典著作、较重要的书籍以及学术刊物的正文和封面以及高级彩色胶版印刷
	1	50，60，70，80，90，120，150，180	适用于一般重点书刊的正文和普通彩色胶版印刷
	2	50，60，70，80	
	2	90，100	适用于 32 开、大 32 开正文在 100 面以内，64 开正文在 150 面以内的平装书封面或 16 开期刊封面；胶印插图；32 开、16 开精装书环衬；套色彩印包封
	2	120	适用于 16 开正文在 100 面以内，大 32 开正文在 250 面以内，32 开、64 开正文在 300 面以内的平装书封面或 16 开正文在 50 面左右、32 开、大 32 开、64 开正文在 100 面以内骑马订书的封面；纸面精装封面；精装书刊环衬、护封等

续表

纸张名称	牌号	定量/(g/m^2)	用途
胶版印刷纸	2	150	适用于16开正文在100面以上，大32开正文在250面以上，32开、64开正文在300面以上的平装书刊封面
单面胶版印刷纸	1	40，50，60，70，80，90	适用于高级彩色宣传画、年画、烟盒及商标
	2	40，50，60，70，80，90	适用于一般彩色宣传画、教学挂图、年画、商标
书皮纸	1	70，80，100，120，150	适用于高级期刊、书籍、册簿等封面
	2	70，80，100，120	适用于一般期刊、书籍、练习簿等封面
画报纸		70，80，90，100，120，140，150，180	适用于彩色胶印、单色凹印的画报以及美术图
字典纸	1	25，30，35，40	适用于印刷字典、词典、词汇以及大型工具书、手册的正文
	2	25，30，35，40	

3. 航海图书印刷用纸

1）航海图用纸

海图一般用纸为150g海图纸，规格为大全张：787mm×1260mm；全张：787mm×1092mm。

2）专题图用纸

形势图的印刷用纸一般不要过厚，通常用100g地图纸、105g铜版纸（有光铜版纸或无光铜版纸）、100g胶版纸。有特殊要求的图可考虑特殊用纸。规格为大幅面有：850mm×1168mm和880mm×1230mm，小幅面的为：787mm×1092mm。

3）航海书表用纸

（1）航海资料中的航路指南、中国港口指南内文用纸为80g胶版纸，封面为157g铜版纸。

（2）航标表、潮汐表、里程表、航海天文历、太阳和月亮出没时刻表、无线电导航表、劳兰表等各种航海表簿；其内文用纸一般为80g胶版纸，封面为157g铜版纸。

（3）航海通告、民用航海通告、外轮用航海通告等内文用纸为70g胶版纸，封面为80g胶版纸。

（4）各种图集多根据使用需要和纸张性能确定印刷用纸，一般采用铜版或胶版纸印刷。

7.3.4 装饰与装帧

在书籍封皮或其他印刷品上，进行上光、覆膜、烫箔、模切、压痕或其他加工处理，称为表面装饰。表面装饰加工，不仅提高了印刷品的艺术效果，而且具有保护印刷品的作用。

1. 上光

在印刷品表面涂上（或喷、印）一层无色透明涂料，干后起保护及增加印刷品光泽的作用，这一加工过程叫做上光。一般书籍封面、插图、挂历、商标装潢等印刷品的表面要进行上光处理。印刷品的上光，包括上光涂料的涂布和压光。

1）上光涂料涂布

上光涂料的涂布分为喷刷涂布、印刷涂布和上光涂布机涂布三种主要方式。

（1）喷刷涂布，均为手工操作，虽然速度慢、涂布质量差，但灵活性强，适用于表面粗糙或凹凸不平的印刷品（瓦楞纸）或包装容器等异形印刷品。

（2）印刷涂布，通常用印刷机涂布，将上光涂料，贮存在印刷机的墨斗中，采用实地印版，按照上光印刷品的要求，印刷一次或多次上光涂料。印刷涂布上光，不需要购置新设备，一机两用，适合于中、小型印刷厂上光涂布加工。

（3）专用上光机涂布，是目前应用最普遍的方法。上光涂布机由印刷传输机构、涂布机构、干燥机构以及机械传动、电器控制等部分组成。其适用于各种类型上光涂料的涂布加工，能够精确地控制涂布量，涂布质量稳定，适合各种档次印刷品的上光涂布加工。

2）上光涂层质量要求

为获得理想的上光效果，上光涂层应符合以下要求：

（1）上光涂布层均匀、无砂眼、无气泡和无漏涂现象。

（2）涂布量适宜，涂层能在一定温度、涂布速度下完成干燥结膜。

（3）涂层不受印刷油墨性能、印刷图文、印刷密度的影响，流平性好，同印刷品表面有一定的黏合力。

（4）涂层在压光中，能黏附在压光带表面，冷却后又能容易地被剥离。

3）压光

利用压光机压光，改变干燥后的上光涂层表面状态，使其形成理想的镜面，这一过程称为压光。许多精细的印刷品，上光涂布后，需要进行压光处理。

压光机通常为连续滚压式，由输送机械、机械传动、电器控制等部分组成。印刷品由输纸台输入加热辊和加压辊之间的压光带，在温度和压力的作用下，涂层贴附在压光带表面被压光。压光后的涂料层逐渐冷却后，形成一光亮的表面层。压光带由特殊抛光处理的不锈钢制成，采用电气液压式调压系统来调节加压辊的压力，可满足各类印刷品的压光要求。

2. 覆膜

将聚丙烯等塑料薄膜，覆盖于印刷品表面，并采用黏合剂经加热、加压使之黏合在一起的加工过程称为覆膜。

覆膜工艺，分为预涂覆膜和即涂覆膜两种。预涂覆膜工艺是将黏合剂预先涂布在塑料薄膜上，经烘干、收卷，作为产品出售。覆膜加工部门，在无黏合剂涂布装置的覆膜设备上进行热压，便可完成印刷品的覆膜。该工艺简化了覆膜加工的操作，无环境污染，覆膜质量高，因而有广阔的应用前景。

1）预涂膜覆膜工艺

预涂型覆膜机是将印刷品同预涂塑料薄膜复合到一起的专用设备，由薄膜放卷、印刷品自动输入、热压复合、自动收卷 4 大部分组成。与即涂型覆膜机相比，不需要黏合剂涂布、加热干燥系统，所以结构紧凑、体积小，造价低、操作简便，随用随开机，生产灵活性大，效率高。

2）覆膜产品质量要求

要按照以下要求来确保覆膜产品的质量：

（1）覆膜黏结牢固，表面干净、平整、不模糊、光洁度高，无皱折、无起泡和膜痕。

（2）覆膜后分割的尺寸准确、边缘光滑、不出膜、无明显卷曲，破口不超过 10mm。

（3）覆膜后干燥程度适当，无黏坏表面薄膜或纸张的现象。

（4）覆膜后放置 6~20h，产品质量无变化，如果有条件应采用恒温箱测试。

3. 模切与压痕

模切工艺就是用模切刀根据产品设计要求的图样组合成模切版，在压力作用下，将印刷品或其他板状坯料轧切成所需形状和切痕的成型工艺。

压痕工艺则是利用压线刀或压线模，通过压力在板料上压出线痕，或利用滚线轮在板料上滚出线痕，以便板料能按预定位置进行弯折成型。用这种方法压出的痕迹多为直线型，故又称为压线。压痕还包括利用阴阳模在压力作用下将板料压出凹凸或其他条纹形状，使产品显得更加精美并富有立体感。

在大多数情况下，模切压痕工艺往往是把模切刀和压线刀组合在同一个模版内，在模切机上同时进行模切和压痕加工的，故可简单称之为模压。

纸片、印刷品经过模切、压痕加工后，可以制成各种形状的容器或盒子如图 7－15 所示。

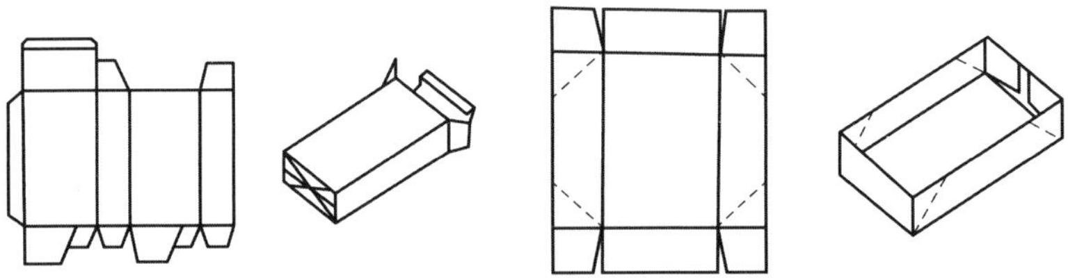

图 7－15　模切与成型

模压前，需先根据产品设计要求，用钢刀（模切刀）和钢线（即压线刀）或钢模排成模切压痕版（简称模压版），将模压版装到模压机上，在压力作用下，将纸板坯料轧切成型，并压出折叠线或其他模纹。

钢刀进行轧切，是一个剪切的物理过程，而钢刀或钢模则对坯料起到压力变形的作用，橡皮用于使成品或废品易于从模切刀刃上分离出来，垫板的作用类似砧板。

模切压痕的工作原理如图 7－16 所示。

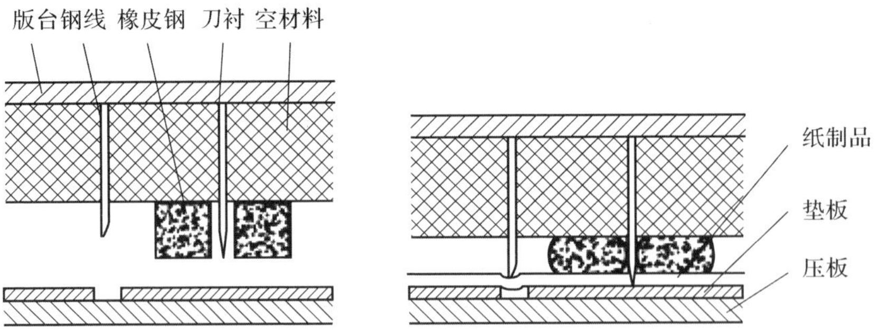

图 7－16　模切压痕工作原理示意图

激光制版系统就是应用激光和计算机等技术来加工模切压痕版。这种模版制造方法能使底版制作实现自动化。操作中，只要把待模切产品的图样、纸板厚度等参数输入电子计算机，便可控制底版制作系统，使底版按照所需模版图样在激光束下自动地移动。这种模版制作方法改变了传统的铅空法或锯切法中精度差、速度慢、没有重复性、无法适应包装自动化生产线要求的状况。目前激光切割的模切版已广泛应用于印刷、包装装潢行业，产品涉及到汽车、家电、轻工、食品、药品、宣传等领域。这种新工艺的优点可归纳如下：

（1）激光切割速度快、周期短。激光切割可提高工效几倍至几十倍。一般情况下，一块模切版只需 1～3h 即可完成编程及切割任务。

（2）质量好、精度高。激光制作模压版由计算机控制，尺寸精度可提高一个数量级，误差 ±0.05mm。任何复杂图形都可加工。对于异型版、多联版及一刀分两色、两边无杂色的模压版，用传统工艺制作非常困难，而激光工艺的积累误差很小，制成品非常精美。

（3）重复性好。计算机编制的程序可以存储，大批生产时，需要多块相同的模压版，新工艺只需调出程序再切制即可，有极好的重复性，而传统工艺则无法办到。

（4）无毒无害，对工人的技术要求不高。用于包装装潢印刷的高速凹印机、柔性版印刷机和标签印刷机，附设有滚筒模切装置，一般采用滚动模切方式，对印刷品进行模切、压痕，大大地提高了生产效率。

4. 烫金

电化铝烫印是一种不用油墨的特种印刷工艺，它借助一定的压力与温度，运用装在烫印机上的模版，使印刷品和烫印箔在短时间内相互受压，将金属箔或颜料箔按烫印模版的图文转印到被烫印刷品表面，俗称烫金。

电化铝烫印的图文呈现出强烈的金属光泽，色彩鲜艳夺目。尤其是金银电化铝，以其富丽堂皇精致高雅的装潢点缀了印刷品表面，其光亮程度大大超过印金和印银，使产品具有高档的质感，同时由于电化铝箔具有优良的物理化学性能，又起到了保护印刷品的作用。所以电化铝烫印工艺被广泛应用于高档、精致的包装装潢、商标和书籍封面等印刷品上，以及家用电器、建筑装潢用品、工艺文化用品等方面。该工艺可应用于纸、皮革、丝绸织物、塑料等材料上。

5. 凹凸压印

习惯上称为“凹凸印刷”“轧凹凸”或“压凸凹”，最早起源于我国。1627—1644 年印制的“十竹斋笺谱”，就是利用凸版在画笺上压印花叶脉和水波云浪，当时称为“拱花”。近代许多瓶签、商标和信封、年历片等印刷品上凸起的花纹、图形，也都是用凹凸压印方法制成的，复制品十分美观并增加了立体感的效果。

凹凸压印不用油墨，只利用压力在已经印好的彩色印刷品或空白纸上压出凹凸图形和花纹。其印刷方法有两种：一种是压凸纹，一种是模切压痕。

1）压凸纹

压凸纹指用凹模、凸模在纸张上施加压力压印花纹。压凸纹工艺过程如图 7－17 所示。

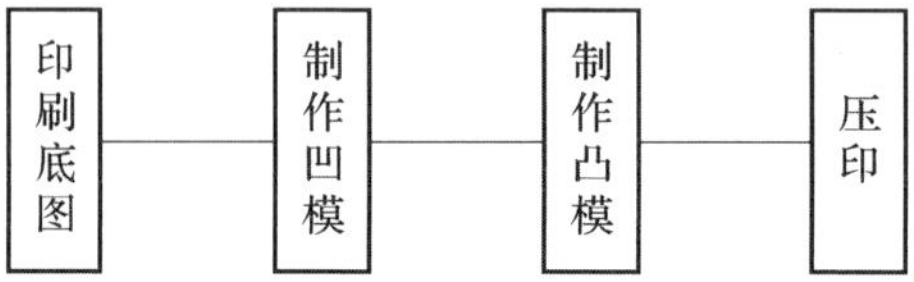

图 7－17　压凸纹工艺过程

2）模切压痕

模切压痕亦称压钢线。模切工艺是在一般商标、盒子等印刷品上，进行压、折、切而使之成型的工艺技术。对圆弧形或复杂外形的标签等印件，由于不能用普通裁纸机裁切而必须用模切轧刀进行裁切，故模切压痕印版称作刀版或轧刀。常用的刀版是用钢线在夹具上弯成多种所需的形状再组排制成“印版”，大致有金属底版和木底版两种。模切压痕的工艺过程如图 7－18 所示。

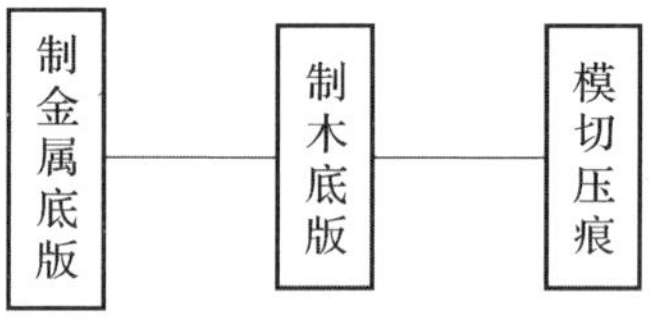

图 7－18　模切压痕工艺过程

7. 航海图书的装饰与装帧

航海资料主要包括航路指南、中国港口指南、指定航路、海表簿（如航标表、潮汐表、里程表、航海天文历、太阳和月亮出没时刻表等），其封面均要求进行压纹和覆膜、主要字体做烫金等。由于这些封面纸张克重大，直接折页容易出现裂痕，因此需先进行压痕，以便于折页成型。专题图、图集多根据内容和使用的需要进行一种或多种装饰与装帧。

7.4 航海图书拼版及装订

当今印刷业进入数字化时代，计算机直接制版技术和数码印刷技术都在飞速发展。先进的数字化直接制版技术——CTP，可以通过计算机制版、拼版后，高速、高精度的输出版材，且网点边缘犀利、形状完整，使产品更加精美，质量更加稳定。

7.4.1 拼版种类

1. 自动拼版系统

在传统的商业印刷流程中，制版印刷之前，均需要进行折手这一工序把单页的胶片拼成大版，然后再进行制版印刷。目前折手工作大多是由人工操作完成的，它存在着对位不准，生产效率低，工人劳动程度大等弊病。此外由于计算机直接制版（Computer to Plate，CTP）和计算机直接印刷（Computer to Press，CTP）技术的成熟和普及，以及对印刷质量要求的不断提高，迫切需要实现自动折手工艺。与此同时桌面电子出版技术大面积使用，以及 PostScript、PDF 页面描述语言在桌面电子出版系统中的广泛应用使自动折手控制成为了可能。

方正畅流数字化拼版流程，通过系统拼大版、数码打样、挂网、点阵导出、输出，整合了传统工艺中的手工拼版、晒版、修版去脏工序。新技术、新方法降低了印刷生产中的时间、成本和人员冗余。方正畅流工作流程管理系统以模块化进行各流程的处理。每次作业可单独建立作业任务，需要处理的模块，拖动到处理窗口中，进行相应的作业。

规范化器的主要功能是接收 Tiff、PDF、EPS、PS、PRN、S2、PS2、S72 等页面描述文件，将上述文件进行分页，转换成单页面、自包容的 PDF 文件。此外，规范化器在转换的过程中还可以指定字体替换，图片变倍和压缩等设定，并根据用户的选择执行预显、页边距调整等处理。

方正畅流工作流程管理系统采用 PDF 作为流程的内部标准文件，PDF 具有内嵌图文、可靠、开放、适合网络传输等优越的适合高端印刷的特性，方正畅流的其他作业处理器只接收经过规范化处理的文件。

1）折页

大多数印刷厂为了降低成本，都要采用大幅面的印刷机来印刷。这就需要在印前制版时将多个小页面按一定的顺序拼合在一起，形成一个大的印刷版面，印刷时将这些小页面同时印刷在一张大规格的纸张上。印刷后按规则经过多次折叠和裁切，形成按照页码顺序排列。

将印前处理中对各页按对应位置以特定方式拼大版的过程称为折手。

对一张纸的折叠有多种方法，但是折手必须严格地按照一个特定的顺序，才能正确地把页码标上。下面来看一个简单的折手实例。

这是一个4页折手的例子，其中标出了正反两个版面上的小页面的安排，正面版安排的是第一页和最后一页，反面是两个内页，如图7－19所示。

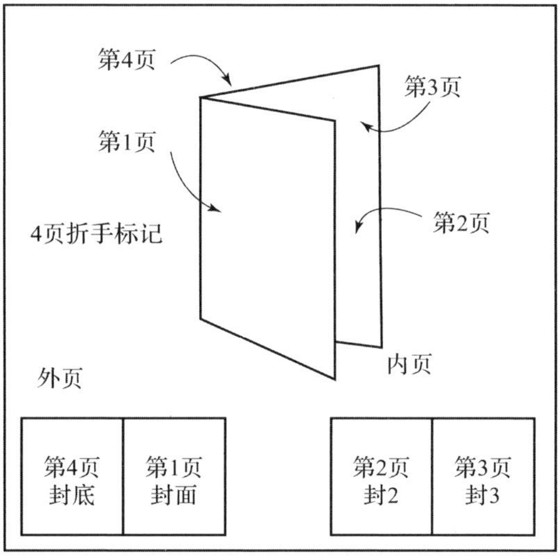

图7－19　4页折手

将印刷好的大幅面书页，按照页码顺序和开本的大小，折叠成书帖的过程，称为折页。

折页的方式，大致分为垂直交叉折页法、平行折页法、混合折页法三种，如图7－20所示。

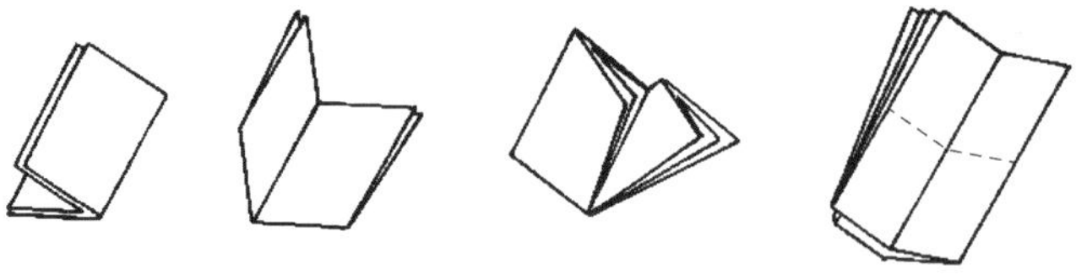

图7－20　折页方法示意图

（1）垂直交叉折页法。每折完一折时，必须将书页旋转 90°角折下一折，书帖的折缝互相垂直。这种折页形式，操作方便，折数与页数有一定关系。

（2）平行折页法。折出的书帖折缝互相平行。其适用于折叠较厚纸张的书页，如少儿读物、画册等。

（3）混合折页法。在同一书帖中的折缝，既有平行，又有垂直的折页方式为混合折页法。用机器折成的书帖大部分是这种形式。

目前，我国的印刷厂大部分采用机械折页。折页机分为刀式折页机、栅栏式折页机和栅刀混合式折页机，有全张和对开两种。

2）装订

书刊装订方法分为精装、平装、骑马订装、古装和其他印后加工形式如图 7 –21 所示。平装书芯的订联方法有铁丝平订、缝纫订、锁线订、无线胶订等多种形式。精装书芯的订联方法有锁线订和胶黏装订等。

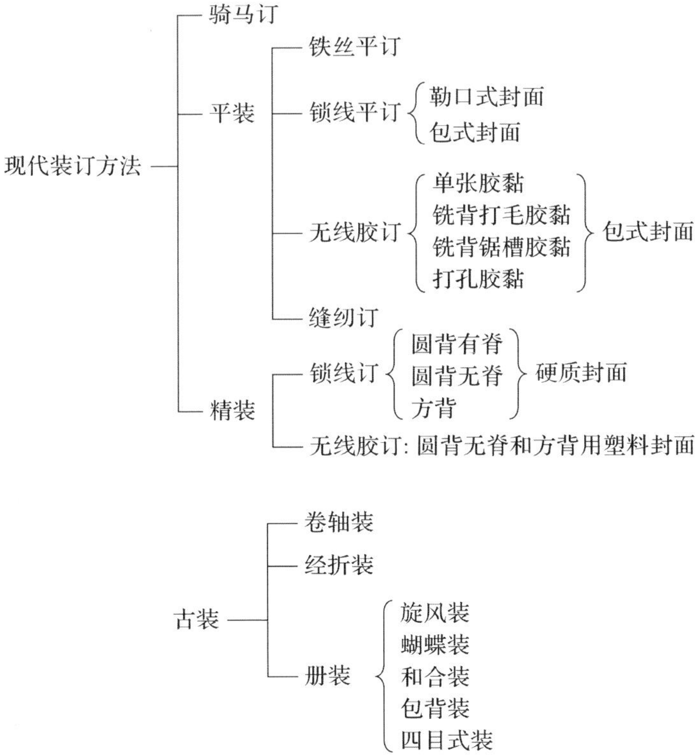

图 7 –21　装订方法

（1）骑马订是一种快速经济的装订方式。将内文各书帖和封面按先后顺序配帖后，在书脊处打入两支到三支钉（铁钉、钢钉、铜钉），打钉后再经三边裁切后，如图 7 –22 所示。

（2）铁丝平订又称铁丝订或平订，是将用配帖法配好的书帖，在订口处（一般离书脊 5mm 处），用订书机将铁丝穿过书芯在背面弯折，把书芯订牢的订书方法，如图 7－23 所示。

图 7－22　骑马订

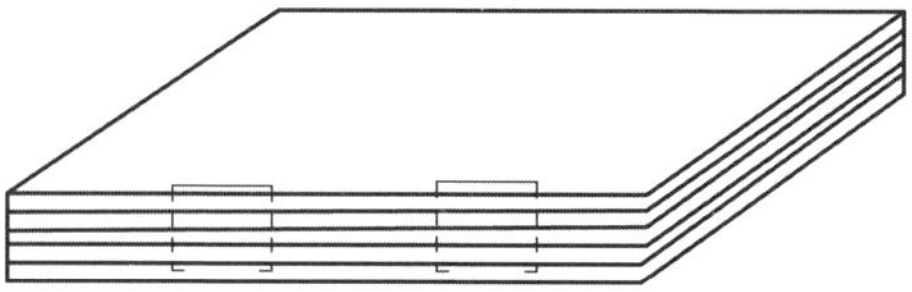

图 7－23　铁丝平订示意图

（3）锁线订是指将已经配好的书芯，按顺序用线一帖一帖沿折缝串联起来，并互相锁紧，这种装订方法称为锁线订，如图 7－24 所示。

（4）无线胶装是指用胶质物质将每一帖书页沿订口相互黏接为一体的固背装订方法，如图 7－25 所示。从配页到出书整个无线胶订的工艺过程，可以在一台机器上连续自动完成。显然，这一工艺方法大大缩短了书刊装订的工艺流程，减少了重复劳动，提高了生产效率。无线胶订和锁线订一样，具有翻阅方便，不占订口等优点，用无线胶订加工的书芯，既能用于平装，又能用于精装，是一种广泛采用的订书方法。

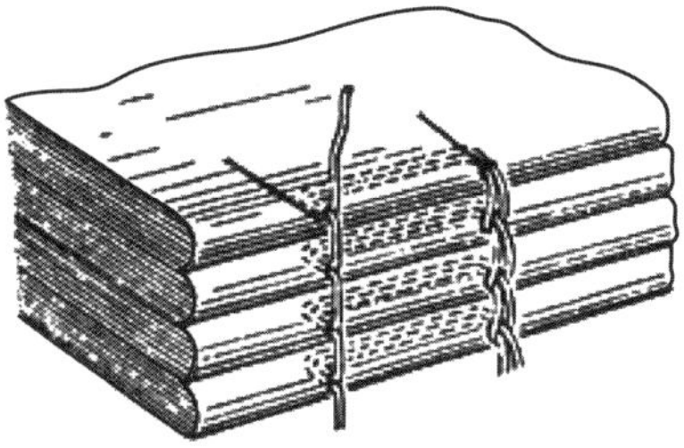

图 7－24　普通锁线示意图

图 7－25　胶订装示意图

根据不同的装订方式，可分为上下相叠式配帖和骑马订式套帖两种形式。

（1）上下相叠式配帖，如图 7－26 和图 7－27 所示。

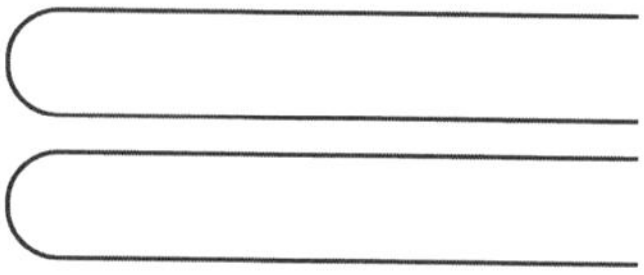

图 7－26　上下相叠式配帖

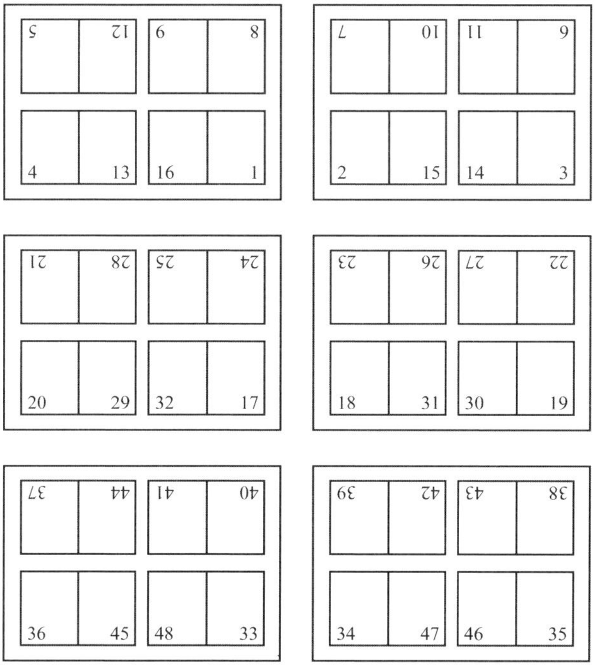

图 7－27　上下相叠式配帖拼版示意图

（2）骑马订式套帖，如图 7－28 和图 7－29 所示。

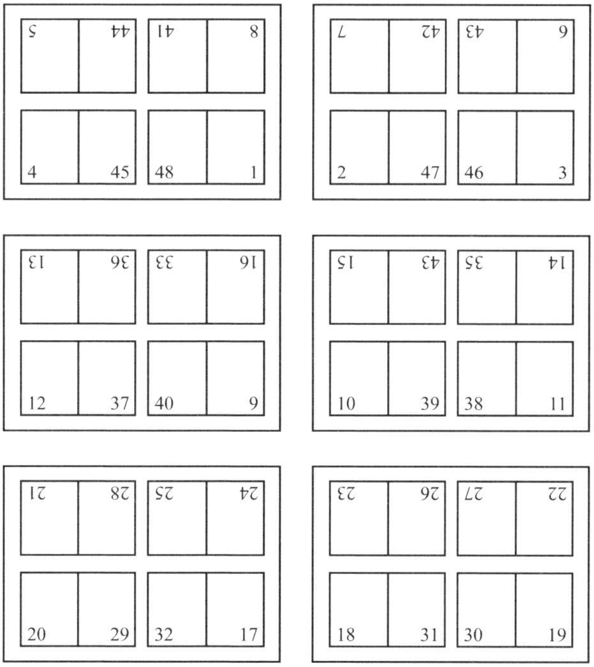

图 7－28　骑马订式配帖拼版示意图

图 7－29　骑马订式配帖

2. 传统拼版种类

1）拼版作用

一是将数张或几十张彩色的稿件和花边、底色和文字，按照出版社设计的版式要求，拼制在一副版子上。由于各张原稿缩小与放大比例不一，需待电子分色或照相分色的比例缩放合适后，再作软片的拼版工作。再由于出版社设计的图形种类多，有的要圆形，有的要方形，有的要图中套图，有的要图中套字，这就要在拼版时一一解决，以达到版式设计要求。

二是为了提高晒版、印刷的效率和质量，要根据印刷条件拼制大版。即对开印刷拼制成对开版面，三开印刷拼制成三开版面，四开印刷拼制成四开版面等，这样可以避免因原版小，晒版要经多次套晒，往往套晒不准而影响印刷的质量和效率。同时也减少了晒版次数，提高了晒版的质量和效率。

综上所述，通过拼版工艺，把所需的各个图像、文字、底纹、花边等，按版式设计要求和印刷条件，拼在一副对开、三开或四开的版面上，这就是拼版的作用。

拼版是制版照相工艺中的一个重要工序，其技术性虽然要求不高，但要求准确，责任大。要做到：①台纸正确，与出版社的版式完全一致；②各色版的图像、文字地位、花边地色要拼准确。

不同的版面内容可采用不同的拼版工艺路线和不同的拼版技术，从工艺来分有拼小版和拼大版两种；从拼版技术来分则有剥膜拼版和软片拼版两大类。

2）拼小版

小版指的是印刷品本身开本版面，是相对于对开或全张画片而言。拼小版就是将图与图，文字与图组合成一个版面。该工艺难度高，因为版面上有图案与图案相互交叉拼合；图案、文字交叉拼合。利用不同网点大小的平网纹组成的色彩艳丽的底纹，甚至单色的印件，也能通过线条粗细，网点变化，文字露白等手段，显现多层次对比醒目的效果。

拼小版是拼大版的前提，当然对必须用八开或零件印刷的，拼好小版后也可直接上机印刷。

3）拼大版

大版指的是印刷机上印刷纸张的幅面，一般为四开、对开、全张等。拼大版有拼版底版制作、拼版、出样检查和修版三个步骤。

（1）拼版底版制作。根据客户要求及纸张尺寸、成品规格，制作一张拼版底版，常用透明涤纶片制作。咬口的一端打上定位孔，写上所拼版刊物的名称，标明正反面。然后蒙合在台纸上，在相应位置上划出版面规式贴上十字线、角线、色标、测试条等。然后根据色版数，准备数张涤纶片，同样在咬口侧打上定位孔，供各色版拼贴使用。拼贴可以用加网阳图软片，也可用阴图加网片。采用阳图片拼贴后，可直接供晒制上车版印版，生产周期较短。一般用于版面简单的印件。对开拼版复杂的版面，则往往采用阴图拼贴，然后经过一次拷版或数次套拷成供晒制上车版的原版。阴图拼版时先要根据台纸制出阳网图反向的原始台纸，再拷成阴图正向的分版台纸版，然后拼贴阴片。

（2）拼版。根据版面的内容、要求和分色制版工艺，采用剥膜拼版或软片拼版。在软片拼版方法中又有机器拼版，蓝模拼版，直接拼版（阳图或阴图拼版），书刊拼版，打样拼版等技术。

（3）出样检查和修版。全部版面拼完后，即可出样。供检查规格尺寸、图片位置、文字内容和版序等质量。出样可采用晒版打彩样或晒蓝样两种方法。前者精确，忠实反映原版的质量和叠合效果，样张可作为印刷付印样，但工序繁复、浪费时间、材料和人工。后者工序简单、经济，采用晒图方式制作，一般用定位条将蓝、黑两色版同时拷晒出蓝图，缺点是只能反映版面内容、规格，无法真实还原彩色图像。虽然分色片在拼大样前都打过彩样，并经过修改，但数幅彩像拼成一个版面后，由于印刷条件不一致，往往难以复原。然而在国外由于制版规范化程度高，采用较多。

4）剥膜拼版

剥膜拼版习惯上称为“剥皮”或“翻皮子”。它将同一版面上的几幅图面，分别单独拍摄成图版，然后用剥膜方法拼贴在同一版面上。通常用于单色原稿的拼版的文字说明、标头、书刊版权的拼版，在玻璃感光版上使用很普遍，拼版之前须按施工单绘制一张台纸（规格样），再复制一张反样作拼版的底版。根据台纸的简繁程度不同，可用照相拍摄或拷版制作拼版反向底版，最后依据底版进行拼贴。供剥膜用的图版有两种：一种使用专供剥膜用的剥离感光软片，使用很方便，但国内尚无批量生产；另一种需使用湿片图版或拷版成的罗甸干片。目前各工厂多数使用这种方法。在剥膜前分别浇上橡胶剥膜液的甲液（橡胶液）和乙液（翻底罗甸）。待彻底干燥后，用锋利刀片把每一图纹四边裁割，浸入水盆内约 15 ~ 30min，即可将皮膜掀起。先将皮膜吸附于纸上，再移植到台纸所指定的地位上。随后，用吸水纸吸干水分，并将水分挤出，皮膜便牢固地贴于版面上。在拼版前，先要在底版玻璃上涂层薄胶水，防止皮膜翘裂，待拼版完成干燥后，在皮膜四周用笔涂上一层很薄的白罗甸，以防止四角翘裂和防止填墨及墨汁渗入膜层之间，剥膜拼版工艺，除了在地图之类特殊场合外，已被软片所代替。

5）软片拼版

随着制版软片使用的普及，软片拼版的方法也越来越多，如有机器拼版、蓝模拼版、直接拼版、规丝套合拼版、图套图拼版等。不同的版面可选用最省时省料的方法，但当多幅彩色小图版进行拼合时，由于小图版之间的套印精度要求高，必须讲究拼合的方法。

常用的有规线套合拼版、图套图拼版、定位拼版机拼版和定位挂钉套拷拼版等4种方法。

（1）规线套合拼版。首先制作一张原始台版纸，上面已移植有各拼合小图版的规线，其余部分均用墨涂黑或用红纸遮贴，然后用SO片拷晒出同样的正向分版台纸版二至数张，其中一张除图画、规线、角张、色标外，全部用墨涂去，拷晒阴网时作“蓝版”，使各图版四周边沿清洁整齐，将黄、红、蓝黑阴片或阴网分别按规线拼贴在各色版上，逐一拷晒或拍摄成阳网原版，这样多图就能拼制在一个版面上。此法使用中应注意的是，规线移植到“原始台纸版”上去时，规线应与分色阴图片的规线一样粗细，完全吻合，否则在各色套合中不易保持各图版的精确位置。

（2）图套图拼版。图套图拼版与规线套合拼版一样，首先根据版式台纸用涤纶片制作一张原始台版纸，贴上阳规线、角线、角标，用SO片拷晒成一张阴图正向台版纸。然后版面较满的蓝阴版片，按版式构图逐一拼贴于上，或先用45°的阴图片作第一色拼贴，再将它转拷成蓝版阳网片。干燥后将它膜面向下放于反光台上，作为底版用阴图套合阳图的方式拼贴其他三色版，套合时可以是阳套阴，也可阴套阳，最后逐一拷制成阳网原版。倘若不用SO片拷制蓝版阳网片，而用蓝膜拷制时，此法又称为蓝膜拼版法。图套图的拼版工艺，在拼版中不使用规线，易于看清是否套准，尤其有利于电子分色的阳网拼版，它具有迅速、准确的特点。

（3）定位拼版机拼版。这是机器拼版的一种，在分色制版时均在软片上打上定位孔，在拼版时先将一个图面较满的色版按版面要求拼合成一个版面，记录下各图面定位销板的位置数据。以后各色版通过定位销板自动走位，拼贴起来，该法具有快速简便的效果，但此种机器国内无生产，因此该法未被普遍采用，而在国外普遍被用于拼版大版。

（4）定位挂钉套拷拼版。这是目前比较流行的一种拼版工艺，具有正确快捷的特点。一般用于版面上多幅图与文字、底纹类的叠合拼版。定位梢钉有两种：高脚梢钉用于格上拼贴，短脚梢钉用于拷版机上使用。小版用两只，对开版用4~5只确保套合精度。

7.4.2 装订种类

将印好的书页、书贴加工成册，或把单据、票据等整理配套，订成册本等印后加工，统称为装订。书刊的装订，包括订和装两大工序。订就是将书页订成本，是书芯的加工。装是书籍封面的加工，就是装帧。

我国最早的书，是用皮带或绳子把写有文字的竹片、木片，连串成册，称为“简策”。简策十分笨重，不易阅读。后来人们把写有文字的丝绢，按照文章的长短裁开，卷成一卷，有的还在丝绢两端配上木轴，便出现了“卷轴装”的书。

纸张发明以后，把文字写在纸张上，按照一定的规格，向左右反复折叠成长方形的册子，将前后两页粘上硬纸或较厚的纸，作为封面和封底。这种装帧最初用于佛教经典，故称为经折装。

经折装的书籍，最前面的一页和最后面的一页是分开的，将经折装的首、末两页黏连在一起，翻开阅读有风吹来时，中间的纸页飞起，犹如旋风，故名旋风装。

用以上两种方法装帧的书籍，翻阅时间长了，折叠处断裂，书页散落。到了宋朝，开始采用浆糊黏连或用丝线穿订的方法来装订书籍，出现了蝴蝶装和包背装。

从明朝中期，开始有了线装书籍。线书装订牢固、装帧美观、翻阅方便。

清朝以后，活字印刷逐渐代替了雕版印刷，印刷品的产量、品种不断增加，装订技术也得到了相应的发展，逐步从手工操作走向机械化。

书刊装订工作十分繁杂，如一般的平装书需要十几道工序，精装书需要二十多道工序，特装书的装订工序高达五十多道。不同的装订方法，操作工序不一样，就是同一种装订方法，也可以采用不同的操作工艺。下面仅写出平装、精装工艺的流程。

平装书制作的主要工艺流程如图7-30所示。

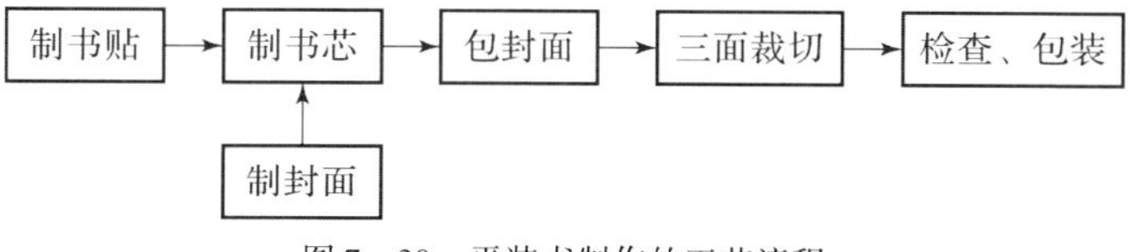

图7-30　平装书制作的工艺流程

精装书制作的主要工艺流程如图7-31所示。

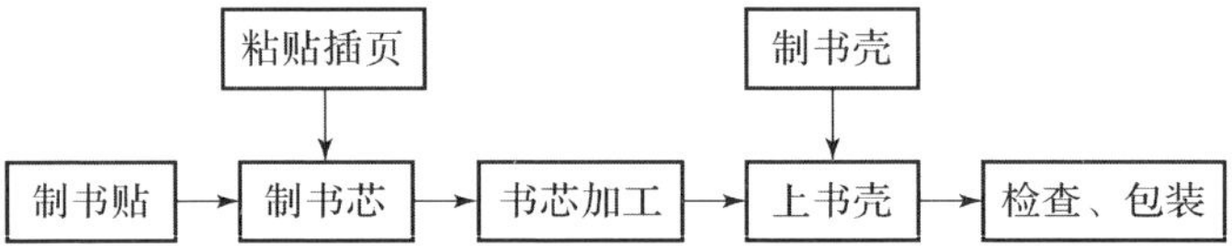

图 7 – 31　精装书制作的工艺流程

为了加快出书速度，书刊的两个主要部分——书芯和封面的加工是并行的。上述工艺流程中的每一个过程都是一个操作过程的总称。例如制书帖，是由撞页、裁切、折页、压平和书帖捆扎等工序组成。

1. 骑马订工艺

骑马订是书刊装订形式之一。因订书时要跨骑在订书架上而得名，骑马订的书帖采用套帖配页。配帖时，将折好的书帖从中间上帖开始，依次搭在订书机工作台的三角形支架上，最后将封面套在最上面。订书时，用铁丝从书刊的书脊折缝外面穿进里面，并被弯脚订本，通过上面裁切即成为可供阅读的书刊。

骑马订的工艺流程短，出书速度快；用铁丝穿订，用料少，成本低；书本容易开合，翻阅方便，是目前国内外常用的装订方法之一。但铁丝钉易生锈，牢度低，使用时间较久后封面易从铁丝订连处脱落，不易保存。所以，骑马订装订方法常用于装订保存时间比较短的杂志、期刊、画册、练习本和商品样本等印刷物。又因骑马订采用套帖法，产品的厚度受到一定限制，一般最多只能装订 100 页左右的书刊。

常用的骑马订书机有两种：一种是半自动骑马订书机；另一种是全自动骑马订书联动机。全自动骑马订书联动机是一种多工序的联动化装订机械，用铁丝装订种画报、杂志、期刊等，用途广泛，生产效率高。

骑马订生产联动线。有代表性的骑马订订书联动生产线是瑞士马蒂尼公司生产的 235 型铁丝订书联动生产线，该机主要用于装订厚度在 6mm 以内的期刊、杂志和小册子等。由搭页（配页）、骑马订、三面裁切机构组成，并带有质量检测控制、废页剔除，成品堆积计数和安全装置等。该机最大的特点是采用积木式组合，可以根据不同情况，在上述的组成基础上再加上堆积机、包装机、插页机等组成新的多种形式的装订联动线，适应用户的各种需要。

1）书页与书帖质量要求

（1）三折及三折以上书帖，应划口排除空气。

（2）59g/m^2 以下纸张最多折四折，60 ~ 80g/m^2 纸张最多折三折，81g/m^2 以上纸张最多折二折。

（3）书帖平服整齐，无明显八字皱折、死折、折角、残页、套帖和脏迹。

（4）书帖页码和版面顺序正确，以页码中心为准，相连两页之间页码位置允许误差≤40mm，全书页码位置允许误差≤70mm，画面接版允许误差≤15mm。

2）装订质量要求

（1）配帖应正确、整齐。

（2）订位为钉锯外钉眼距书芯长上下各1/4处，允许误差±30mm。

（3）订后书册无坏钉、漏钉，书册平服整齐、干净，钉脚平整、牢固，钉锯均钉在折缝线上，书帖歪斜允许误差≤02mm。

3）成品质量要求

（1）成品裁切歪斜误差≤15mm。

（2）成品裁切后无严重刀花、无连刀页、无严重破头。

（3）成品外观整洁、无压痕。

4）使用铁丝规格要求

根据纸质的厚度，铁丝直径为0.5~0.6mm。

2. 平装工艺

平装是现代书籍、图册的主要装订形式之一。通常用纸封面和覆膜形式，以齐口居多，也有勒口的。平装的书芯加工有多种方式：铁丝平订、缝纫订、三眼线订、无线胶订、锁线订、塑料线烫订等。平装工艺简单，使用方便，价格低廉，是目前我国应用最普遍的装订形式，国际上称平装书为纸皮书或小册子，如图7－32所示。

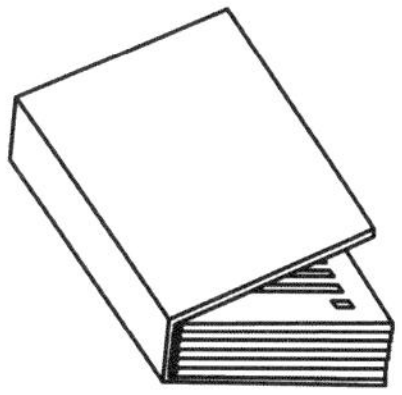

图7－32　平装书

平装书籍加工工艺流程如图7－33所示。

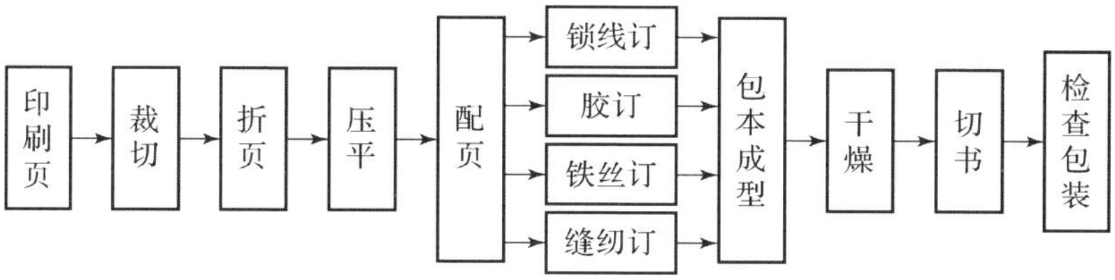

图7－33　平装书籍加工工艺流程

1）撞页裁切

印刷好的大幅面书页撞齐后，用单面切纸机裁切成符合要求的尺寸。

裁切是在切纸机上进行的。切纸机按其裁刀的长短，分为全张和对开两种，按其自动化程度分为全自动切纸机、半自动切纸机。操作时，要注意安全，裁切的纸张、切口应光滑、整齐、不歪不斜、规格尺寸符合要求。

2）折页

折页指的是将印刷好的大幅面书页，按照页码顺序和开本的大小折叠成书的过程。如前所述，常见的折页方法可分为平行折页、垂直交叉折页和混合折页等三种。

3）配书帖

把零页或插页按页码顺序套入或黏在某一书帖上。

4）配书芯

把整本书的书帖按顺序配集成册的过程，也称为排书。有套帖法和配帖法两种。

（1）套帖法。将一个书帖按页码顺序套在另一个书帖里面或外面，形成两帖厚而只有一个帖脊的书芯。该法适合于帖数较少的期刊、杂志。

（2）配帖法。将各个书帖按页码顺序，一帖一帖地叠摞在一起，成为一本书刊的书芯，供订本后包封面。该法常用于平装书或精装书。

配帖可用手工，也可用机械进行。手工配帖，劳动强度大、效率低，还只能小批量生产，因此，现在主要利用配帖机完成配帖的操作。

配帖机的工作原理如图 7－34 所示。将书帖按顺序放在传送带上，依次重叠，完成书芯的配帖。

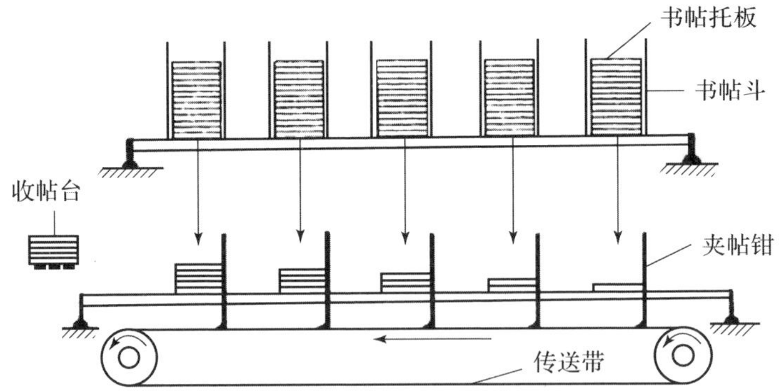

图 7－34　配帖机工作原理图

为了防止配帖出错，印刷时，每一印张的帖脊处，印上一个被称为折标的小方块。配帖以后的书芯，在书背处形成阶梯状的标记，如图 7－35 所示。检查时，只要发现梯档不成顺序，即可发现并纠正配帖的错误。

将配好的书帖（一般称为毛本）撞齐、扎捆，除了锁线订以外，在毛本的背脊上刷一层稀薄的胶水或浆糊，干燥后一本本地分开，以防书帖散落，然后进行订书。

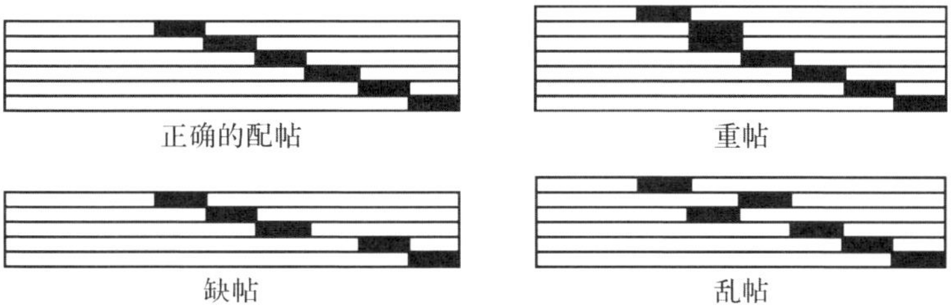

图 7-35　书背的梯档

5）订书

把书芯的各个书帖，运用各种方法牢固地连接起来，这一工艺过程叫做订书。常用的方法有铁丝平订、锁线订、无线胶订、缝纫订四种。

（1）铁丝平订，又称铁丝订或平订，是将用配帖法配好的书帖，在订口处（一般离书脊 5mm 处），用订书机将铁丝穿过书芯在背面弯折，把书芯订牢的订书方法，如图 7-36 所示。

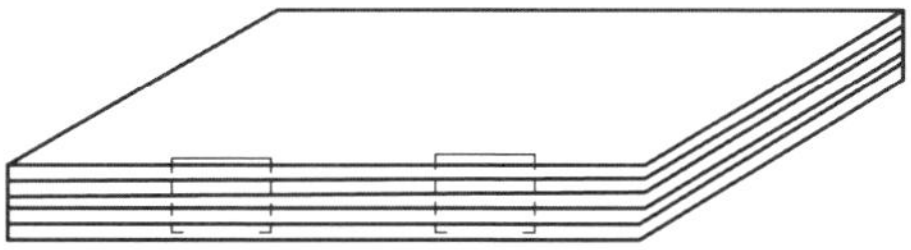

图 7-36　铁丝平订示意图

铁丝平订一般用于装订较厚的书刊、杂志，它对装订的书帖有较宽的选择性。如果装订的书芯太厚，铁丝钉无法伸出背面卡紧时，可使铁丝钉在书芯的前后套住直订。

铁丝订的生产效率高，价格便宜，所订书册的书背平整美观。但铁丝的订脚紧，较厚的书不易翻阅；铁丝受潮易生锈，一方面影响书的牢固程度，另一方面锈斑渗透封面，造成书页破损和脱落。

（2）锁线订。将已经配好的书芯，按顺序用线一帖一帖沿折缝串联起来，并互相锁紧，这种装订方法称为锁线订，如图 7-37 所示。

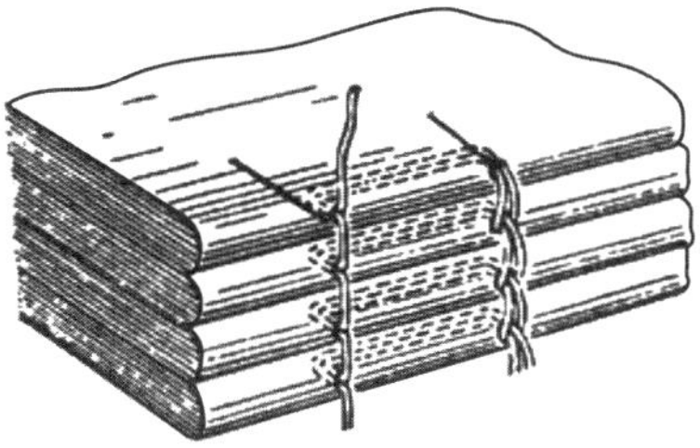

图 7-37　普通锁线订示意图

锁线订是一种历史悠久，质量较高的传统订书方法，是用线沿各书帖折缝处订缝，不占订口，装订成册的书籍容易摊平，阅读时翻阅方便，可以装订各种厚度的书籍，并且对于胶质和各种外来条件的作用比较稳定，因此，锁线订书芯的牢固度高，使用寿命长。

目前，质量要求高和耐用的书籍多采用锁线订。锁线订的缺点是：锁线机一般是单机操作，书芯中书帖的数量越多，锁线劳动强度越大，与其他装订设备的生产效率不易平衡，难以实现装订联动化；由于每个书帖的订缝处都有两根线，所以书芯的书脊处增厚，并且还要大量消耗价格较贵的订缝用线。锁线订的方式分为平锁和交叉锁两种，如图 7 – 38 所示。

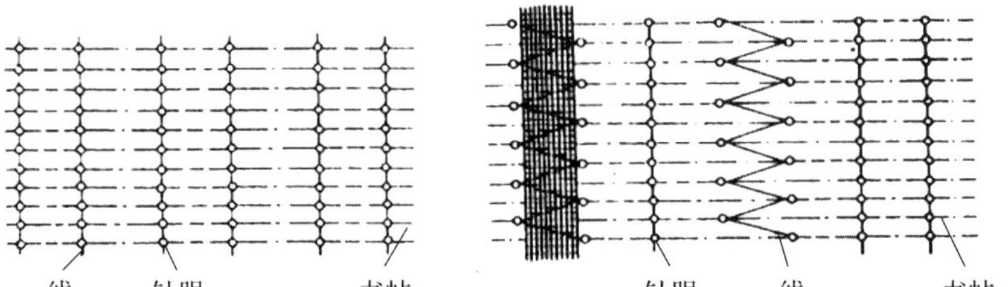

图 7 – 38　锁线订

(3) 无线胶订是指用胶质物质将每一帖书页沿订口相互黏接为一体的固背装订方法。从配页到出书整个无线胶订的工艺过程，可以在一台机器上连续自动完成。显然，这一工艺方法大大缩短了书刊装订的工艺流程，减少了重复劳动，提高了生产效率。无线胶订和锁线订一样，具有翻阅方便，不占订口等优点，用无线胶订加工的书芯，既能用于平装，也能用于精装，是一种广泛采用的订书方法。

无线胶黏装订的方法很多，一般可分为切孔胶黏装订法、铣背打毛胶黏装订法、切槽式胶黏装订法、单页胶黏装订法。

6) 包封面

通过折页、配帖、订合等工序加工成的书芯，包上封面后便成为平装书籍的毛本。

包封面也称包本或裹皮，分为手工包封面和机械包封面。

①手工包封面的过程是折封面、书脊背刷胶、粘贴封面、包封面、抚平等。现在除畸形开本书外，很少采用手工包封面。

②机械包封面，使用的是包封机，有长式包封机和圆式包封机。平装书籍的封面应包得牢固、平服，书背上的文字应居于书背的正中直线位置，不能斜歪，封面应清洁、无破损、折角等。

7）切书

把经过加压烘干、书背平整的毛本，用切书机将天头、地脚、切口按照开本规格尺寸裁切整齐，使毛本变成光本，成为可阅读的书籍。

切书一般在三面切书机上进行。三面切书机是裁切各种书籍、杂志的专用机械。三面切书机上有三把钢刀，它们之间的位置可按书刊开本尺寸进行调节。书刊切好后，逐本检查，防止不符合质量要求的书刊出厂。

8）平装书的质量要求

（1）封面覆膜要求：①黏结牢固，表面平整，光洁度好。无皱折、起泡、粉箔痕和亏膜；②分割尺寸正确，不出膜，无明显卷曲，破口≤40mm；③干燥程度适当，无黏坏表面薄膜和纸张的现象；④覆膜后放置10～20h，覆膜质量应无变化。

（2）烫箔质量要求：①烫箔后字迹、图案清晰，不糊版、花版，烫箔牢固，光泽度好；②烫箔后书脊字居中。

（3）成品质量要求：①封皮和书芯粘贴牢固，书背平直，无空泡、无皱折、变色、破损，粘口符合要求；②成品裁切歪斜误差≤0.15mm；③成品裁切后无严重刀花，无连刀页，无严重破头；④书背字平移误差以书背中心线为准，书背厚度在10mm及以下的成品书，书背字平移的误差为≤1.0mm；书背厚度大于10mm，且小于等于20mm的成品书，书背字平移的允许误差为≤2.0mm；书背厚度大于20mm的成品书，书背字平移的允许误差为3.0mm；书背字歪斜的允许误差均比书背字平移的允许误差小0.5mm；⑤成品护封上下裁切尺寸误差≤2.0mm；护封封口或勒口的折边与书芯前口对齐误差≤1.0mm；⑥成品书背平直，岗线≤10mm。无粘坏封面，无折角，不显露钉锯；⑦成品外观整洁，无压痕。

9）无线胶订联动机

无线胶订联动机能够连续完成配页、撞齐、铣背、锯槽、打毛、刷胶、粘纱布、包封面、刮背成型、切书等工序。有的用热熔胶黏合，有的用冷胶黏合，自动化程度很高。

3. 精装工艺

精装是现代书籍的主要装帧形式之一，是书刊装订加工中比较精致的装帧方法，装帧工艺复杂。精装一般以纸板作为书壳，其面层用纸、布、麻丝、漆布等材料，经装饰加工，烫印上彩色文字或图案后做成硬质封面。书芯经加工后，书背为圆弧形或平直形。

硬质封面和书芯两者套合，构成造型美观，挺括坚实，翻阅方便的精装书籍，如图 7－39 所示。

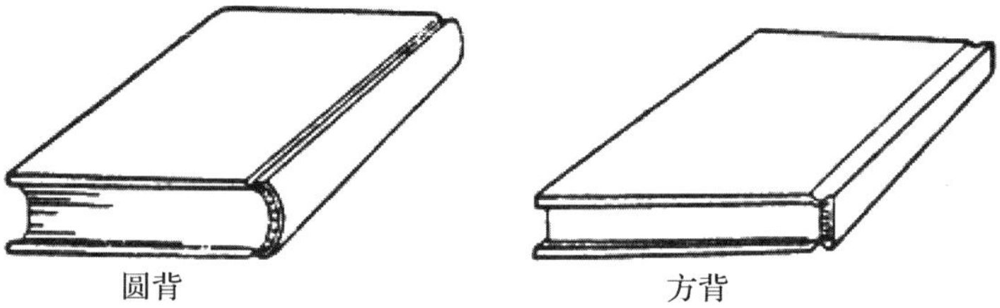

图 7－39　精装书

精装工艺是指折页、配页、订书、切书以后对书芯及书籍的外形进行加工的工艺，主要有书芯加工、书壳制作及上书壳三大工艺过程。其主要工艺流程如图 7－40 所示。

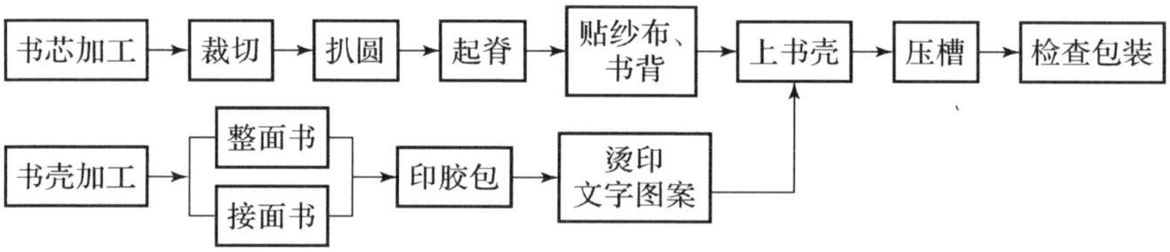

图 7－40　精装工艺流程

1）书芯制作

前一部分和平装书装订工艺相同，包括：裁切、折页、配页、锁线与切书等。在完成上述工作之后，就要进行精装书芯特有的加工过程。书芯有如图 7－41 所示的几种形式，即方背、圆背无脊、圆背有脊。可在平装书芯的基础上，经过压平、刷胶、干燥、裁切、扒圆、起脊、刷胶、粘纱布、再刷胶、粘堵头布、粘书背纸、干燥等便完成了精装书芯的加工。

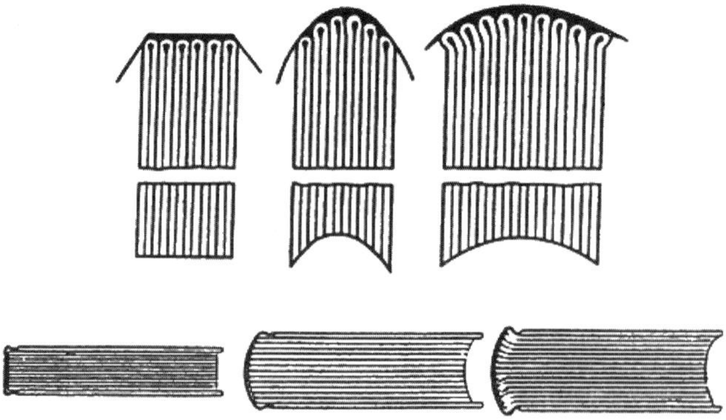

图 7－41　书芯的书背形式

（1）压平。在专用的压平机上进行，使书芯结实、平服，以便提高书籍的装订质量。

（2）刷胶。用手工或机械的方法刷胶，使书芯达到基本定型，在下一道工序加工时，书帖不相互移动。

（3）裁切。对刷胶基本干燥的书芯，进行裁切，成为光本书芯。

（4）扒圆。由人工或机械，把书芯背脊部分，处理成圆弧形的工艺过程，叫做扒圆。扒圆以后，整本书的书帖能互相错开，便于翻阅，提高了书芯的牢固程度。

（5）起脊。由人工或机械，把书芯用夹板夹紧夹实，在书芯正反两面，接近书脊与环衬连线的边缘处，压出一条凹痕，使书脊略向外鼓起的工序，称为起脊，这样可防止扒圆后的书芯回圆变形。

（6）书背的加工。加工的内容包括刷胶、粘书签带、贴纱布、贴堵头布、贴书脊纸，如图7－42所示。

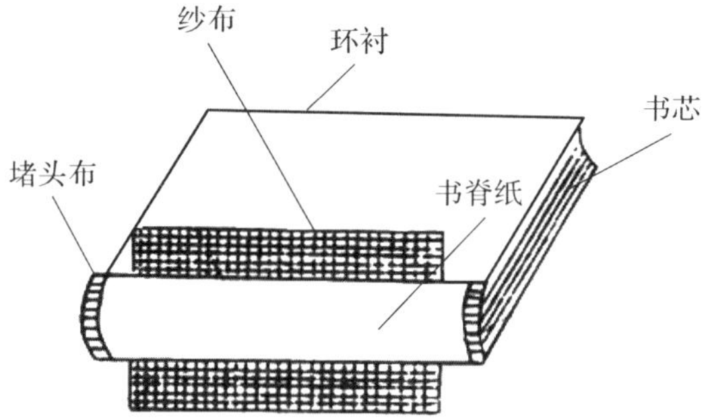

图7－42　精装书书芯

贴纱布能够增加书芯的连接强度和书芯与书壳的连接强度。堵头布，贴在书芯背脊的天头和地脚两端，使书帖之间紧紧相连，不仅增加了书籍装订的牢固性，又使书变得美观。书脊纸必须贴在书芯背脊中间，不能起皱、起泡。

精装书芯的加工工序多，难度大，质量要求高，所需要的机器也多，除折页机、配页机、锁线机或无线胶订机、压书机以外，还需要多种施胶、扒圆、起脊、贴脊等机器，因而占用人力和工时多，生产效率低。为了提高书芯的生产效率，目前除使用单机生产外，多使用精装书芯联动机，进行自动化的连续生产。

2）书壳制作

书壳是精装书的封面。书壳是书刊的外衣，对于书籍来说，它一方面起着外部装饰作用，另一方面也是为了保护书籍使其具有完好的使用性。因此，书壳不仅应有美观的外表，而且还应有耐用性。在大批量的生产中，还要求书壳的制作及与书芯的套合，更易于实现机械化和自动化的生产。

（1） 书壳结构。精装书书壳分为整面和接面两种。

整面书壳是由一张完整的封面材料制成（如全布面、全纸面），如图 7－43（a）所示。接面书壳的封面材料不是一整块，通常是封面和封底用一种材料，书腰用一种材料拼接而成（如布腰纸面、皮腰布面和包四角的封面），如图 7－43（b）所示。

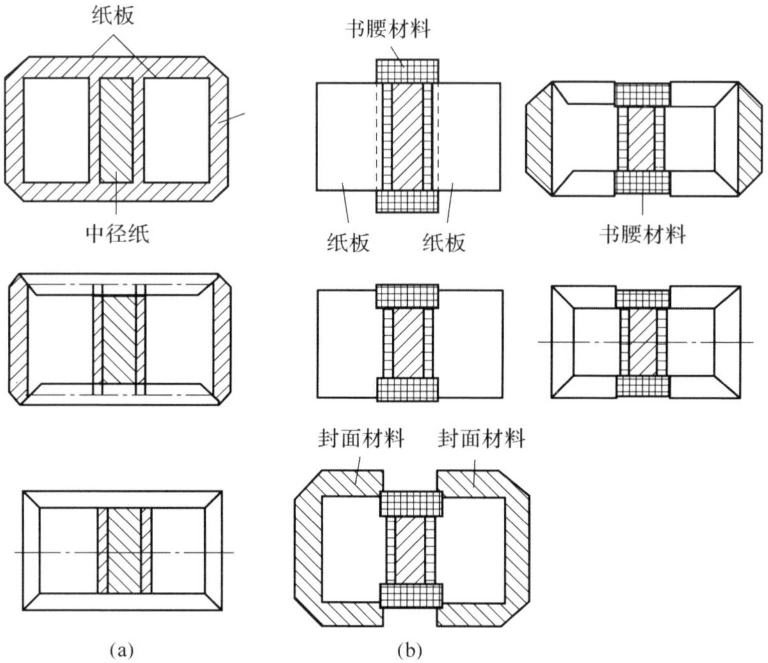

图 7－43　精装书书壳结构示意图

精装书壳是由软质裱面材料、里层材料和中径纸三部分组成，如图所示。常用的裱面材料有绸缎、人造革、漆布、塑料纸、各种织物及纸张等。里层材料，即组成前、后封的材料，多采用纸板，中径纸用厚纸或纸板。书壳在展开平放时，前后封中间的距离叫中径。前后封的硬纸板与中径纸板中间的距离叫中缝，也称隔槽、书槽。

在前封及中腰正面上，一般用烫印或印刷方法印上书名、作者名、出版社名称及其他装饰性图案。中径纸能使书壳中腰坚固和富有弹性，便于烫印。翻阅全书时，中径纸是支持书芯的弹性支柱。

（2） 书壳制作工艺。根据不同的开本及书芯厚度，将裁好的纸板、封面裱装材料及中径纸按一定的规格黏合在一起的工艺过程称为制书壳。所使用的设备称为糊封机。使用糊封机可以制作整面书壳，也可以制作接面书壳。

糊封机主要由刷胶机构，封面、纸板、中径纸输送机构，包边、包角机构，压实及输送机构等组成。完成从输料到精装书壳制作完成的全部工作。

书壳制作完成以后，还必需经过干燥，以排除糊封时粘合剂中的水分，保证下工序的正常进行。干燥的方法有自然干燥和人工干燥两种。自然干燥时间较长，一般要一天多的时间。人工干燥时间短，可以采用流通的空气吹干，或者采用红外干燥、高频干燥等。我国的印刷厂大多使用自然干燥法。

制作好的书壳还需要进行装饰加工，使其更加美观。精装书壳的装饰加工，是根据原设计的要求在书壳上加印文字和图案，根据制作书壳时所采用的表层材料，可以采用烫印、压凹凸或印刷的方法来完成。

3）上书壳

把精装书芯与书壳套合在一起，经刷胶使其粘合固定的工艺称为上书壳。上书壳是制作精装书籍的最后一道工序。

（1）书芯与书壳的套合方式。精装书壳与书芯的套合有三种方法：普通式、筒子式和套合式，如图7－44所示。普通采用的方法是普通式上书壳法，其他两种方法使用较少。

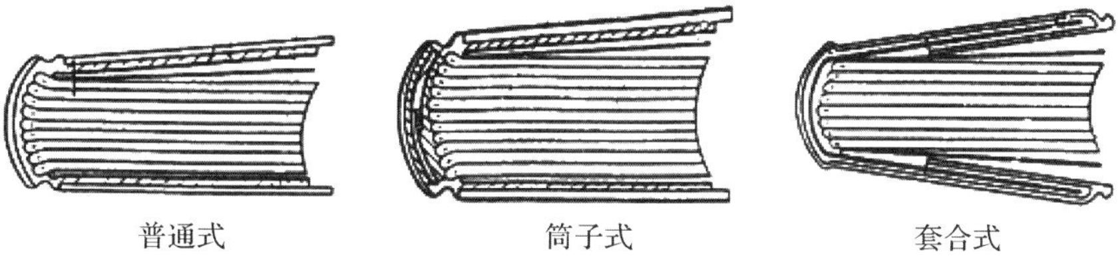

图7－44　书芯与书壳的套合方式

普通式上书壳方法，即将胶液均匀地刷到环衬上，使前、后封面与环衬黏接。这是书芯与书壳套合的主要方法。

筒子式上书壳法，即先按书背弧长用牛皮纸卷一活筒卷，黏贴在书脊背上，待书芯与书壳套合时，将刷好胶的活筒卷与书壳的中径纸板黏接起来，而后将前后封壳与环衬黏接。这样在翻阅书籍时，纸筒随之撑开呈空心筒状，既增加了书芯的牢度，又使书背平服。这种上书壳的方法一般用于生产量较少、使用期限长、使用频率高、大开本印张多的书籍。如百科全书、多册的工具书、精致的画册等。

套合式上书壳法。一般使用塑料书壳，把经过裱卡的书芯或簿册套在塑料壳的袋子里。这种上书壳的方法多用于小开本的字典、手册、工具书以及各种簿册等。

（2）上书壳工艺。上书壳可以手工操作，也可以用机器操作。

图书芯先到达分切装置，被分切的书芯中插入挂书板，挂书板是用很薄的铜片或其他金属薄片制成的。挂书板带着书芯移动，到达涂胶装置时，黏有胶水的圆辊，把胶水均匀地涂布在书芯前后衬页的外面，在书芯移动的同时书壳从堆积台上被吸下进行烫背处理。书芯随着挂书板的移动和书壳相遇时，书壳套在书芯上，书芯便用衬页上的胶水把书壳牢牢地黏住，最后挂书板离开书芯，上好书壳的精装书被送往压脊线机，在靠近收脊的前封、后封边缘各压出一道深的槽，使书刊更加定型、装潢更加美观。

4）精装书籍生产线

精装书籍生产线是一系列用机械动作，将经锁线或无线胶订后的半成品书芯，进行连续的流水作业，成为精装书的生产线。目前，我国使用较多的精装书籍生产线有 JZX－01 型国产精装书生产线和德国柯尔希斯精装自动线。

5）精装书质量要求

在国家标准《精装书籍要求》（GB T30325－2013）中有详细规定，主要内容摘录如下：

（1）表面应平整，无明显翘曲，书的四角垂直，歪斜误差≤1.5mm，飘口宽32开本以下为3.0±0.5mm；16开本为3.5mm±0.5mm；8开本及以上为4.0mm±0.5mm。书芯圆背圆势应为90°～120°（扒圆的圆势标准以书芯厚度或书背宽度计算，其圆弧所对的圆心角应为90°～120°为适）；起脊高度为3.0～4.0mm；书脊高与书芯表面倾斜角度应是120°±10°。

（2）烫印字迹清楚，图案清晰、不糊、不花、牢固有光泽。

（3）书槽整齐牢固。

（4）环衬和书芯前后无明显皱折。

（5）烫印歪斜误差，以书背中心线为准，书背字误差如表7－4所列。全套书的书背字上下误差≤2.5mm。

表7－4　书背文字中心线对书背中心线的平移允差和歪斜允差

书背宽度/mm	书背文字中心线对书背中心线平移允差/mm	书背文字中心线对书背中心线歪斜允差/mm
<10	≤1.0	≤0.7
10～20	≤2.0	≤1.5
20～30	≤2.5	≤1.8
>30	≤3.0	≤2.0

6）精装书的一些技术专业用语

（1）书封壳，也称书壳、封壳、硬面皮等，即精装书的书封，是用软质材料与硬质纸板糊制而成的。

（2）书背、书脊。

书背，也称后背，是指书帖配册后需粘接订联的平齐部位。书背有圆背和方背之分。

书脊是指书芯表面与书背联接的突出部位。精装书有真脊、假脊之分。

（3）书槽，也称书沟或沟槽，是指精装书套合后，封面和封底与书脊连接部分压进去的沟槽。

（4）飘口是指精装书刊套合加工后，书封壳大出书芯（切口）的部分。

（5）中腰、中径、中径纸板、中缝。

中腰也称书腰，是指上、下书封壳中间的连接部分，即封一和封四所夹的中间位置。

中径是指书封壳内的封二和封三两块纸板之间的距离。

中径纸板是指中径部分中间所黏的纸板条。

中缝是指中径纸板与书壳纸板之间的两个空隙。

（6）整面书壳与接面书壳。

整面书壳，也称全面书壳。糊制书壳时，用一整张软料将各纸板糊制成书壳，称为整面书壳。

接面书壳，也称半面书壳。糊制书壳时用两种以上材料将各纸板糊成封壳，称为接面书壳。

（7）堵头布，也称花头布、堵布等，是一种带有线棱的布条，用于黏贴在精装书芯后背的两端，将每帖天头地脚的折痕盖住，只露线棱，因堵在书背两头故称堵头布。

（8）活套与死套是精装套合加工的两种形式。

活套，也称活络套装，书刊加工成册后，书芯是插在书封内的，可随意分开或调换，常用于本册。

死套：套合加工时，书芯的环衬是牢黏在书封壳的封二、封三上的称死套。

（9）护封是指套在封面或书封壳外的包封纸，常用于讲究的书刊本册。

（10）色口、金口、花口。

色口：将切好的书刊本册，在切口的一面或三面，喷或涂上各种颜色的加工。

金口：将书刊本册切口的一面或三面黏压上一层金色箔的加工，即滚金口。

花口：将书刊切口的一面或三面，蘸黏上各种花纹、图案加工，即蘸花口。

（11）锁绳头，也称锁花头，指不用黏贴布带的方法加堵头布，而是用一定规格的丝绳（单色或双色）一针针捆锁在书背两端的加工。

（12）竹节是书封壳的腰部上加工成的隆起的棱条。

（13）封里纸是指书壳封二、封三包边内的单张白纸。

（14）裱衬是指在环衬表面另黏一 $200g/m^2$ 以上的单张白纸。

（15）筒子纸是指在书背纸上面另黏的筒形双层纸。

（16）垫软面是指在书壳面料与硬纸之间垫一薄层棉花或泡沫塑料的加工。

（17）塞假脊是指在书壳中径部分用薄纸板黏压定型。

7）线装及特装工艺

线装是我国带有民族特色一种书籍装订方法，是雕版书籍的主要装订形式。线装书的特点是，印刷用纸为质地柔软坚固的毛边纸，单面印刷，以中缝栏线口对折，前口为规矩边，不用整张纸包封皮，而在书的前、后面各放一张同样大小的封面纸与书芯一起用线穿订，线露在书皮外面，比较讲究的书籍还用绫子包住上下两个角。线装书式样美观，装潢典雅，古朴大方，是一种精美的艺术品。

长期以来，线装书的加工采用手工操作，这种装订形式既保持了民族传统，又美观典雅。因此，作为我国特有的书籍装帧形式，在我国书籍装订生产中仍占有一席之地。

线装书全部用手工装订，主要的工艺流程如图 7－45 所示。

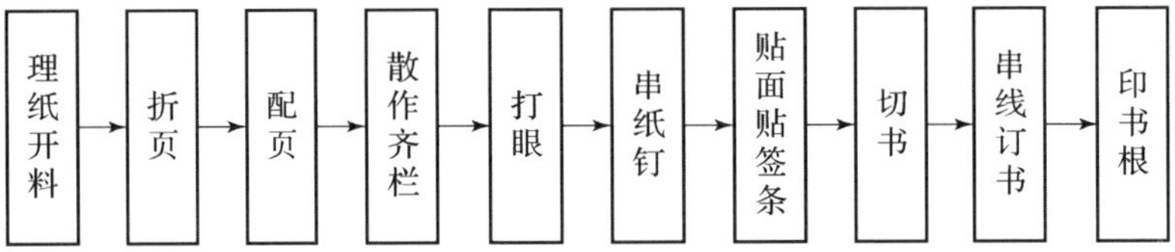

图 7－45　线装书的工艺流程

（1）理纸开料。线装书所用纸质软而薄，理纸困难。因此，要将印张理齐，再根据折页的要求进行裁切。

（2）折页。线装书的书页，一面印有图文，一面是空白，书页对折后图文在外，占 2 个页码。有的书页在折缝印有“鱼尾”标记，折页时将鱼尾标记折叠居中，版框也就对准了。

（3）配页。先把页码理齐，然后逐帖配齐。配页时，一边配页，一边毛查，防止多帖、漏帖、错帖现象发生。

（4）散作、齐栏。将书页逐张理齐，使书页达到齐正的工艺操作，称之为“散作”。逐张拉齐栏脚的过程叫“齐栏”。

(5) 打眼。线装书要打两次眼。第一次在书芯打2个纸钉眼，用来串纸钉定位。第二次是打线眼，是书芯与封面配好，并粘牢，再经3面裁切成光本后，打4个或6个眼。

(6) 串纸钉。串纸钉是线装书装订的特有工序。纸钉用长方形的连史纸切去一角制成。纸钉穿进纸眼后，纸钉弹开，塞满针眼，达到使散页定位的目的。串纸钉时，纸钉的头与尾需露在书芯的外面并且要摊平。

(7) 黏画、贴签条。线装书的封面、封底是由两张或三张连史纸裱制而成。黏面时，先把少量的胶粘液涂在纸钉的头尾部分，然后将封面、封底黏在正确的位置上。

线装书的封面，一般为水青色或玉青色，封面的左上角贴有印好书名的签条，签条的设计及粘贴的位置，对书籍的造型有一定的影响。

(8) 切书。一部由多册组成的书，将各册依次配成整部，再利用三面切书机裁切成为光本，这样就减少了整部书的裁切误差。

(9) 串线订。线装书的串线方式繁多，如图7-46所示。使用最多的是丝线，其次是锦纶线。订好的书，要求平整、结实，线结不能外露，应放在针眼里。

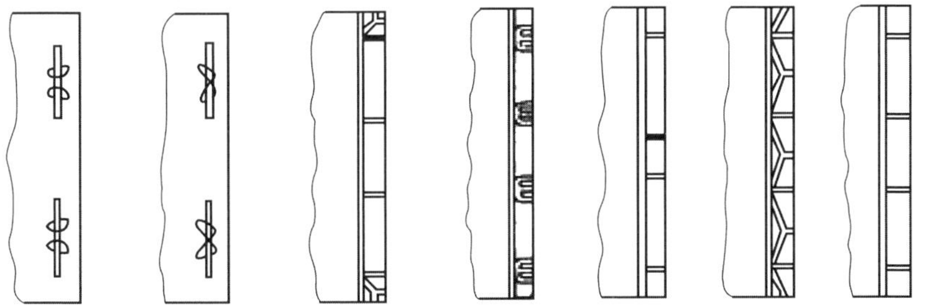

图7-46 线装书的串线方式

(10) 印书根。在书籍的地脚切口部分印书名、卷次和册数字样，以便于查找。

7.4.3 成品图书

印刷厂印好的书刊在未到达读者手中之前，要经过多次的搬运和输送。在这一过程中必须防止书刊破损丢失。将书刊进行适当包装后再出厂，是解决这一问题的简便有效手段。

1. 成品图书包装

1）塑料绳捆扎

将裁切完成后的书册整齐地摞在一起，成为包件。包件的上下两面分别垫有尺寸相同的纸板，可以防止包件蹭脏，同时也能避免塑料绳在成品上留下扎痕。在纸板的一面上贴有封签。封签上标明了每包内的成品数量、名称、定价、日期及送书单位等。包件内成品的数量以客户要求为准，但是为了保证运输、销售、保管时不易发生损坏、包件破裂等，每个包件的高度不宜过高。摆好后的书册再用手工或机械的方法，将书册压紧并用塑料绳将其捆扎成“井”字形。

2）牛皮纸包装

对于一些较为高档的产品，客户常使用牛皮纸包装。因为此类纸张有韧性、不脆，同时不易破裂。通常情况下，精装书使用 $100g/m^2$ 以上的牛皮纸，而平装书及一般产品则较多使用 $70g/m^2$ 左右的牛皮纸包装。将书册整齐地摆放在牛皮纸上，从左右两边向中间折叠，使包件的棱角分明，包装纸的搭口位于包件的前后，应当用胶互相粘牢，并在搭口上贴上封签。

随着装订机械化程度的提高，劳动强度大、生产效率低的手工包装方法已逐渐被机械包装所替代。但捆扎工作是装订操作人员的一项基本工作，一些小批量活件仍需要手工完成。

2. 成品图书验收入库及发行

检验人员按照《产品质量检验抽样规则》对成品进行检验。对合格批中发现的不合格品，可以返修，经客户同意后，可按规定方式再次提交检查。

对合格品认真填写“入库通知单”后，转交发行部门入库。发行部门依据通知单内容，核定入库产品的品种、规格、数量，并进行质量验证，无误后办理交接手续，做好标识记录。

1）搬运

根据不同搬运对象选择适合的搬运工具，并检查搬运工具的完好情况。如有问题及时排除。搬运过程中必须轻拿、轻放，不得损坏搬运物品和标识。按规定地点起运和堆放，码放整齐。

2）防护

成品必须注意防火、防水、防盗、防变质、防潮、防爆、防虫鼠。库房必须按规定配制足够的防火器材。

3）发行

成品发行员必须按发行单对产品的数量、包装外观、产品名称标识进行核对无误后方可办理交接手续，并做好记录。

需要本厂运送产品必须加盖蓬布，捆扎结实，做到防雨、防尘、防散落丢失。

复习思考题

1. 请指出海图制印的概念、特点及主要支撑技术。
2. 海图和专题图的常用的开本尺寸有哪些？
3. 八个固定色是什么？
4. 为什么要用专色印刷？
5. 底色和辅色的作用是什么？
6. 航海图书印刷用纸的要求是什么？
7. 印刷物表面装饰包括哪些工艺流程？简述折页的基本原理与过程。
8. 叙述海图拼版的作用与分类。
9. 航海图书的装订分为哪几种？
10. 成品图书如何进行包装？

第三篇

海图校改篇

第8章

海图校改工具及其使用

“工欲善其事，必先利其器”，海图校改人员进行海图改正离不开各种工具，因此，必须熟悉各种改图工具的结构、性能及使用。本章主要介绍写字仪的结构及使用、刻针的修磨及使用、刻图模片的使用等内容。

8.1 写字仪结构及使用

8.1.1 写字仪结构

在成盒写字仪中有写字仪、写字模板、写字针头和点线笔杆等。

(1) 写字仪，俗称“小飞机”，是由架身、活动臂、把手、调节螺丝和足针组成，如图8-1所示。

图8-1 写字仪

架身的前端有装针头的圆孔及固定针头的螺丝；架身的尾端有一垂直足针，用来控制左右活动方向，足针上面的钢球，用以保持仪器的平衡。把手用螺丝固定在架身上。活动臂安装在架身的轴针上，有约55°的活动范围，臂端装有一圆滑尖锐的钢针，用以在字槽内走动。控制活动臂的调节螺丝，安装在架身底部，针头圆孔和把手中间装有一护针，以调节支撑保护针头之用。

(2) 写字模板用塑料或合成钢制成，按字体大小可分为 1~8 号，一般 1 号模板用来书写水深数字，2~8 号模板用来书写大的数字或英文字母等。

(3) 针头是用铜等金属或塑料制成的，常用的有 1~3 号三种，书写水深都用 1 号，初学时，也可将 2 号磨细使用。

(4) 点线笔杆由笔杆和针头夹头组成，针头装上后用来点绘各种点和点线符号。

(5) 平行尺分滚轮式和移动式两种，常用的均为滚轮式平行尺，如图 8-2 所示。滚轮式平行尺使用时推动轴的中部，使两轮平行前进。

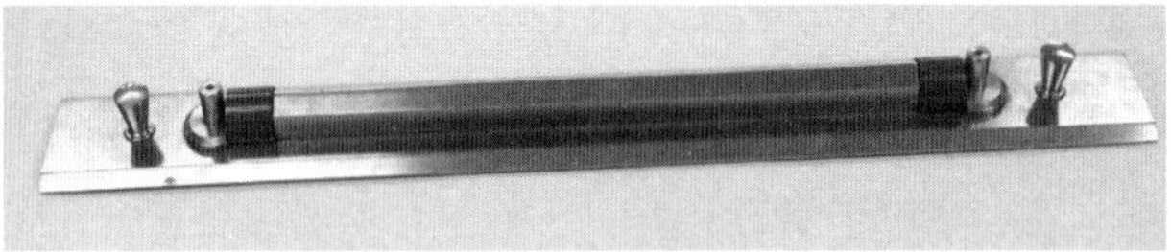

图 8-2 平行尺

8.1.2 写字仪书写水深方法和要求

用写字仪书写水深的姿势应是：用右手的大姆指和食指、中指，持写字仪把手，左手的食指压于平行尺的上方，使平行尺前倾，大姆指低于平行尺下面边沿，把平行尺固定，左手中指、无名指及小姆指在平行尺前掌握写字模板，再将写字仪足针放于模板的下面槽内，刺针落于字槽内即可书写，如图 8-3 所示。

图 8-3 书写水深的姿势

1. 写字仪书写水深方法

(1) 掌握仪器、模板的性能。在试笔纸上将书写的水深数字按顺序试写几遍，了解每个水深数字的特点和刺针在字槽内走动的线路，摸索写好每一个数字的规律。

（2）确定字体。写斜体水深，应将写字仪活动臂放开到最大限度，写直体水深则将活动臂收拢到最小程度，并将调节螺丝拧紧，固定活动臂。

（3）确定位置。将活动臂上的针尖对准模板所写水深数字的位置点，针头对准图纸（或图版）的实测位置点，固定平行尺和模板，方可书写，如图 8 –3 所示。

（4）书写的顺序，一般是自左至右，自上而下，分片进行。

2. 写字仪书写水深要求

书写出来的水深数字，要求位置准确，上下水平，间隔适中，粗细均匀、线条光实和墨色浓黑。

（1）位置准确。书写中要熟悉和掌握每一个水深数字的点位。对准点位后，平行尺和模板均应固定住，待写完一个完整的水深数字后，方可移动，否则将会产生移位或变形。

（2）上下水平。这就要求平行尺一定要平行于南北图廓，为此，左手持平行尺时，应持在尺身的三分之一处，不要持在端部，以防用力不一，影响平行；书写中要经常检查平行尺的平行状况，随时纠正不平行现象。

（3）间隔适中。间隔过大或过小都会影响水深数字的美观和清晰性。而阿拉伯数字中，不同的字形其宽窄也不一致，例如“1”字最窄，“4”字最宽，其他各字大致相等。因此，不同的字组成应有不同的间隔，一般有下列几种情况：

①“1”和“1”组成的水深，如 11、111 等，其间隔约为 1.2~1.5mm 为宜。

②“1”和其他数字组成的水深，如 15、61、18、21、317 等，其间隔约为 0.8mm。

③除“1”以外的其他数字组成的水深，如 23、85、763 等，其间隔约为 0.5mm 为宜。

（4）粗细均匀、线条光实和墨色浓黑。书写时用力要轻，持平行尺用力也不需过大，手臂不需要给予手任何力量，写字仪保持平衡，还有针尖在字槽内和针头在图纸上的滑动，均应轻快，不然会出现针头刮纸，数字发毛，墨色淡黄，针尖出槽等现象。为了克服起笔处线细墨淡的现象，书写时起笔处可略回笔或稍停点几下，同时，视线要从模板上移至针头处，兼顾质量的检查。

8.1.3 仪器保管和修磨

（1）要爱护仪器，当停止书写离开桌位时，要将平行尺倒放，以免滚落摔坏；不用时要将针头用水冲洗干净，保持无墨迹，并穿上头发或钢丝，妥善保管好，切勿随意放置或泡在水里，以免堵塞损坏或随水倒掉。

（2）针头过粗或刮纸要随时进行修磨。其方法是：若针头过粗可将油石面用布擦净，左手持油石，右手持针头平卧在油石面上，针头与油石面略有角度，旋转式地进行磨动，边磨边检查，达圆孔边厚薄相等即可；如若刮纸，应将针头装在写字仪上，并穿上头发，垂直于油石面，可借用模板上的“0”或“8”，轻轻地滑动研磨几下，如仍略有刮纸可放在平滑的玻璃版上进行研磨，边磨边试，直到光滑为止；磨时用力要轻，尤其是在油石上研磨，以免将针头磨粗，损耗过大，造成浪费。

8.2 刻针修磨及使用

刻针好坏对刻绘海图要素质量影响很大。一只好的刻针应是机械性能好，不伤腊纸、刻绘出的线划精细一致。

刻针一般都是将刻针头固定在胶木或金属的手柄上。针头大部分采用的金属针头，由于改图要素符号线划精细，一般市面卖的供刻文字用的针头很少采用，大部分校改员使用的都是唱片机上用的金属针头。此种针头，钢质好耐用，变形小，也有用宝石针和乌钢针的。宝石针和乌钢针修磨虽然麻烦，但耐用变形小，硬度高，使用时间长。

刻针的修磨：将刻针放在油石上，使针尖与油石面约成15°角度来回磨，也可在全相砥纸上磨，使其粗细达到所需线号，再在粗橡皮上磨光刻针端和边棱，使其运笔流畅，不伤腊纸，且各个方向刻出的线条粗细一致，如图8－4所示。

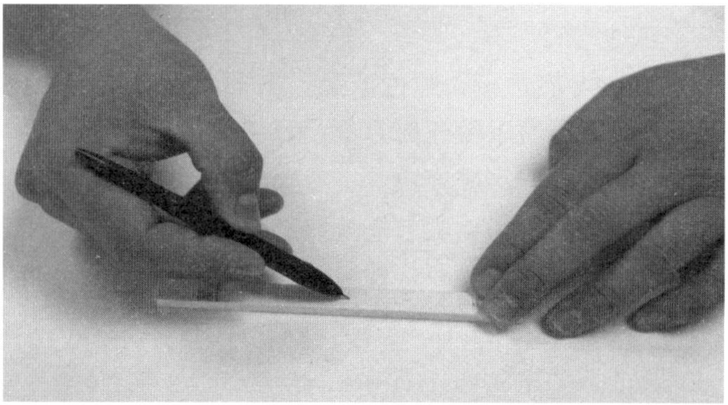

图8－4　刻笔的修磨

8.3 刻图模片使用

刻图模片是将海图要素符号晒到0.1mm的钢片上，经化学药品腐蚀而成，如图8－5所示。可用来刻绘各种符号和数字，比较耐用，绘制各种海图要素符号比较方便，规格一致。

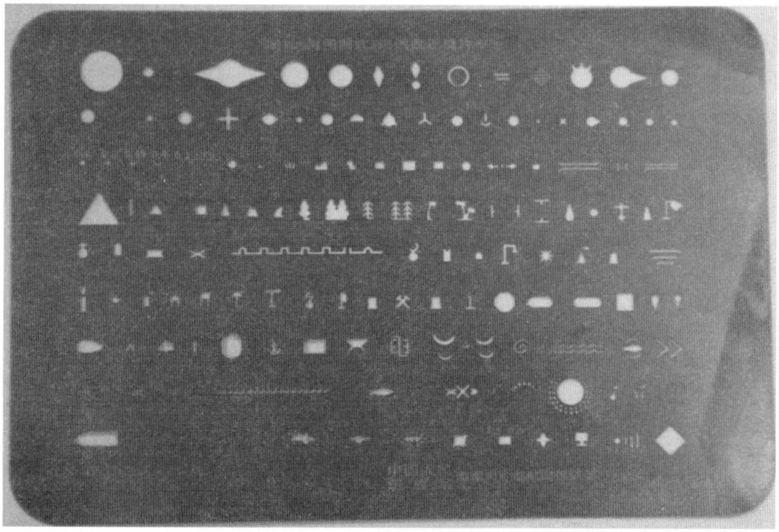

(a) 符号模片（一）

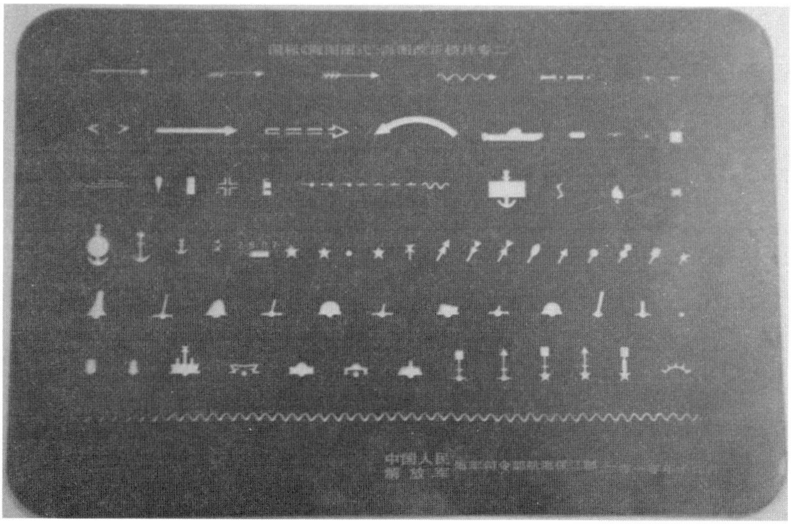

(b) 符号模片（二）

图8－5 符号模片

使用刻图模片的方法是：首先将要改正的海图要素符号从模片上选好，然后，使模片上的符号点位与腊纸上将要刻绘的符号点位对准，固定模片，用刻针沿着模片符号上周围刻透腊纸。

刻符号时注意用力得当，切莫刻坏腊纸，造成改图时，流墨过多，造成符号模糊不清。此外，刻制符号刻针要紧贴符号周边，否则，造成符号变形。

复习思考题

1. 说明写字仪的构造、使用及其保管及修磨方法。
2. 说明刻针的修磨及使用方法。
3. 说明刻图模片的使用方法。

第9章 海图量读

海图量读是利用各种工具，依据海图上绘制的图廓细分、方位圈、对数尺等，进行距离、方位、航程和航速的量算。本章主要介绍海图量读的依据及工具、经纬度量读、方位圈使用、方位量读、距离量读、对数尺的使用等。

9.1 海图量读依据和工具

9.1.1 海图图廓

海图图廓由内图廓和外图廓两部分组成，如图9－1所示。

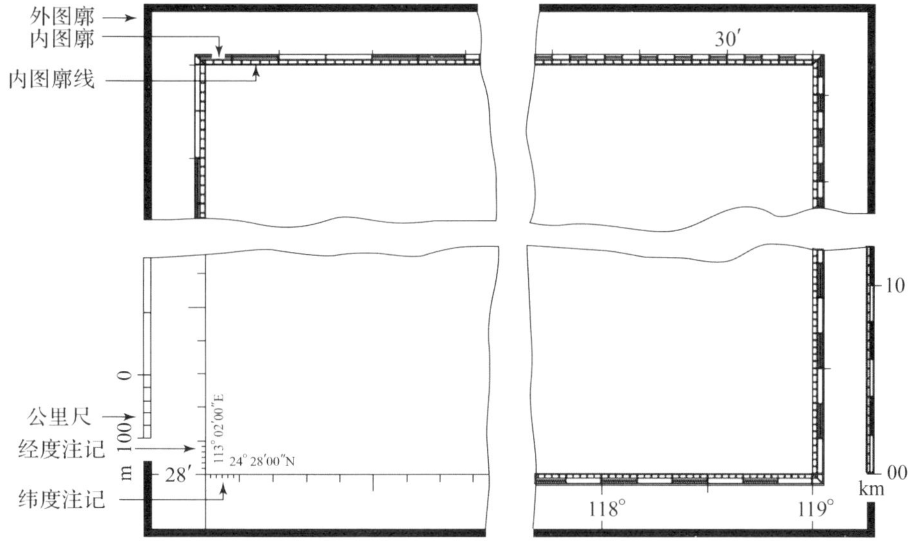

图9－1　海图图廓

1. 内图廓

内图廓包括内图廓线、经纬度细分线及黑白线段。靠内侧的一条线为内图廓线，是限定海图图幅范围的界限，用于确定图幅的范围，图内各要素都断在这条线上。经纬度细分线用于海图经纬度坐标量算，分为最大分划、次分划、细分划、最小分划。各分划的间距随海图比例尺的不同而变化，细分的每一条短线所代表的经纬度值，可根据内外图廓间及图廓角上的经纬度注记来判读。

2. 外图廓

外图廓由一条粗线和一条细线组成，是为了整饰图幅，使之更为美观。为充分发挥外图廓的作用，在左右外图廓上绘制两条公里尺（直线比例尺），在 1∶5 万及更小比例尺海图上下外图廓上绘制两条对数尺，供航海人员在海图作业时换算航速、航程辅助使用。

9.1.2 其他整饰要素

海图上的整饰内容如图 9－2 所示，详细如下。

（1）海图图号。航海图图号分别注在图廓外四角，字头朝内。配置目的是为方便用图人员在海图柜中查取海图。

（2）小改正说明。用图人员在“小改正”后累记航海通告改正的年份、期数。

（3）补充增加《中国海图图式》上没有的符号及其他说明。

（4）出版机关全称。

（5）出版机关地址信息。

（6）版次说明、印刷单位及出版时间。

（7）书号、审图号信息。

（8）条形识别码。

（9）坐标系英文简称。

（10）海图上图廓间直线比例尺。

（11）使用编号。供用图人员保管、使用时自行编号。

（12）海图密级（必要时加注）。

（13）对数尺。

（14）坐标系使用说明。

（15）出版机关徽志。

（16）地理位置。

（17）图名。也可配置在图廓外。

（18）比例尺及基准纬线。

图9－2 海图图面配置示意图（见彩图）

（19）投影名称。

（20）坐标系中文全称。

（21）深度、高程计量单位及其基准面、等高距和图式说明。

（22）注意事项。

（23）图廓点经纬度注记。

(24) 1∶8 万及更大比例尺海图上的直线比例尺。

(25) 参阅附图，附图范围内标注“阅附图”。

(26) 资料采用略图。

(27) 图幅索引图。

(28) 参阅邻接海图。

(29) 图幅尺寸。也叫海图图积，指示海图内图廓的面积。一般注在南内、外图廓之间。旧海图上也曾注在南图廓下方的海图图号附近。

9.1.3 量读工具

在海图上量读常用的工具主要有卡规、直尺、三角板、平行尺等。

9.2 经纬度量读

经纬度的量读是用图、读图者的基本功，必须熟练地掌握量读经纬度。一般在量读和书写经纬度时，应注意先纬度后经度，并注明南纬还是北纬，东经还是西经。

量取已知点经纬度值的方法有下例几种。

9.2.1 用两脚规量取经纬度值

量取某岛三角点的经纬度值：

(1) 将两脚规的一脚放在三角点的中心点上，用另一脚张至邻近的 30′，在纬线上画圆弧相切；

(2) 移动两脚规并保持其张度，将一脚置于东（或西）图廓纬度 30′上，另一脚所指的纬度：11°30′30″N，即为此三角点的纬度值。

(3) 用同样方法，取得两脚规从三角点中心至邻近的 10′经线的张度；

(4) 在南（或北）图廓量读经度：119°09′06″E，即为此三角点的经度值。

9.2.2 用平行尺量取经纬度值

(1) 将平行尺的一边与山头附近的纬线（30′）重合。然后将平行尺平行移至山头点位上，平行尺截于东（或西）图廓上的纬度：11°31′00″N，即为该点的纬度值。

（2）将平行尺转动 90°，用同样的方法，截取南（或北）图廓上经度 111°30′33″E，即为该点的经度值。

根据上述方法，也可以同时运用两脚规和平行尺量取某点的经纬度值。

9.3 方位圈使用

9.3.1 方位和方位圈

方位是以北为基准，按顺时针方向至目标方位线（船舶与目标的连线）之间的水平夹角。方位可通过船舶上的陀螺罗经或磁罗经测得。由于指北基准线有真北、磁北和罗北的差别，方位也有真方位（真北线至目标方位线的夹角）、磁方位（磁北线至目标方位线的夹角）、罗方位（罗北线至目标方位线的夹角）之分。船舶航行中观测目标时需要进行真方位、磁方位和罗方位的互相换算，它们之间的关系及换算方法如下。

真方位：罗方位 + 自差 + 磁差

真方位：磁方位 + 磁差

方位圈供量测方向和角度之用，如图 9 – 3 所示。0°指向真北，顺时针将圆周划分为 360°，东为 90°，南为 180°，西为 270°。根据方位圈可细分至 1°或 2°。

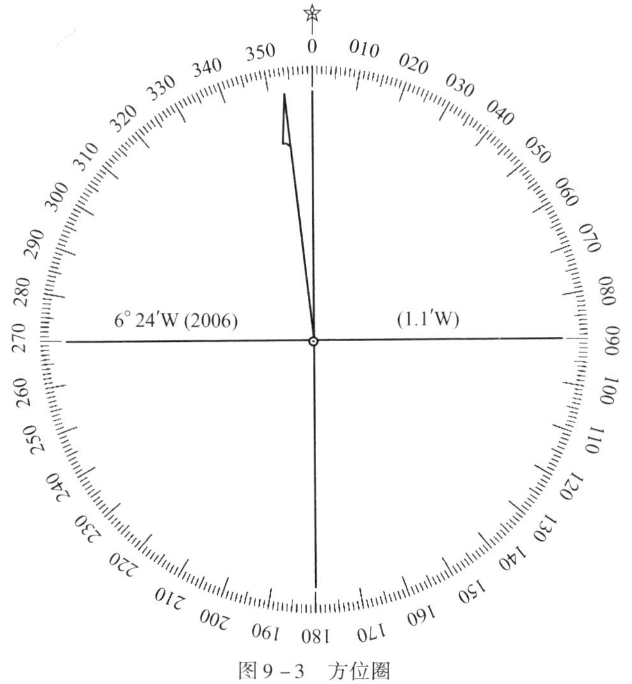

图 9 – 3　方位圈

使用方位圈前，应检查方位圈是否圆，某一度数的分划、加减180°后与分划中心点三者是否在一直线上；有无因折迭等原因造成的损坏现象和其他差错。选用时还应注意选择离物标或航线近的一个。

9.3.2 在方位圈上量取方位

（1）整度数的量取。以量取真方位25°为例，方法为：将平行尺的一边置于方位圈上需量取的25°短线、方位圈的中点及205°（25°加180°，若需量的度数大于180°，则减180°）的短线上，三者成一直线后，从中心指向25°短线的方向，即为需量取的25°方位。

（2）0.5°的量取。以量取真方位139.5°为例，其方法为：将平行尺一边置于139°（需量取的139.5°~0.5°）的短线和320°（需量取的139.5°+180°+0.5°，若需量取的度数大于180°时，则为减180°再加0.5°）的短线上，然后平行移动平行尺，使之通过方位圈的中心点。从中心点指向139°附近的方向即为需量取的139.5°方位。

9.3.3 磁差和年差

地球是一个大磁体，它的周围存在着磁场，即地磁场，地磁场的南北极不在地球南北极，现在，地磁北极在加拿大巴瑟斯特岛西南角（北纬75.5°，东经100.5°），地磁南极在南极洲威尔斯北岸（南纬66.5°，东经139.99°）。因此，磁罗经0°的方向不是指向真北，而是指向磁北。观测点的磁北线与真北线的差角称磁差。磁差以真北线为基准，磁北线偏在东边时，称磁差偏东，用“+”或“E”表示。磁北线偏在西边时，称磁差偏西，用“-”或“W”表示。

磁差随地点、时间的变化而变化。

由于磁轴和地轴构成约9.5°的角度，且不通过地球的中心，因而造成了地球上各点有着不同的磁差值。又由于磁极的位置是在地磁场中依椭圆轨迹绕着地极慢速移动着（周期为960年），地球上各点的磁差就随着时间而变化。磁差的每年变化量称为年差。年差为正，磁差的绝对值逐年增大；年差为负，磁差的绝对值逐年减小。年差为零，则磁差无变化，或变化很小。磁差资料在海图方位圈中都有标注，包括数值、符号、测量年份及年差等。

9.3.4 磁差计算

船舶在海上航行中使用磁罗经时必须计算磁差。海图上标注的磁差和年差是根据每隔五年出版一次的等磁差和等年差曲线图推算的。因此，用5年前出版的海图推算出的磁差值精度较差。利用海图求磁差，可用航行区域附近的方位圈上的数据求得。现举例如下：

设方位圈上的注记为磁差偏西3°40′（1976），年差约±0.7′，求1980年的磁差。

1976年至1980年4年的磁差变动量为+0.7′×4 = +2.8′

1976年的磁差及上述四年磁差变动量的代数和为3°40′+2.8′=3°42.8′

1980年的磁差为偏西3°42.8′

9.4 方位量读

船舶在海上航行，航海人员不断地推算舰位。推算舰位时，经常要量取方位。在海图上量取方位的方法有：

9.4.1 量取海图上两点间的方位

先将平行尺的一边同时对准所要量取的两点，山头和灯桩，然后平行移动平行尺至邻近的方位圈上，使其一边对准方位圈的中心点，即可读取相互方位50°，山头对灯桩的方位为230°。

9.4.2 在海图上由一定点画方位线

将平行尺置于靠物标附近的方位圈上，使其一边同时对准方位圈的中心点和要画方位线的度数的短线，此时应注意平行尺另一端是否对准加（或减）180°后的短线上。然后平行移动平行尺，使其一边对准某个定点（如灯桩），用铅笔沿平行尺画线，即为所求的方位线。

9.4.3 海上方位

海图上的灯塔（桩）的光弧，各种导航线上注的方位度数均为海上方位，即以观测者为中心，自海上看灯光、物标的方位。

以光弧为例，航标表中所载的是海上方位：自220°经西至280°为白光，自280°经北至45°为红光，自45°经东至151°为白光，自151°经南至220°为灯光遮蔽。

海上方位与由灯塔向外看的方位正好相差180°。

9.5 距离量读

9.5.1 海图上常用长度（距离）单位

1. 海里（n mile）：海上量测距离的基本单位。在海图上 1n mile 为经线上纬度 1′的长度。因此，1n mile 在不同纬度处的长度是不相等的。由于每个国家所处的纬度不同，规定 1n mile 的长度也不相等。1929 年有关国际会议通过地球纬度 1′的平均长度为 1852m，我国采用的 1n mile 的长度亦为 1852m。

2. 链：1 链 $=\frac{1}{10}$n mile。

3. 米：通过巴黎子午圈长的四千万分之一，为目前国际上通用的基准长度单位。

4. 公里：1 公里 =1000m。

9.5.2 量取海图上两点间的距离

在海图上取两点间的距离，先将两脚规的一脚放在一点上，另一脚对准另一点，然后将两脚规保持原张度移到该两点同纬度的公里尺上去量，即得此两点的距离。

如量取的距离以海里为单位，则在同纬度的东西图廓纬度细分上量。

还须强调的是，在墨卡托投影海图上的纬度和公里尺都是渐长的，量距离必须在所量线段同纬度的公里尺或内图廓上量，以保证量取精度。在高斯－克吕格投影和平面图的海图上，则无此要求。

9.6 对数尺的使用

对数尺是根据对数原理绘制的。从对数原理中可知：$\lg XY=\lg X+\lg Y$，$\lg\frac{X}{Y}=\lg X-\lg Y$。使用对数尺就是把乘除计算或查表工作，简化为在对数尺上直接量取，方法简便速度快。航海中常用于计算航程和舰速等。

例如，使用对数尺求航程：

$S(\text{n mile})=v(\text{Kn})\times t(\text{h})$

将 t 的单位改为 min，并经移项，得

$S(\text{n mile})/t(\text{min}) = V(\text{Kn})/60$

故：$\ln S(\text{n mile}) - \ln t(\text{min}) = \lg V(\text{Kn}) - \lg 60$

现将使用方法举例说明如下：

设 $V = 30\text{Kn}$，$t = 10\text{min}$，求航程（S）。

使用对数尺如图 9－4 所示：

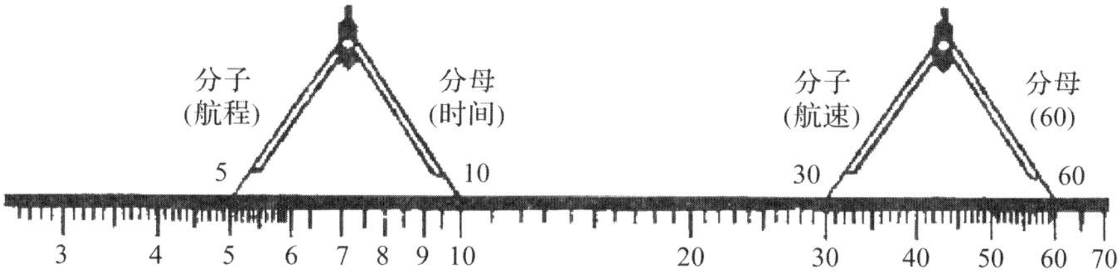

图 9－4　使用对数尺

将两脚规的两脚分别指于 60 和舰速 V 读数 30 上。

保持两脚规原张角度平移两脚规，使用原指于 60 上的一脚指到时间 t 读数 10 上，此时另一脚所指的读数 5 即为所求的航程 S。

得：航程 $S = 5\text{n mile}$

按照上述公式，同样可以根据航程、时间求舰速，或根据航程、舰速求时间。

复习思考题

1. 简述海图图廓的构成。
2. 简述海图上量取经纬度的工具及其方法。
3. 简述在方位圈上量取方位的方法。
4. 说明海图上量取方位的各种方法。
5. 说明海图上常用的长度单位及量取距离的方法。
6. 说明对数尺的使用方法。

第 10 章
海图改正

海图与地图的显著区别之一是海图的现势性强，尤其是航海图更为突出。航海人员使用海图时，首先要弄清楚海图的现势性怎样，诸如海图的出版状况、采用资料的测量时间、航海通告的改正情况等。这是由海图的用途所决定的。船舶在海上航行，离开海图寸步难行。为了保证航行安全，海图上表示的地理内容要素，特别是航海要素或和航海直接有关的要素，应随着客观情况的变化而不断地进行修改和补充。并且这种修改和补充应该快速、及时。如航道上增加一个沉船，而海图上只有及时标出其位置和深度，才能保证船舶绕过沉船而不至于碰撞。这就要求海图的改版、添印比地形图要频繁，并且形成了海图的一系列改正工作。

10.1 海图版别

目前我国出版的海图有以下几种版别：

(1) 新版海图，即最新编绘出版的海图。一般指第 1 版第 1 次印刷的海图。新版海图系采用相对较新或最新的测量资料编制的，同时航海通告改正至最新一期。

(2) 添印海图，是指海图出版使用一段时间后，其航海通告改正内容较多，或海图的印刷数量增多时，则将海图原版的航海通告查改至最新一期，然后第 2 次印刷出版，或第 3 次印刷出版……。

(3) 改版海图，改版海图也称再版海图。指图上某一海域有最新的水深测量资料，或其他现势资料，需要对海图大面积修改时，则重新编制出版。它与新版海图的区别在于改版海图的图幅范围、图名、图号一般不改变。除采用新测资料海区进行内容修改外，其余地区内容要素不变。改版海图一般称第 2 版、第 3 版……第 1 次印刷。

以海图 13359 为例：

新版海图：2005 年 10 月第 1 版　　2005 年 10 月第 1 次印刷

添印海图：2005 年 10 月第 1 版　　2008 年 5 月第 2 次印刷

改版海图：2005 年 10 月第 1 版
2008 年 5 月第 2 版　　2008 年 5 月第 2 次印刷

10.2 海图改正分类

海图通过重新印刷和出版，固然可以增强其现势性，但也不能实地一有变化就进行改版或添印，那样浪费太大。一般上述情况采用航海通告进行补改。其分类主要如下。

10.2.1 小改正

小改正指根据《航海通告》在已出版的海图上进行个别要素改正。它是根据发布的《航海通告》所公布的零星的海区变化资料，由负责海图校改人员或用图人员使用书写改正的方法，直接将改正要素描绘到海图上。改正的内容，一般都是与航海有关的海区变化情况。小改正的方法比较简单，可直接用红墨水在海图上改正；当海图的数量多时，可采用油印的方法改正。改正要素后，应在图廓左下方小改正栏中注明《航海通告》改正的年份及《航海通告》期项数。

10.2.2 贴图改正

贴图改正是在海区资料变化较大，无法使用小改正的方法进行改正时，采用绘制小块图纸，经工厂印制后，随《航海通告》发出，由海图校改人员或用图人员从《航海通告》上剪下来，贴补在有关的海图上。其方法是：把从通告中剪下的图，背面涂上胶水，根据经纬线或控制点，迅速贴到改正海图上，然后压平。注意胶水不能涂得太多，涂上胶水放得时间不能太长，以保证图面清洁和贴图改正精度。

10.2.3 再版改正

凡海图采用同一块图版进行第二次以上的印刷称再版（也称添印）。在原版海图数据上进行通告改正，并应补改上次印刷过程中所遗留下的错漏等，添印前的海图和添印后的海图可同时使用。

10.2.4 改版

某号海图由于海区资料的变化情况较大，已无法采用上述三种补改方法改正，但又不适宜重制新版时，可将该图公布作废，由制图部门负责利用新获得的资料，在原有的图版上进行改版，重新制版、印刷。改版的海图其包括的范围及图号与已废的海图相同。在改版时，应查对《航海通告》将应改正资料和原图版上存在的错漏问题一并进行改正。

10.3 海图小改正

10.3.1 各种不同比例尺海图小改正内容

1. 比例尺大于 1：10 万海图小改正内容

凡《航海通告》公布的内容均需在上述比例尺的海图上进行改正，并详细加以注记：

(1) 助航设备的设置、移位、撤除、损毁、灯质变更、熄灯、发光等变动情况。

(2) 无线电助航设备的变动情况。

(3) 罗经标、测速标的变动情况。

(4) 显著方位标的变动情况。

(5) 岸线、水深及有关水文资料等变动情况。

(6) 港湾、航道、码头等附近的疏浚情况。

(7) 沉船、礁石、定置扑鱼器具、障碍物、浅滩等航行危险物变动情况。

(8) 海底电缆及架空电线的变动情况。

(9) 禁航区、禁止抛锚区、渔捞区、雷区、扫海区、水产养殖区、抛泥区、危险物倾倒区、施工区域等变动情况。

(10) 港界、锚地及规定航线的变动情况。

(11) 系船设备的变动情况。

(12) 异常磁区、变色海水、浪花等变动情况。

(13) 海图上有关注记、说明的增减及变动情况。

(14) 有关航行的其他情况及勘误等事项。

2. 比例尺 1：10 万~1：20 万（不含）海图小改正内容

凡在 1：10 万~1：20 万（不含）海图中所包括的港湾，如无大比例尺港湾图时，对这些港湾的小改正，应尽量按比例尺大于 1：10 万的海图小改正内容进行改正。

凡属下列内容均应在 1：10 万~1：20 万（不含）的海图上详细改正：

（1）沿岸助航设备的设置、移位、撤除、损毁、灯质变更、熄灯、发光等变动情况。

（2）港口灯船、进口灯浮及浮标、引导进出港口的导标、导灯、港内主要灯塔、灯桩的变动情况。

（3）无线电助航设备的变动情况。

（4）沿岸显著方位标的变动情况。

（5）罗经标、测速标的变动情况。

（6）岸线、水深及有关水文资料的变动情况。

（7）沿岸及港口附近、港内主要航道附近的沉船、礁石、障碍物、浅滩等航行危险物的变动情况。

（8）沿岸的海底电缆及架空电线的变动情况。

（9）禁航区、禁止抛锚区、渔捞区、雷区、扫海区、水产养殖区、抛泥区、危险物倾倒区、施工区域等变动情况（港内除外）。

（10）港界、锚地及规定航线的变动情况。

（11）异常磁区、变色海水、浪花等变动情况。

（12）海图上有关注记、说明的增减及变动情况。

凡属下列内容在 1：10 万~1：20 万（不含）的海图上均不作改正：

（1）专供港内航行、停泊、进出港池的助航标志变动情况。

（2）港内非航道附近的沉船、礁石、障碍物、浅滩等航行危险物的变动情况。

（3）港池内航道与码头附近的疏浚情况。

（4）港内码头与系船设备的变更情况。

3. 比例尺 1：20 万~1：50 万（不含）海图小改正内容

凡属下列内容均应在 1：20 万~1：50 万（不含）的海图上详细改正：

（1）沿岸的灯塔及主要灯桩、突出海角及孤立岛屿上的灯塔、灯桩，港口外端的灯船的新设、移位、撤除、损毁、变更灯质、熄灯、发光等变动情况。

（2）无线电助航设备的变动情况。

（3）大陆沿岸（不包孤立岛屿）2m 等深线外的沉船、礁石、定置渔具、障碍物、浅滩等航行危险物的变动情况。

（4）禁航区、雷区、扫海区等变动情况。

（5）异常磁区、变色海水、浪花等变动情况。

（6）海图上有关注记、说明的增减及勘误等情况。

凡属下列内容在 1∶20 万~1∶50 万（不含）的海图上均不作改正：

（1）港口、河道内的一切有关航行的海区变化情况。

（2）大陆沿岸（不包孤立岛屿）2m 等深线内的沉船、礁石、定置渔具、障碍物、浅滩等航行危险物的变动情况。

（3）港湾内的锚地、禁止抛锚区、水产养殖区的变动情况。

4. 比例尺 1∶50 万~1∶100 万（不含）海图小改正内容

（1）凡沿海的灯塔及主要灯桩、无线电助航设备等变动情况，均应详细进行改正，其他助航标志均不作改正。

（2）凡大陆沿岸及群岛内沿岸 5m 等深线内的沉船、礁石、定置渔具、障碍物、浅滩、水深变更等变动情况均不进行改正。其他地区的上述事项均应详细改正。

（3）有关远离海岸的各种区界（射击区、禁航区等）、海底电缆及有关水文资料等均应改正。

（4）图上注记与文字说明的增减或勘误均应改正。

除上述四项规定外，其他有关事项均应根据具体情况决定取舍。

5. 1∶100 万及更小比例尺海图小改正内容

（1）凡图上已表示的助航标志须改正外，其余不作改正。

（2）无线电助航设备均应详细改正。

（3）有关图上注记的增减及勘误等均应改正。

除上述三项规定外，其他有关事项均不作改正。

10.3.2 各种比例尺海图上助航设备注记取舍规定

（1）比例尺大于 1∶10 万的海图，图载助航设备的注记应全部详细加以注记，并应绘出光弧。

（2）比例尺 1∶10 万~1∶19 万的海图，其沿岸助航标志及港口灯船，进出港口的导灯，最外端的灯浮或浮标均应详细的加以注记，并绘出光弧。

（3）比例尺1∶20万~1∶49万的海图，其沿岸主要灯塔、灯桩，如灯光射程大于10n mile者均应详细的加以注记，并绘出光弧。其他的助航标志的注记，均根据具体情况进行取舍。

（4）1∶50万及更小比例尺的海图，其沿岸主要灯塔、灯桩其灯光射程大于15海里者，均应详细加以注记，并绘出光弧。灯光射程小于15海里而大于10海里者，均应根据具体情况进行取舍。

10.3.3 助航标志注记取舍先后顺序

（1）主要灯标及设在外海、港外的灯标省略次序如表10－1所示。

表10－1 主要灯标及设在外海、港外的灯标省略举例

序号	例子	省略次序
1	★闪（3）红8s 4m 5M（笛）	全部
2	★闪（3）红8s 5M（笛）	舍灯高
3	★闪（3）红15M（笛）	舍周期
4	★闪（3）红（笛）	舍射程
5	★闪（3）红	舍其他说明

（2）港湾、水道及海峡内的灯标注记省略次序如表10－2所示。

表10－2 港湾、水道及海峡内的灯标注记省略举例

序号	例子	省略次序
1	★闪（3）红8s14m10M（笛）	全部
2	★闪（3）红8s14m（笛）	舍射程
3	★闪（3）红8s（笛）	舍灯高
4	★闪（3）红（笛）	舍周期
5	★闪（3）红	舍其他说明

10.3.4 海图小改正注意事项

（1）改图员收到《航海通告》后，应立即着手改正海图。在进行改图前，应详细分析研究通告的内容及海图情况，并根据《海图补改规则》来确定各

种比例尺的海图应怎样进行改正。

(2)《航海通告》中所公布的各项海区变化资料，除另有说明外均以现行最大比例尺海图为准，因此，改正海图时应先改正最大比例尺海图，由大到小依次类推。

(3) 通告中各项海区变化资料所公布的位置，一般多给出所加要素的经纬线度数，根据经纬线度数可以把要改正要素记入图上，但当改正坐标系不一致的海图时，均应从以改正的最大比例尺（或通告指定图号）的图上量取方位、距离，按方位、距离再转推到坐标系统不一致的海图上。在选取方位、距离的基点时，应注意基点必须是大小比例尺海图均有记载，且位置是可靠的共同点。如果通告中各项海区变化资料所公布的位置是方位、距离（极坐标），则改正要素可直接用方位距离法记入。

(4) 用平行尺推方位时，应使用靠近所需改正要素的方位圈，以免平行尺滚动距离较大，影响了推定方位的准确性。在推定方位线后，应将平行尺再反推到方位圈上，检查平行尺是否在推动过程中产生了移动，以免产生方位误差。用两脚规量取距离时，应采用所需改正要素同一纬度附近的公里尺（特别应注意在小比例尺海图上量取距离），否则将会造成由于纬度渐长而产生距离误差。用两脚规量取距离后，亦须再回到公里尺度上，复查在量取距离过程中规矩是否产生移动，以免出现距离误差。

(5) 改正海图时，记入图上的各种要素的符号，均应按现行图式规定执行，不得任意删改。

(6) 通告公布所需改正海图上的注记，系根据大比例尺海图的具体情况及填图量来编写的，故只适用于改正最大比例尺海图使用，在记入小比例尺海图时，应作适当的省略或免记，但省略后的注记不得与原注记意义不符。

(7) 在图上增记文字注记时，应选择与航路、锚地等航行无关的空白处记入，尽量不遮盖图上原有要素。但对含有指示某区域范围的注记，应尽量记载该区域近处。一般改正海图时，注记常采用横式或弧式自左向右书写。删除海上某要素时，一般采用划线法表示，改正要素的符号与原有符号位置相重时，应采用引位线法表示。例如：将图上水深 31m 改为 16m 时，把 31 划线，在其附近注 16，并用箭头将 16 的主点引至 31 的主点上。

(8) 改正海图时，应使用红色墨水改正，库存大批量海图的改正可使用红色油墨改正。

(9) 凡《航海通告》发布的“临时”“预告”性通告均无须改正海图。

(10) 每幅海图小改正后，在海图左下角图廓外，依次注明《航海通告》的年份、期数和项数。

10.4 航海通告

每幅海图所表示的内容，只是反映某一时期的客观现实。由于制图区域情况不断变化，图上所表示的某些内容就会与客观实际不相符合。为了保持海图的现势性，满足航海需要，就要经常发布航海通告，对海图进行改正。航海通告是报道海区变化情况及航海图书出版消息的正式文件，是航海图书改正的依据和编制海图的现势资料。将海区的变化情况及时地通告给有关的单位、人员及各种船舶，并以它为依据改正海图，使海图随时处于最新状态，避免或减少由于不了解海区变化而造成的海上事故。

10.4.1 航海通告形式

航海通告按使用对象分为军用航海通告、民用航海通告两种。军用航海通告着重发布军事和航海安全方面的信息，主要发送到部队使用；民用航海通告着重发布航海安全方面的信息，主要供国内船舶、有关部门及外轮使用。按航海通告的时效性，分为长期有效通告、临时通告、预告三种。通告每周出版一期。民用航海通告以中文和英文两个版本发布。通告发布的范围为我国海区和国外海区。网上通告是一些国家刚刚兴起的一种发布形式，把海区更新信息及时发布到网上，海图用户可随时从网上下载更新，非常快捷便利。除此之外每年定期出版有效临时通告汇编和通告索引汇编，方便用户查阅。

10.4.2 航海通告内容

航海通告由索引、永久性通告、临时性通告、预告、航行警告、航标改正、贴图改正、航路指南和其它航海信息等内容组成，民用航海通告还包括航海图书通告的内容。发布我国国内航海图书和国外地区航海图书的出版、改版、作废情况，由海司航保局不定期出版发布。其内容具体包括以下几个方面：

（1）助航标志的增设、撤除、移位、重建、故障、更换等变化情况。

（2）沉船、礁石、海底不明物体等航行障碍物的发现、清除、变更等情况。

（3）码头、防波堤等重要港口设施的变化情况。

（4）港池、重要航道的疏浚、淤积等水深变化情况。

（5）海底管道、电缆等管线的敷设、撤除、路由变更等情况。

（6）跨越航道的桥梁、架空管道、电缆、通信线、电力线、索道等的架设、撤除、净空高度变化、路由变更等情况。

（7）锚地、航道、海上养殖场、施工作业区、航泊限制区等各种区域的设置、废除、界线变更等情况。

（8）海上交通管制、通信联络、救助、航行规章制度、航法的实施、废除与变更等。

（9）航海图书出版预告、出版、改版、作废信息。

（10）其他航海信息。

10.4.3 航海通告改正方法步骤

1. 航海通告查找方法

航海通告出版后，怎样查找改正内容呢？一般分为下列两种情况：正在出版中的海图，一般由制图人员按制区域的范围，根据采用制图资料新旧情况，按通告出版顺序逐项查取，然后再根据制图取舍原则，最后决定是否改正；已经出版的海图通告改正查找方法，一般从出版图上已标注出的航海通告改正期项起，再按航海通告出版顺序，逐期逐项查取改正内容。作为图库校改人员，在逐期逐项查取改正内容时，一般是先看地理区域索引，查出通告改正所在海区、港口、水道，然后再查关系图号，根据关系图号改正项数再具体查出改正内容。

2. 航海通告要素加绘方法

在航海通告改正中，除少量贴图改正外，大部分改正的是个别内容要素，如助航设备中灯塔、灯桩、浮标的增减或变化；航行障碍物中的沉船、礁石、危险水深等加绘或删除。

加绘这些个别要素常用的方法有：经纬度记入法、方位距离法。

1）经纬度记入法

根航海通告所给的经纬度数，用两脚规在图廓上分别量取经度和纬度，然后找出经度和纬度的交点，即所要加绘要素的位置，也有用一个两脚规量取经度，借助平行尺量取纬度，找出经度和纬度两线的交点，即加绘要素的位置。使用此种方法要注意海图采用的投影，在墨卡托投影的海图上，按通告量取纬度和距离时，必须在航海通告所给的纬度附近量取，这样可以保证加绘要素的点位精度。因为墨卡托投影的海图纬度是渐长的，经度间是等距的。

2）方位距离法

它是根据已知一点到另一点的方位和距离，必然交出另一点的原理进行的。该方法实现的步骤是：先根据航海通告所给的已知点和已知点到所加要素点的方位、距离；再分别用两脚规在纵图廓相应的纬度处量取距离，用平行尺在海图上的方位圈中量取方位角度；最后根据量取的距离和方位角，在已知点附近交出所要加要素的点位。由于此种方法不受坐标系的限制，因而在航海通告改正中广泛被采用。

3. 航海通告改正方法

进行航海通告改正，首先应根航海通告改正内容的地理位置，找出该要改正的关系图号，然后按航海通告给出的位置和改正要素的内容，用红墨水准确地标绘到海图上。图库的海图通告改正，因改正量大，大多采用刻腊版，油印到海图上。具体改正方法步骤如下：

1）改正备考图

改正备考图与改正普通海图方法一样。但因备考图的改正要建立改正登记，便于以后查对。登记的内容主要有两个方面：一是海图小改正通告号码登记，主要记载每号图自出版后，历次通告改正内容（详见《海图补改规定》）。二是备考图改正责任登记，主要记载每期通告改正负责人通告期数及项数。

备考图改正应按下列方法进行：

（1）收到《航海通告》后，首先补改所涉及的备考图。然后进行自校、互校，确保无漏改、错改现象发生。

（2）改正备考图时必须详细填写《备考图改正登记簿》，便于今后查对。

（3）完成备考图改正后，立即绘制改图透明纸，并及时提供给改图人员使用。改正备考图人员从接收到《航海通告》到制成改图透明纸，一般不超过3天。

2）透明样纸制作

（1）透明样纸的制作方法。

改正样纸制作，目的是为航海通告改正刻腊版提供底图。它的制作方法是：先按航海通告中给出的地理位置，用红墨水标绘到要改正的备考图上，然后将准备好的透明纸，复盖在海图改正部位上，用压铁压牢，用红墨水或红色圆珠笔描绘出改正要素符号，再视图面改正部位的具体情况，就近画出一段相交的经线和纬线作为控制线，并注明经线和纬线度数，同时还要注明某年某期某项通告以及改正图号。改正样纸制完毕，制作人应签名以示负责。为了保证通告改正准确无误，一般应由另人校对签名后方可进行下一步改正腊纸版制作。如图 10－1 所示。

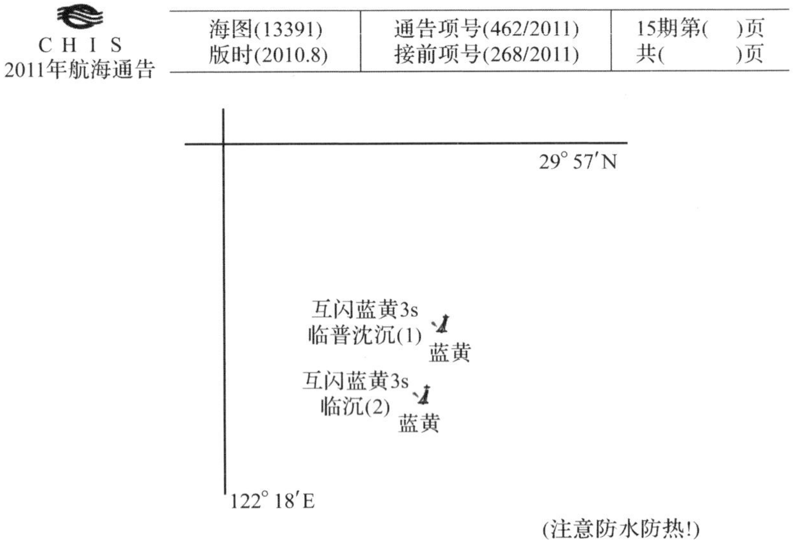

图 10－1　改图透明纸式样

（2）透明样纸的制作要求。

①透明纸在使用前必须晾挂 24h，防止纸张伸缩变形而产生误差；为了减少误差的产生，改图透明纸一般应小于 220mm × 320mm。

②将比备考图上需改正部分稍大的透明纸覆盖于备考图需改正部分的上面，描绘改正要素，同时绘出一组改正内容附近的经纬线，注明经纬线度数，作为改正海图时的控制线。凡图上原有的要素使用兰色墨水描绘，需要改正的要素使用红色墨水描绘。

③在改图透明纸上标明所改海图的图号、改正年份、通告项数及改图透明纸绘制者姓名等。

④转绘要素精度点状要素不得超过 0. 2mm，线状要素不得超过 0. 3mm，否则必须由改正备考图人员重新绘制改图透明纸。

4. 改正腊纸版制作方法

改正腊纸版的制作是在提供通告透明改正样纸的基础上进行的。其方法是：把准备好的大小适宜的腊纸先复盖在通告透明改正样纸上，把位置固定，用刻针轻轻在腊纸上作出改正符号的点位和控制线的点位，以及注记的点位。然后取下通告透明改正样纸，把腊纸放在钢板上，用刻针刻出要素符号、控制线及注记，并在腊纸正面用修改液圈出改正要素符号和控制线位置点，防止下道工序改错。改正腊纸版制好后，制作者要签名，并要有专人校对和签名，以示负责，有了问题责任也明确。

改正腊纸制作是一项技术性工作，刻针刻得过轻，油印不出，过重则油印容易发糊。另外，要素及注记的刻制，应尽量规范化，尤其是注记的选择应尽量避免压盖要素，字体、字级也应尽量符合《中国海图图式》规定。

改正腊纸制作中，还要同时制作小改正期项数，以便在改正通告内容的同时，还要改正海图小改正栏目，以便给用图者及时掌握海图通告改正情况。

5. 改正腊纸油印方法

改正腊纸制好后就可到要改正的海图上油印改正。改正腊纸油印方法是：先将改正腊纸放在试改纸上（避免因油墨不均匀，影响改图质量，造成海图浪费），用改正海棉块蘸稍许红色油墨，在改正腊纸上要改要素点位处，轻轻推，推一次换一次位置，当发现改正要素线划清晰时，即可在海图上正式改正。

改正腊纸油印工作，是一个人独立完成的工作，且又是一张一张地油印。因此，海图放置位置要便于油印腊纸和油印后换张。

油印改正腊纸要注意用力均匀，油墨适量，防止印糊要素，或把油墨弄到海图上，影响图面整洁；另外还要注意在改正中，一张一张翻图时，防止翻双张。一项通告改完后，不要忘了在海图小改正处油印此项通告年份和项数，以及在海图改正透明纸上签名。因改正透明纸是要存档的，它是海图改正的历史档案。

6. 改正海图校对

油印通告完毕，必须有专人校对改正海图。校对海图要逐张进行，保证绝对无遗漏。发现有漏改海图要立即补改，因为任何漏改都意味着对海上航行安全造成重大影响。专人校对无误后，还要报告图库领导，组织对改正海图进行验收。只有验收完的海图才可发放。

航海通告改正工作是一项细致的工作，马虎不得。它所要改正的内容要素，都与船舶在海上航行安全有关，任何一时的疏忽都意味着航行中将会发生重大事故。因此，要求航海通告改正人员一定保证航海通告改正的正确。一般改正时，应依次查取，切勿漏查。当改正的内容与原图要素发生矛盾时，切勿草率处理，应详细分析研究，必要时寻问航海通告发布单位。同时还要注意一幅图中主、附图的统一，既要改正主图，还要改正附图。在实际工作中，为了保证通告查对的正确性，必须坚持复校制度。复校最好是一人查改，另一人复校，便于发现问题。

10.5 英版航海通告与海图改正

10.5.1 英版航海通告内容

英版航海图书的管理和改正基本上是围绕着每周一版的英版（航海通告）进行的，妥善管理和充分利用每周的 *Notices to Mariners*（航海通告）是做好航海图书管理工作的关键。

英版航海通告共分为 6 部分，主要内容如下。

（1）Ⅰ部分：*Explanatory notes*，*Publications Lists*（注释、出版物表），该部分包括：

①*New Admiralty charts and publications* 中列出上一周新出版的海图图书。

②*New editions of admiralty charts and publications* 中列出了上一周已出版的改版海图图书。

上述两部分非常重要，用户需要记录并核查用户单位上的海图图书是否已改版或有新版，以便及时申领。

③*Admiralty charts and publications to be published* 中列出了即将在某一天出版的新图书、海图新版、图书新版的日期。对于新的海图，如果该新海图一出版，就取消某张海图，而本用户单位也备有该被取消的海图，则需在海图目录上注明“将于×月×日作废，出新图××××号”。如果本用户单位不配有将被取消的海图，一般不用理会。对于海图出新版的情况，若本用户单位配有该海图，则需在本用户单位的海图目录上注明“将于×月×日出新版”，以后需用该海图时可以提醒用户注意查看是否已出新版。

④*Admiralty charts and publications permanently with drawn* 中列出：出版了新图或新版海图后要永久作废的海图图号。应该查看一下两栏的海图号是否一致：若一致，一般不需做什么；若不一致，则应删除《航海图书总目录》上的作废图号的相关内容。若本用户单位原来备有该作废海图，则应在本用户单位的图书目录上注明“本海图作废”，并取出该海图，写上“作废”字样，另外存放或销毁。

⑤*Admiralty charts independently with－drawn* 中列明的是可以在没有任何附

带条件的情况下作废的海图图号，做法同上述一样。

⑥季末版航海通告第Ⅱ部分后部印有 *Current Hydrographic Publications* 部分，其中有航海书籍（如《航路指南》及补篇、《灯标雾号表》《无线电信号表》《潮流表》等）的最新版本的汇总，它是改正更新 NP131*Catalogue of Admiralty Charts and Publications*（英版海图和出版物目录）的重要参考。

（2）Ⅱ部分：*Admiralty Notices of Mariners. Updates to Standard Navigational Charts*（航海通告；标准海图更新），该部分的主要内容有：

①前面的 *Index of charts affected* 部分。使用时，取出用户单位上的海图目录，对照 *Index of charts affected* 列表，勾出本用户单位配备的图号。该列表分两栏，第一栏是海图图号，第二栏是与之对应的通告号码。通告号码后面接T，说明该通告是临时通告（*Temporary Notice*）；通告号后面接 P，说明该通告是预告（*Preliminary Notice*）；第二栏中没有通告号码，只有 PL，说明本通告第Ⅱ部分的前面有关于本海图的新版、作废等信息。

②改正海图的永久性通告以及临时性通告和预告。临时性通告和预告列于Ⅱ部分的末尾并单面印刷，在通告号码后面分别用缩写（L）或（P）注明。

③月末版航海通告含有 T&P Notices in force 部分，它附在第Ⅱ部分的末尾部分，有仍然有效的临时通告和预告的汇总索引。列出了临时通告号或预告号，涉及海图、标题，涉及图夹号；这里的内容比 NP247 *Annual Summary of Adimralty notice to mariners*（航海通告年度摘要）更新，是重要的参考资料。建议拆下该部分放在自制的《临时通告和预告剪贴簿》中。

（3）Ⅲ部分：*Radio Navigation Warnings*（无线电航行警告）。

当某一国家的水域发生变迁时，由于核实和汇编均需一定时间，一般需数周乃至数月后才能编入航海通告，因此有必要用无线电航海警告的形式及时发布这些新的变迁消息。Ⅲ部分就是截至该版出版日期仍有效的这些无线电航行警告的编号及本周内发布的警告。

（4）Ⅳ部分：*Amendments to Admiralty Sailing Directions*（SDs）（航路指南的改正）。

月末版有 *Amendments to Admiralty Sailing Directions* 字样，说明在第Ⅳ部分的末尾部分，有仍然有效的《航路指南》改正的汇总索引，是改正《航路指南》及补编时重要的参考资料。建议取下最新的与第Ⅳ部分汇总放在一起。

（5）Ⅴ部分：*Amendments to Admiralty List of Lights and Fog Signals*（ALLs）（灯标雾号表的改正）。

（6）Ⅵ部分：*Amendments to Admiralty List of Radios Signals*（ALLs）（无线电信号表的改正）。

10.5.2 英版海图通告改正

1. 确保用户单位海图、图书有效性

（1）新用户接手工作后，根据用户单位上的海图目录认真核查配置的海图是否与目录相符、是否是新版。

（2）使用最新版的 NP 234 *Cumulative List of Admiralty Notices to Mariners*（英版航海通告汇编）检查用户单位上的英版海图是否已经按要求改正。

（3）当收到新的海图，确保它已改正至最近一期的航海通告。

2. 填写英版 NP133A *Chart Correction log and Folio Index*（海图改正记录薄）

（1）收到新的航海通告后，对照通告第Ⅰ部分的 *Index of chart affected* 部分，把与本图改正有关的通告号逐条登记在《海图改正记录簿》。

（2）将临时通告号或预告号以及航海无线电警告号用铅笔登记在《海图改正记录簿》的相应栏目里，如取消时擦去。

（3）若本图号后跟“PL”，应立即根据航海通告的第Ⅱ部分前面部分的内容，将有关本海图的作废、出新版，将作废、将出新版等信息记录在《海图改正记录簿》。

3. 永久通告在海图上改正

（1）首先检查上一次通告（Previous Correction）是否已改在图上；核查海图的左下角“小改正”中上一次改正号码与通告中的上一次通告（Previous Correction）号码是否一致，如不一致，则必须找出上一次通告进行改正。

（2）在改正前须注意一下通告的标题，特别是标题末尾通常说明通告的主题（如 Radio beacon），这对迅速了解通告的内容，避免误解很有益处。

（3）改正海图应用细尖红墨水钢笔进行，以示醒目；英版通告中凡用斜体字印出的文字或缩写，原则上要填入海图；填入的符号要严格按照中国海图图式规定的符号进行；所填入的内容占位置要小且不可掩盖海图上的原有资料；符号在规定位置填画不下时，可移至一边，并用箭头指明其准确位置，被删除的符号或缩写仅用一红线划掉原内容，这可以表示删除原内容而且原内容仍完整可辨。

（4）每条通告改正后，应在 *Chart Correction Log and Folio Index* 上将这些

通告号码勾掉，并在海图的左下角“小改正”栏中按年份将所有已改正的通告号码注明。

（5）凡通告中有“*the accompanying block*”字样，表示本通告附有贴图BLOCKS。通告Ⅱ部分后面的贴图一般是用来对较大比例尺的海图进行贴改，有时还附有改正字条，也要求贴到有关海图的指定位置上。贴图的边线是为了复印的方便，剪贴前应将贴图的边线剪去再贴到相应的海图上。由于海图的变形，贴图不可能完全与海图吻合，粘贴时应尽可能将影响航行的重要部位对齐。最好在未涂胶水前将贴图先在海图上对好位置并用铅笔在边框周围点几个点线作记号，再涂胶水于贴图上，找正贴齐。

4. 临时通告和预告改正及剪贴管理

（1）把临时通告和预告剪下，按26个分区分开粘贴在自制的《Ⅰ临时通告和预告剪贴簿》上。审阅各临时通告和预告，有没有Former Notice xxxx/xx is canceled之类的内容，若有，应把该号临时通告或预告用红笔删除，同时注明由××××号临时通告或预告删除，也可以从《剪贴簿》中移除。

（2）海图改正时，需要用到的临时通告和预告的内容：如今年以前的，使用《航海通告年度摘要》查阅；今年内的使用《剪贴簿》查阅。

（3）收到一本新的NP247 *Annual Summary of Admiralty Notices to Mariners*（航海通告年度摘要），可以把《剪贴簿》中已经包括在（航海通告年度摘要）内的内容去除（也即将今年以前的内容删去）。

（4）使用临时通告和预告改正海图时，按照海图的覆盖区域，查阅对应分区的内容。一般临时通告和预告中有列出相关海图（Charts Affected）的图号，如果相关图号中有本海图的图号，就需做改正。改正时，只能用铅笔。改正后，应对所做的改正登记，注明是由哪年哪号临时通告或预告改正的，且在海图右下角或其他合适位置，像登记海图小改正那样，用铅笔写上已做改正的临时通告和预告的编号/年份。对照《年度摘要》，最近的月末版中的临时通告和预告汇总索引，以及《剪贴簿》中月末版之后的内容，确保全部临时通告和预告都进行了改正。

已失效的临时通告和预告的改正内容、登记内容都应擦掉。同时，改正后应在NP133A *Chart Correction Log and Folio Index*（海图改正记录簿）上将这些临时通告和预告号码勾掉，已失效的临时通告和预告的改正内容和登记的信息都应擦掉。

5. 无线电航海警告改正及剪贴管理

（1）将航海通告的第Ⅲ部分——无线电航海警告剪下，并按 18 个分区分别粘贴自制的《航海无线电警告剪贴簿》里。

（2）在每一期的航海通告的第Ⅲ部分——无线电航海警告中，每一分区最前的汇总部分最为重要。汇总部分有：分区名，第几周，日月年，该分区仍然有效的警告年份，编号列表。把汇总部分剪下，替换旧的汇总部分。按照新的汇总部分，对照已贴的警告，把失效的警告内容（即警告编号不在列表中）删掉。短缺的警告一般在刚收到的通告中，找出贴上即可，按照这个方法把所有 18 个分区全部更新。

（3）同一分区中有不同年份的警告时，应在警告编号后加注年份。

（4）每年的第 1 期航海通告里第Ⅲ部分后面一般有 Annex A。这部分是美国政府发布的，主要是对美籍用户单位船舶和海员而言。不过，有些内容对其他用户单位船舶也是有用的，建议把这部分放在《航行警告剪贴簿》中，供驾驶人员阅读。

（5）对收自 EGC、Navtex 等途径的航行警告：用户单位船舶航行至某一海区时，GMDSS 操作员应接收该海区的无线电航行警告。一般在警告电文中可以找到一份列有本海区目前有效的通告的列表，确保该列表中的警告都已接收到。收到无线电警告后，所有的驾驶员及用户单位长都应签阅，用户应把警告内容用铅笔标在相关海图上。值得注意的是，要注明是哪个警告，警告时效等内容；对以前标注的警告要清理，已失效的警告要擦掉。

10.5.3 英版海图通告改正应注意事项

（1）准确翻译通告内容。

（2）英版通告按海图发布，改正英版海图时注意采用相应海图对应的通告内容及坐标系。部版通告按地理区域、要素内容来发布，将内容涉及到所有需要改正的海图都列出，改正部版图时需要注意海图号后小括号内的改正项号，每幅图需要改正的内容为小括号内的改正小项号所指的内容。

（3）英版图式与部版图式区别不大，注意灯浮标的 A 区、B 区问题。

复习思考题

1. 说明海图改正的原因。
2. 目前我国出版的海图有哪几种版别?
3. 说明海图改正的分类。
4. 说明海图小改正的内容。
5. 说明海图上助航设备注记取舍规定及方法。
6. 说明海图小改正的注意事项。
7. 说明航海通告的形式及内容。
8. 说明航海通告改正方法和步骤。
9. 说明英版航海通告的内容、方法及注意事项。

第 11 章

航海图书管理与发行

航海图书管理与发行是海图校改人员的业务内容之一。本章主要介绍航海图书的管理、航海图书的发行等内容。

11.1 航海图书管理

11.1.1 航海图书储存

为便于图书的管理和改正，各级图库及存有航海图书的部门，应实行统一领导，统一分工管理的原则，建立和健全图书管理制度，确保图书安全。

为保持图书的现势性，避免图书混乱，管理科学，有条不紊，必须做到：

(1) 图库应及时做好图书的补充和更新工作，保证规定的库存量，以确保发行。

(2) 图书存放应按照其性质、种类和密级分开存放。并放入柜架内，按照图书编号分区和数值大小进行排列，并在柜架上标有图书号或名称。

(3) 图书管理人员必须爱护图书，妥善保管，做好安全保密工作，做好防盗、防火、防潮、防鼠、防虫蛀工作。

(4) 图库必须建立完整的图书账目，并根据图书的收发变动情况，及时登帐、销账，使账目与实际库存相符。为保证业务部门及时掌握库存情况，应每半年清查库存一次，每半年上报一次。

(5) 为保持图书的现势性，确保航行安全，各级图库和使用图书的单位应根据航海通告及时准确地改正库存图书，使图书始终保持最新程度。

(6) 未经各级业务主管部门和海司航保局批准，具有密级的图书资料不准复印、抄录、互送、互借和转让。

11.1.2 航海图书检查验收

航海图书的检查验收，包括对拟出厂入库图书的检查验收和对接收邮寄及押运图书的检查验收。

1. 对拟出厂入库图书检查验收

图库组织人员，按上级通知精神，按照一定标准，到工厂检查验收。检查时，对照图书成品通知单，认真查对图书名称和编号，清点数量，检查质量。检验中发现问题（如数量不符，质量不合要求等），应向厂方提出，并报业务主管部门，按有关规定处理。经验收合格的图书应办好交接手续及时入库。

为保证出厂图书的数量和印刷质量，避免差错和其他问题的发生，要做到：

（1）未经业务部门签署意见的图书不入库。

（2）未经验收的图书不入库。

（3）无图书成品入库通知单的图书不入库。

2. 对押运图书检查验收

各级图库在接收整批图书时，应派人到车站、码头或卸货地点按押运单清点图（书）包的总件数。图书入库后，应立即组织人员逐包、逐件、分幅、分类详细清点，认真查对图书的编号名称和数量。对散包和磨损严重的图书，要仔细检查清点，如发现问题应在图书发放回执上注明情况或附函说明，并及时与发放单位联系，查明情况，妥善处理。回执由接收单位盖章，接收人签名，及时退回发放单位。

3. 对邮寄图书检查验收

检验邮寄无密级图书，应在邮政部门当场检查邮件是否完好，邮件与邮单数量是否一致。回图库拆包检验图书时，如发现图书编号名称或数量与清单不符时，应再进行复核，经复核确认后在回执上注明，并由清点人和复校人签字，加盖公章，退回发放单位。发放单位查实后给予补发或更换。如发现废品时，应附函连同废品一并寄发放单位处理。如无误，图书接收后，应及时建账和整理。接收图书的单据、文件，应建档长期保存以备查考，未经上级航保局门审核同意，不得销毁。

11.2 航海图书发行

11.2.1 航海图书发放要求

（1）图书的发放，应根据上级业务部门审核批准的图书领取计划、函件、补给证办理，如遇特殊情况，可根据业务主管部门的电话指示、电传、传真，先行发放图书，事后补办文据。

（2）各级图库在发放图书时，必须严格按照上级批准图书种类和数量，认真开列图书发放清单。发放人员要严格按照清单的图书编号、名称和数量拣取图书。未经上级同意，不得随意改变图书发放范围，增减发放数量。不能如数发放的图书须在清单上注明原因或附函说明。

（3）发放时要严格发放手续，做到：无上级指示不发，无正式文据不发，不符发放范围不发，不属供应对象不发。

（4）发放图书要做到及时准确。对拣取的图书要按发放清单认真清点核对，无误后再行封装。邮寄图书时，在每个邮件上要写明收寄单位的地址、邮政编码和名称，要求字迹清晰、工整，内容正确无误。发放清单应连同图书一并发出。自取的图书，交领取人员当面点清，办好交接手续。

（5）拟发出的海图应在海图小改正位置的背面加盖航海通告改正章，注明《航海通告》已改正的年份和期数。

（6）图书收发后，应及时登记账目，保证账物一致。

11.2.2 航海图书发行方法

图书的发送方法通常是由供应单位通过铁路整车运输，快件押运和通过邮局（机要、普通挂号、包裹、特快专递、物流等）寄递或派专车（船）运送，也可由用图单位自取。采取何种方法，一般由供应单位根据情况组织实施。

1. 运输

图书的运输工作，由发放单位根据上级的指示组织实施，按照图书的密级、数量和使用图书的缓急程度，确定运输方法，制定运输计划，及时与有关部门办理运输事宜。

（1）整车运输：整车运输是发放单位根据申请单位图书资料的多少而定，如果数量大，则不能用零担和快件押送的采取整车押运。在确定整车运输方法后，提前制定运输计划，及时与有关部门办理运输事宜，应派两人以上押送。

（2）押运：运输途中，要注意观察，防止倾倒、磨损或丢失。发车后要及时将发车的时间、到站和图书数量通知接收单位，以便做好接收准备工作。同一车厢装运发往相同方向但不同单位的图书，在编造运输计划时须注明中途卸图书的站名，装车时按先到后装的顺序装车，并用明显的标牌区分。装卸图书要注意安全，防止掉包、散包和失密。应做好防雨、雪和防潮工作。图书运输的警卫工作，在装车前由发放单位负责，装车后由押运人员负责，到站后经接收单位验收后即由接收单位负责。

押运人员要求做到：

（1）遵守交通运输规章制度，遵守国家的政策法令和保密规定，注意文明礼貌。

（2）认真检查所押图书的件数和包装情况，熟记到站和发往单位。

（3）押运中做好防火、防潮、防污和防盗工作，确保图书安全。

（4）熟记车辆号码（车次），注意行车安全，防止中途掉车。

（5）要坚守岗位，不得擅离职守，保障图书安全到达目的地。如发生事故，应积极采取措施，尽最大努力挽救，并及时与本单位取得联系，报告情况。

2. 寄递

邮寄无密级的图书，由邮局寄递。凡邮寄的图书，均应按规定封装完好，手续完备。国内、国际普通邮件的准寄范围和封装要求：

（1）国内邮寄的准寄范围，如表11－1所示。

①信函：书面通信，各种公文，印有内部字样的书籍、报纸、教材、期刊、各种资料、各种事物性通知、稿件、征订单、照片、报表等。

②印刷品：印有统一书号、证号或中国标准书号（ISBN）、国内统一刊号（CN）的书籍、报纸、期刊、教材、图书目录。

③挂号函件：信函、明信片、印刷品、盲人读物等。

④特种挂号信函：户口迁移证、中国共产主义青年团证或组织关系。

⑤纸质品包裹：信函和印刷品准寄范围以外的纸质印刷品。

⑥邮政快件：各种书信、文件、资料、物品。

⑦特快专递：信函、文件、资料、物品。

表11－1 国内邮件重量、尺寸限度

邮件种类	重量限度/kg	尺寸限度	
		最大/cm	最小/cm
信函	2	长宽厚三面合计不超过90，最长一面不超过60	长16.2，宽11
明信片		长15，宽10	长14，宽9

续表

邮件种类	重量限度/kg	尺寸限度	
		最大/cm	最小/cm
印刷品盲人读物	5	与信函相同	与信函相同
民用包裹	5	长不超过60，长度以外的最大横周不超过90	长宽厚合计不小于30，最短一面不少于2
纸质品包裹	5	与信函相同	与信函相同
商品包裹	15，脆弱易碎、流质易溶物品为10	长度不超过90，长宽以外的最大横周不超过120	长宽厚三面合计不少于30，最短一面不少于2
大件商品包裹	28	以能装入三号邮袋为限	
邮政快件	5	与民用包裹相同	根据邮件性质分别同于信函、明信片、印刷品、民用包裹
特快专递	25	长宽不超过105，长度以外的最大横周不超过200	长32.4，宽22.9

(2) 国际邮件的准寄范围，如表11－2所示。

表11－2　国际邮件重量尺寸限度

邮件种类	重量限度/kg	尺寸限度	
		最大/cm	最小/cm
信函	2	长宽厚三面计90。最长一边不超过60（公差0.2） 圆卷：直径的两倍和长度合计104，长度不超过90（公差0.2）	长14，宽9（公差0.2） 圆卷：直径的两倍和长度合计17，长度不少于10
明信片		长11.8，宽8.5（公差0.2）	长14，宽9（公差0.2）
印刷品	2，书籍为5	与信函相同	与信函相同
盲人读物	7	与信函相同	与信函相同
小包	2	与信函相同	与信函相同

续表

邮件种类	重量限度/kg	尺寸限度	
		最大/cm	最小/cm
保价信函	2	与信函相同	与信函相同
包裹	20	长度不超过150，长度和长度外最大横周合计不超过300	与信函相同
特快专递	25	长度不超过105，长度和长度以外最大横周合计不超过200	长32.4，宽22.9

①信函：书面通信、公文。

②印刷品：全部用印刷方式印制的各种纸质物品、相片、照相复制品、著作、新闻手稿、手抄乐谱、半印半写的各种单据、通知单、证书、学生作业的原文。

③盲人读物：盲人所用的凹凸字版的书籍、文件、通信、发自或寄交盲人学校盲人用的录音带、特种纸张。

④小包：各种小件物品、货样。

⑤保价信函：各种有价证券、贵重物品、寄件人认为重要的文件。

⑥包裹：适于寄递的贵重物品。

⑦特快专递：信函、文件、资料、物品。

（3）国内邮件封面书写要求如下。

①有黑色或蓝色的钢笔、圆珠笔、毛笔书写。

②收寄人的地址、姓名应书写准确、清楚。寄给机关单位的邮件除写明单位全称外，应写明收件单位详细地址。

③信封上的邮政编码应书写正确、字迹工整。

④应使用汉文书写，用少数名族文字或外国文字书写的应加注汉文。各民族自治区境内互寄的可用当地通用的民族文字书写。

（4）国际邮件封面书写要求如下。

①收件人姓名、地址应用法文、英文或寄达国通晓文字书写。用法、英文以外其他寄达国文字书写的，应用中文或法文、英文加注寄达国名、地名。

②收件人的姓名、地址写在封面中间靠右部分。寄件人的姓名、地址写在封面左上方。

③寄往蒙古、朝鲜、日本、新加坡等地区的邮件封面，可以只用中文，按

中文习惯书写收件人姓名、地址。

（5）国内邮件封装规定如下。

①信函应使用完好的国家标准信封装寄；内件不能装入信封的，可用整张坚韧纸张包封。

②印刷品、盲人读物：必须平直包装，包装材料应选用坚韧、牢固的包装材料包装。

③邮政快件：内件能装入信封的应使用邮政快件信封装寄；不便于使用邮政快件信封装寄的，应按印刷品或包裹的封装要求包装。

④包裹：根据物品性质，使用布料，坚韧纸张、瓦楞纸箱或木箱（木箱版厚不能少于1cm）、金属箱匣包装。

⑤特快专递（EMS）：扁平型文件、资料应装入特快专递邮件用信封内寄递；物品型物品用装标准的瓦楞纸箱内寄递。

（6）国际邮件封装规定如下。

①信函：应使用完好的国际标准信封封装；内件不便装入信封的，可用整张坚韧纸张包封。

②印刷品、盲人读物：应使用坚韧纸张包装，或使用带有长封舌的封套或带有安全纽扣的纸袋装寄。

③小包、包裹：与国内包裹相同。

④特快专递：与国内特快专递邮件相同。

复习思考题

1. 说明航海图书的储存要求。
2. 简述航海图书的检查验收内容及要求。
3. 简述航海图书的发放要求。
4. 简述航海图书的发行方法。

参 考 文 献

[1] 李树军,肖京国. 海图识图常识[M]. 天津:中国航海图书出版社,2021.

[2] 李树军,刘波,王沫,等. 海图英语[M]. 天津:中国航海图书出版社,2020.

[3] 李进杰. 航海图书出版指南[M]. 北京:海潮出版社,1999.

[4] 中国标准化委员会. 中国航海图编绘规范:GB 12320 - 2022[S]. 北京:中国标准出版社,2022.

[5] 中国标准化委员会. 中国海图图式:GB 12319 - 2022[S]. 北京:中国标准出版社,2022.

[6] 彭认灿,于彩霞,董箭,等. 数字海图制图[M]. 北京:测绘出版社,2021.

[7] 张立华,郑义东,李改肖,等. 海图制图综合[M]. 北京:国防工业出版社,2016.

[8] 黄文骞,张立华,吴迪,等. 地图投影[M]. 北京:测绘出版社,2023.

[9] 李树军,于彩霞,董箭,等. 海图编辑设计[M]. 北京:科学出版社,2025.

[10] 杜嘉星,董箭,彭认灿,等. 海图制印[M]. 北京:测绘出版社,2024.

[11] 陈长林. 中外海图识图手册[M]. 北京:测绘出版社,2023.

1	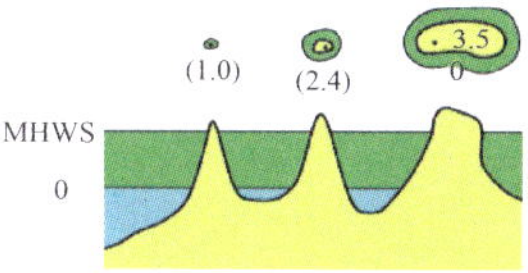	明礁(屿) (露出平均大潮高潮面,数字系明礁高程,高程基准面以上)	Rock (islet) which does not cover
2	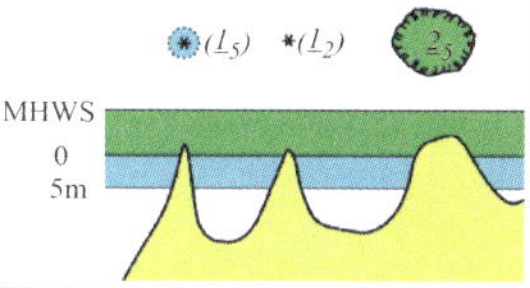	干出礁 (平均大潮高潮面以下,深度基准面以上,数字系干出高度)	Rock which covers and uncovers
3	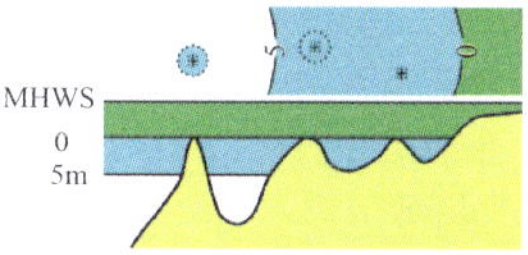	适淹礁(深度基准面适淹)	Rock awash at the level of chart datum
4	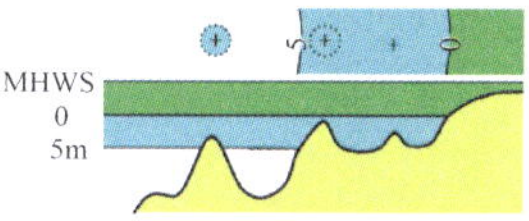	深度不明的暗礁 (深度基准面以下)	Dangerous underwater rock of uncertain depth
5		已知深度的暗礁	Dangerous underwater rock of known depth
	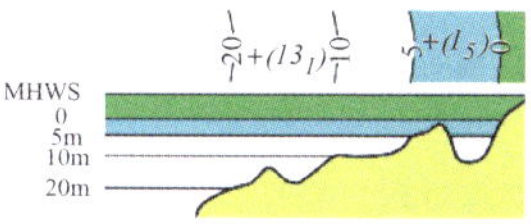	在相应水深范围内	Inside the corresponding depth area
	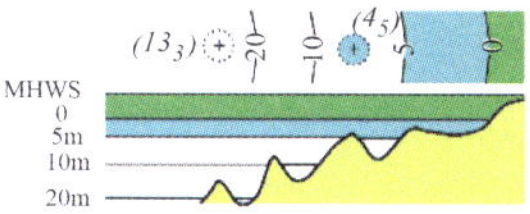	在相应水深范围外	Outside the corresponding depth area
6	25 岩	非危险暗礁(深度大于20m)	Nondangerous rock

图 2-18　中国海图图式中礁石与各基准面的关系表示

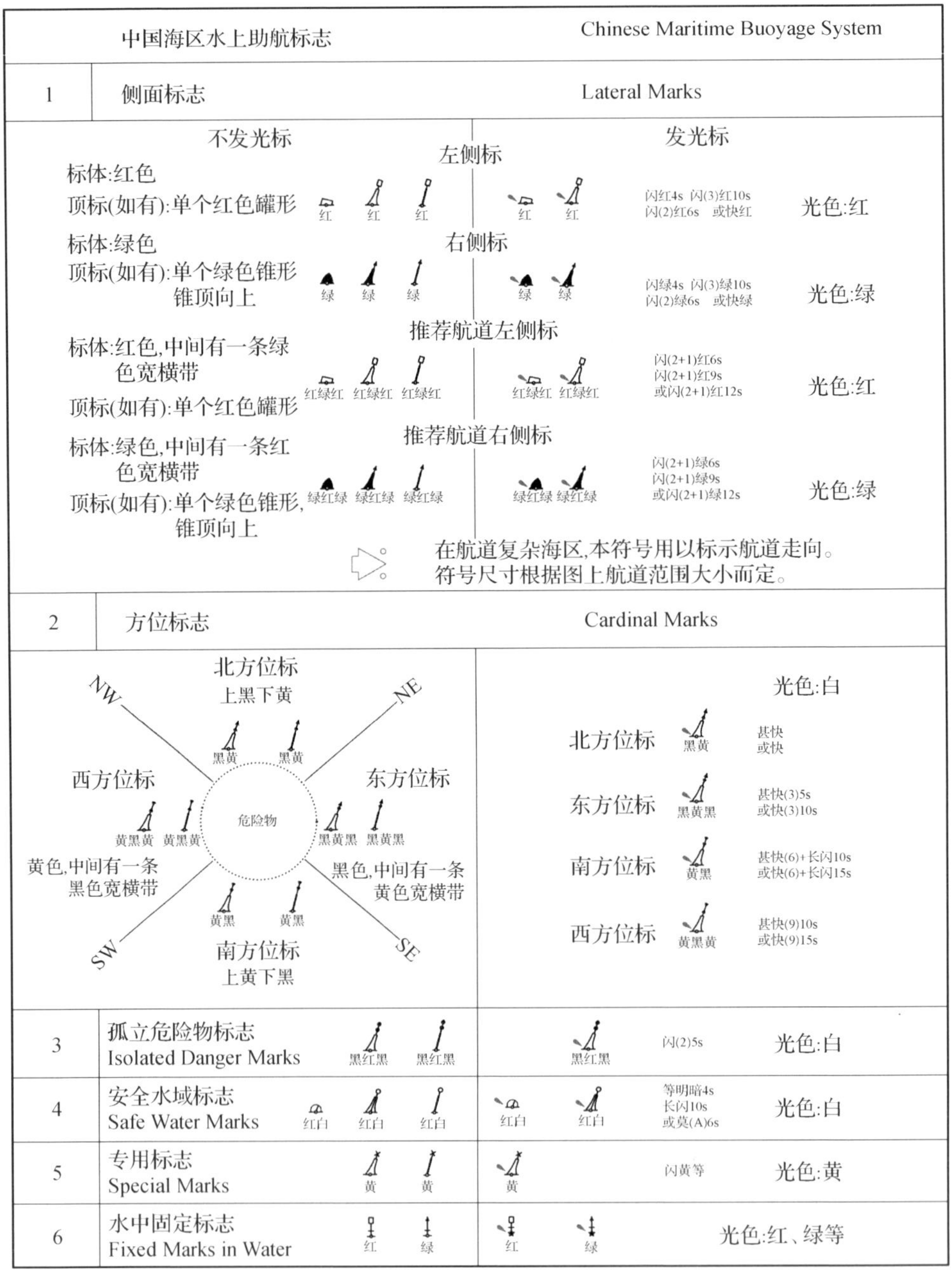

图 2-22　中国海区水上助航标志

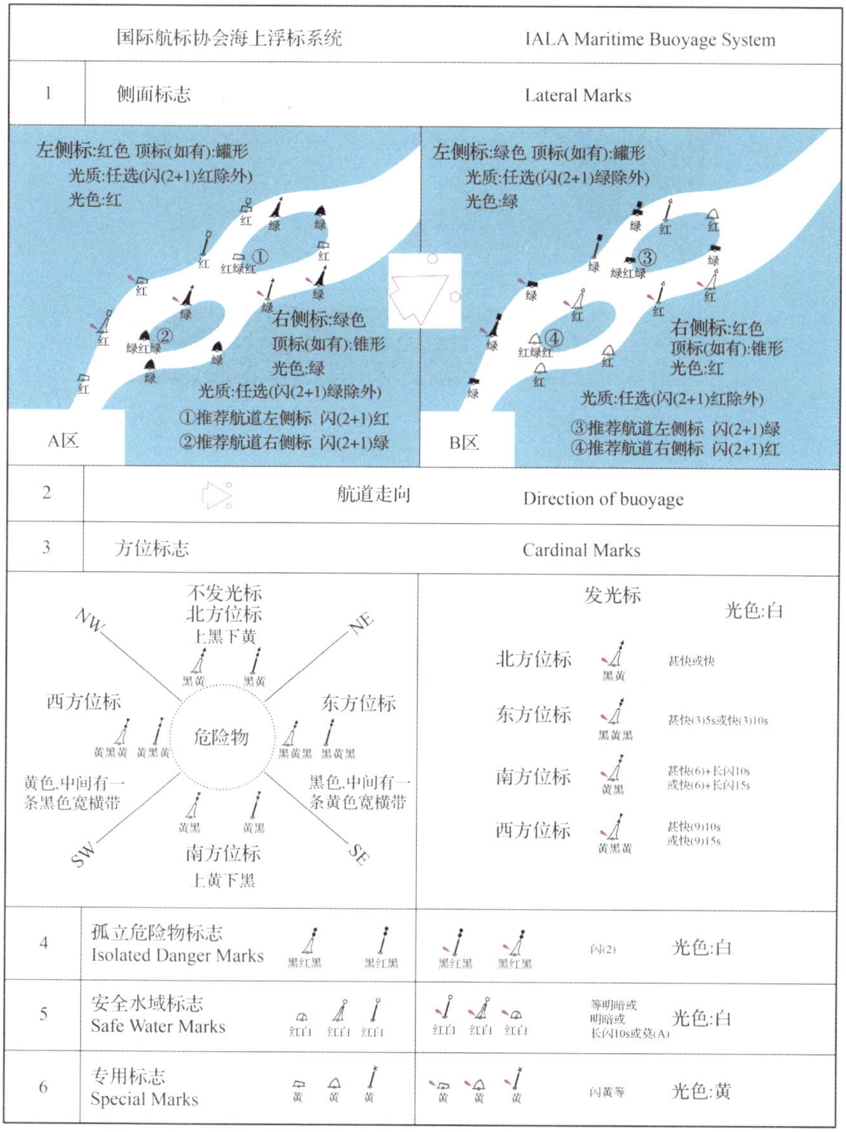

图 2-23 国际航标协会海上浮标系统

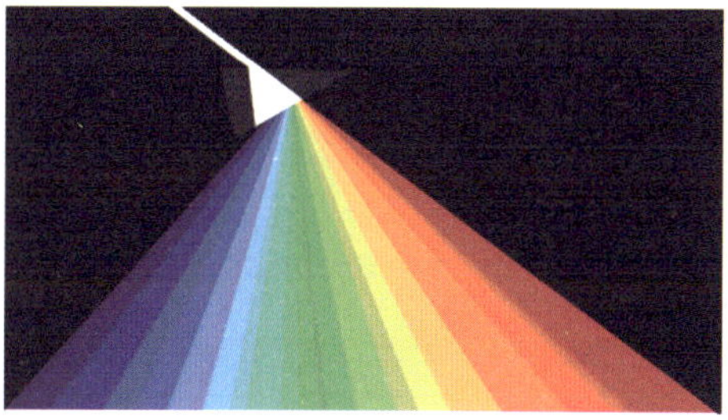

图 7-7 白光的色散

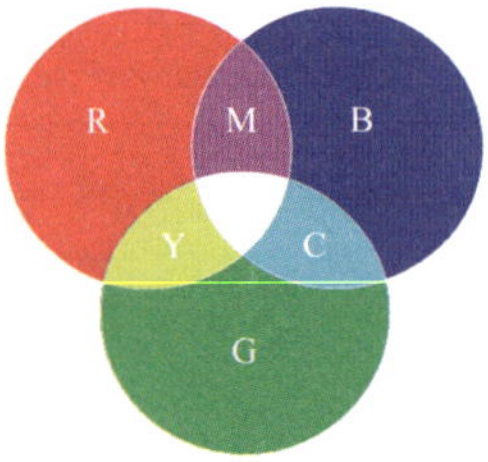

图 7－8　色光加色法图

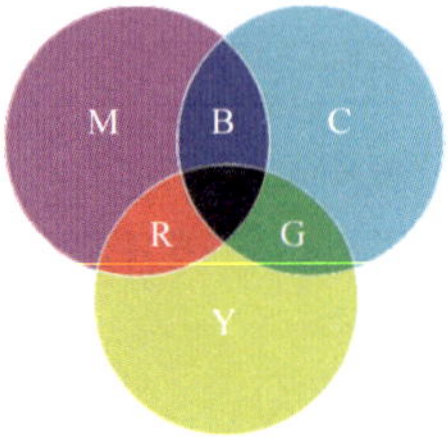

图 7－9　色料减色法图

图 7－10　黑白系列

图 9－2　海图图面配置示意图